高职高专公共基础课系列教材

线性代数及应用

主　编　李金珠　孙建平　张　伟
副主编　韩鸣飞　李腾飞　谭霭珂
主　审　李艳坡

西安电子科技大学出版社

内容简介

本书为适应高职高专院校教育高质量发展的要求，培养专业素质高、应用能力强，具有职业素养，能够服务区域经济和具有创新精神的高素质技术技能人才而编写. 在编写过程中编者遵循学生学情和升学考试大纲要求，将线性代数的理论与应用案例紧密结合在一起，指导学生利用计算机进行软件实验；除了课堂随练的习题，部分章节还设有进阶训练，体现学以致用的特点. 本书共 7 章内容，分别是行列式、矩阵、向量空间、线性方程组解的结构、特征值和特征向量、二次型和 Python 教学实验.

本书可以作为理工类、经管类、农医类专业线性代数课程的教材，还可供自学者作为自学和升学考试的参考用书.

图书在版编目（CIP）数据
线性代数及应用 / 李金珠，孙建平，张伟主编. -- 西安 ：西安电子科技大学出版社，2025. 1. -- ISBN 978-7-5606-7519-0
Ⅰ. O151. 2
中国国家版本馆 CIP 数据核字第 20255HJ203 号

策　　划　李鹏飞　杨航斌
责任编辑　李鹏飞
出版发行　西安电子科技大学出版社（西安市太白南路 2 号）
电　　话　(029) 88202421　88201467　　邮　　编　710071
网　　址　www. xduph. com　　电子邮箱　xdupfxb001@163. com
经　　销　新华书店
印刷单位　广东虎彩云印刷有限公司
版　　次　2025 年 1 月第 1 版　　2025 年 1 月第 1 次印刷
开　　本　787 毫米×1092 毫米　1/16　印张　11.5
字　　数　269 千字
定　　价　39.00 元
ISBN 978-7-5606-7519-0
XDUP 7820001-1

前 言

线性代数是一门应用十分广泛的数学课程，它不仅是高等院校理工科的必修课，也是经济管理类各专业的理论基础课．由于它覆盖面广，应用领域多，对于培养学生的数学素质有显著影响，因此越来越受到重视．线性代数的理论知识一直是理工类和经管类两大专业专接本考试的必考内容，更是全国硕士研究生入学考试数学科目的基本内容之一．线性代数这门课的定义、定理、推论较多，有些内容比较枯燥且抽象，如矩阵乘法、向量组的线性相关性、极大线性无关组等，这些知识学习时计算量大，求解过程让学生感觉很吃力，最重要的是学生学会后不知道这些知识应该如何应用．另外，还有部分高职院校的学生有专接本的意愿，想通过“二次高考”圆自己的求学梦．编者基于以上情况，同时针对现实教学过程中的种种问题，经过深度思考，编写了本书，希望本书能够做到合理性、实用性、创新性并举，利于教师教学的同时便于学生高效学习．

本书的编写，借鉴和参考了国内外同类优秀教材和高职高专规划教材的优点，结合了教学团队成员多年的教学经验．教育部《高等学校课程思政建设指导纲要》提出：高校课程思政要融入课堂教学建设，作为课程设置、教学大纲核准和教案评价的重要内容；要创新课堂教学模式，推进现代信息技术在课程思政教学中的应用，激发学生学习兴趣，引导学生深入思考；要健全高校课堂教学管理体系，改进课堂教学过程管理，提高课程思政内涵融入课堂教学的水平．本着加强理论知识基础、重在应用体验的原则，本书不仅增加了人文素质教育，也增加了许多计算机实验环节．同时，考虑到非数学类专业的线性代数课程课时少、任务重，编者将理论推导过程编写得相对简略，尽量通过实例来解释概念和定理的含义．

本书的主要特点如下：

(1) 为了提高学生的学习兴趣和人文素质，本书每章的开端都有思维导图，部分章增设了“拓展阅读”内容．

(2) 以经济学中的“成本核算模型”的引入作为切入点，引出矩阵乘法的定义，具象化学生难以理解的抽象概念．

(3) 各章使用软件工具 Python 进行教学实验．因为在实际工作中经常需要处理几十甚至上百个数据的矩阵，而这难以用手工实现，所以必须求助于计算机和相关软件．引入软件工具 Python，高阶问题都可以在几分钟内解答出来，可以节省大量的人力和物力，更能实现理论联系实际的效果．

河北对外经贸职业学院的李艳坡担任本书主审，李金珠、孙建平、张伟担任本书主编，韩鸣飞、李腾飞、谭霭珂担任副主编. 全书由李金珠统稿.

本书在编写过程中参考了大量文献资料，在此向相关作者致以诚挚的谢意. 鉴于编者的水平有限，书中欠妥之处在所难免，请广大读者和同行不吝指正，我们将不胜感激！

本书在编写出版过程中，得到了西安电子科技大学出版社领导的关怀和支持，特别是李鹏飞老师给予我们团队很多指导和帮助，在此表示衷心的感谢！

编　者

2024 年 6 月

目　录

第 1 章
行 列 式

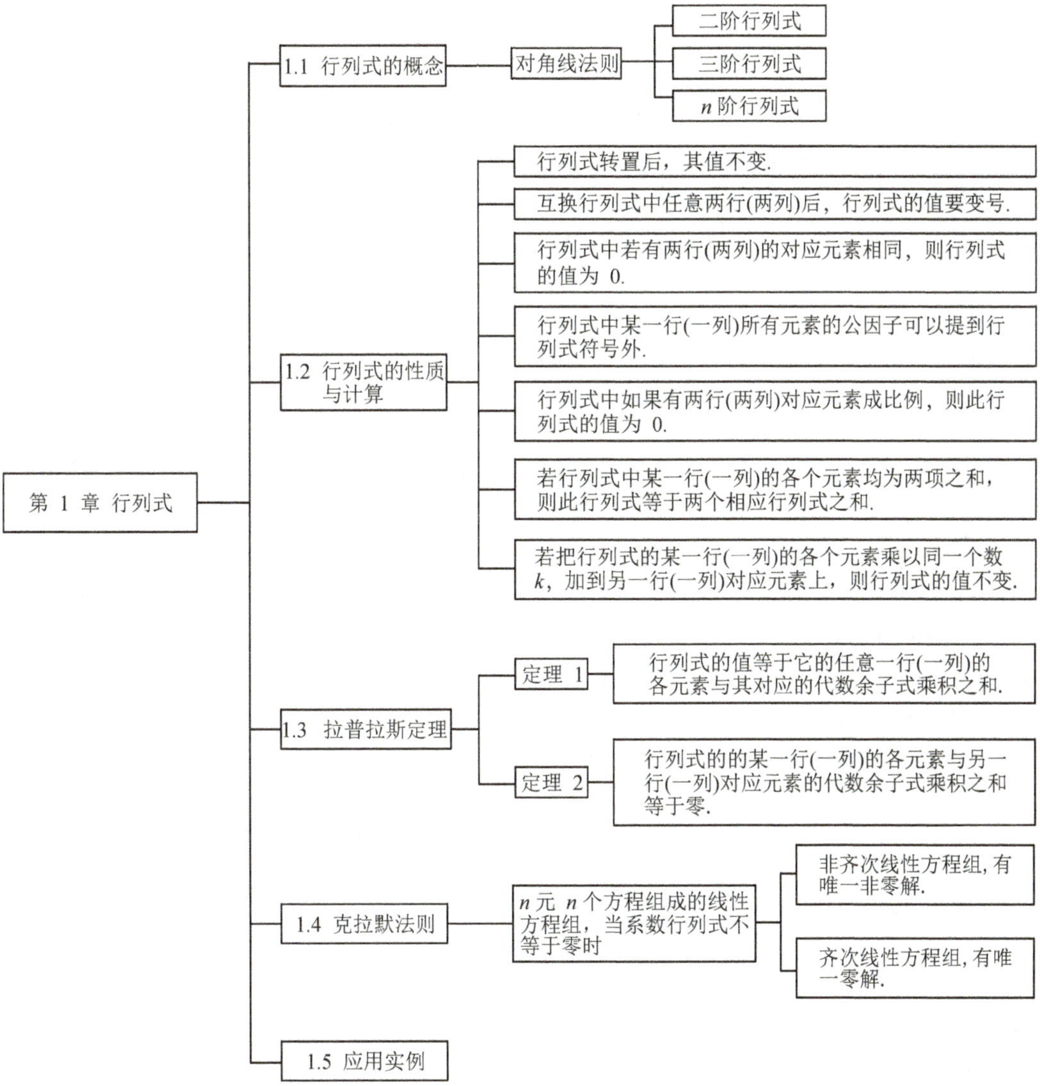

第 1 章 行列式
1.1 行列式的概念
对角线法则
二阶行列式
三阶行列式
n 阶行列式
1.2 行列式的性质与计算
行列式转置后，其值不变.
互换行列式中任意两行(两列)后，行列式的值要变号.
行列式中若有两行(两列)的对应元素相同，则行列式的值为 0.
行列式中某一行(一列)所有元素的公因子可以提到行列式符号外.
行列式中如果有两行(两列)对应元素成比例，则此行列式的值为 0.
若行列式中某一行(一列)的各个元素均为两项之和，则此行列式等于两个相应行列式之和.
若把行列式的某一行(一列)的各个元素乘以同一个数 k，加到另一行(一列)对应元素上，则行列式的值不变.
1.3 拉普拉斯定理
定理 1
行列式的值等于它的任意一行(一列)的各元素与其对应的代数余子式乘积之和.
定理 2
行列式的的某一行(一列)的各元素与另一行(一列)对应元素的代数余子式乘积之和等于零.
1.4 克拉默法则
n 元 n 个方程组成的线性方程组，当系数行列式不等于零时
非齐次线性方程组，有唯一非零解.
齐次线性方程组，有唯一零解.
1.5 应用实例

行列式是线性代数的一个重要研究对象，是线性代数中的一个最基本、最常用的工具，行列式的理论源于解线性方程组的需要，是线性代数中的一个基本概念，它在线性代数、其他数学分支以及工程学、计算机科学、物理学、经济学等多个领域中都有着广泛的应用.

在本章中，首先引入行列式的概念，然后学习行列式的基本性质及计算方法. 行列式在本章的应用是求解线性方程组(克拉默法则). 要掌握克拉默法则并注意克拉默法则应用的条件.

1.1 行列式的概念

1.1.1 行列式的定义

解方程是代数中的一个基本问题，行列式的概念起源于解线性方程组，在中学我们学过用代入消元法和加减消元法解，如下面引例中的二元一次方程组：

引例：

$$\begin{cases} a_{11}x_1+a_{12}x_2=b_1 & (1) \\ a_{21}x_1+a_{22}x_2=b_2 & (2) \end{cases}$$

$(1)\times a_{22}-(2)\times a_{12}$ 得 $(a_{11}\cdot a_{22}-a_{21}\cdot a_{12})x_1=b_1\cdot a_{22}-b_2\cdot a_{12}$；当 $a_{11}\cdot a_{22}-a_{21}\cdot a_{12}\neq 0$ 时，$x_1=\dfrac{a_{22}\cdot b_1-a_{12}\cdot b_2}{a_{11}\cdot a_{22}-a_{21}\cdot a_{12}}$.

$(2)\times a_{11}-(1)\times a_{21}$ 得 $(a_{22}\cdot a_{11}-a_{12}\cdot a_{21})x_2=b_2\cdot a_{11}-b_1\cdot a_{21}$；当 $a_{22}\cdot a_{11}-a_{12}\cdot a_{21}\neq 0$ 时，$x_2=\dfrac{a_{11}\cdot b_2-a_{21}\cdot b_1}{a_{11}\cdot a_{22}-a_{21}\cdot a_{12}}$.

可见，方程组的解完全可由方程组中的未知数系数 a_{11}，a_{12}，a_{21}，a_{22} 以及常数项 b_1，b_2 表示，这就是一般二元线性方程组的解公式.

但这个解公式很不好记忆，应用时十分不方便. 可想而知，多元线性方程组的解公式肯定更为复杂. 因此，我们引进新的符号来表示上述解公式，这就是行列式的起源.

1. 二阶行列式

由 4 个数 a_{11}，a_{12}，a_{21}，a_{22} 及双竖线$|\ |$组成的符号$\begin{vmatrix} a_{11} & a_{12} \\ a_{21} & a_{22} \end{vmatrix}$称为二阶行列式.

二阶行列式含有两行、两列. 横排的数构成行，纵排的数构成列. 行列式中的数 $a_{ij}(i=1, 2; j=1, 2)$称为行列式的元素. 行列式中的元素用小写英文字母表示. 元素 a_{ij} 的第一个下标 i 称为行标，表明该元素位于第 i 行；第二个下标 j 称为列标，表明该元素位于第 j 列. 相等的行数和列数 2 称为行列式的阶.

它按规定的方法表示元素 a_{11}，a_{12}，a_{21}，a_{22} 的运算结果，即由左上至右下的两元素之积 $a_{11}a_{22}$，减去右上至左下的两元素之积 $a_{12}a_{21}$，其中每个积中的两个数均来自不同的行和不同的列.

或者说，二阶行列式是这样的两项的代数和：一项是从左上角到右下角的对角线(又叫行列式的主对角线)上两个元素的乘积，取正号，另一项是从右上角到左下角的对角线(又叫次对角线)上两个元素的乘积，取负号，即 $\begin{vmatrix} a_{11} & a_{12} \\ a_{21} & a_{22} \end{vmatrix}$. 这就是**对角线法则**.

【例 1-1】 计算下列行列式的值：

(1) $\begin{vmatrix} 1 & 2 \\ 3 & 4 \end{vmatrix}$；　(2) $\begin{vmatrix} -1 & 0 \\ 0 & 2 \end{vmatrix}$；　(3) $\begin{vmatrix} 2 & -1 \\ 0 & 3 \end{vmatrix}$.

解 (1) $\begin{vmatrix} 1 & 2 \\ 3 & 4 \end{vmatrix}=1\times4-2\times3=-2$；

(2) $\begin{vmatrix} -1 & 0 \\ 0 & 2 \end{vmatrix}=-1\times2-0\times0=-2$；

(3) $\begin{vmatrix} 2 & -1 \\ 0 & 3 \end{vmatrix}=2\times3-(-1)\times0=6$.

【例 1-2】 当 λ 为何值时，行列式 $D=\begin{vmatrix} \lambda^2 & \lambda \\ 3 & 1 \end{vmatrix}=0$?

解 因为 $D=\begin{vmatrix} \lambda^2 & \lambda \\ 3 & 1 \end{vmatrix}=\lambda^2-3\lambda=\lambda(\lambda-3)$，要使 $\lambda(\lambda-3)=0$，必须使 $\lambda=0$ 或 $\lambda=3$，即当 $\lambda=0$ 或 $\lambda=3$ 时，行列式 $D=\begin{vmatrix} \lambda^2 & \lambda \\ 3 & 1 \end{vmatrix}=0$.

【例 1-3】 计算下列行列式的值：

(1) $\begin{vmatrix} x+1 & x \\ x^2 & x^2-x+1 \end{vmatrix}$；(2) $\begin{vmatrix} \frac{1-x^2}{1+x^2} & \frac{2x}{1+x^2} \\ \frac{-2x}{1+x^2} & \frac{1-x^2}{1+x^2} \end{vmatrix}$；(3) $\begin{vmatrix} 1 & \log_b a \\ \log_a b & 1 \end{vmatrix}$.

解 (1) $\begin{vmatrix} x+1 & x \\ x^2 & x^2-x+1 \end{vmatrix}=(x+1)\cdot(x^2-x+1)-x^3=(x^3+1)-x^3=1$；

(2) $\begin{vmatrix} \frac{1-x^2}{1+x^2} & \frac{2x}{1+x^2} \\ \frac{-2x}{1+x^2} & \frac{1-x^2}{1+x^2} \end{vmatrix}=\left(\frac{1-x^2}{1+x^2}\right)^2+\frac{4x^2}{(1+x^2)^2}=\frac{(1+x^2)^2}{(1+x^2)^2}=1$；

(3) $\begin{vmatrix} 1 & \log_b a \\ \log_a b & 1 \end{vmatrix}=1-\log_b a\cdot\log_a b=1-1=0$.

注：$\log_b a\cdot\log_a b=\frac{\ln a}{\ln b}\cdot\frac{\ln b}{\ln a}=1$.

与二阶行列式相仿，对于三元一次线性方程组作类似的讨论，我们得到三阶行列式：

2. 三阶行列式

由在双竖线 | | 内排成三行三列的 9 个数组成的符号

$$\begin{vmatrix} a_{11} & a_{12} & a_{13} \\ a_{21} & a_{22} & a_{23} \\ a_{31} & a_{32} & a_{33} \end{vmatrix}$$

称为三阶行列式.

三阶行列式含有三行、三列. 横排的数构成行，纵排的数构成列. 行列式中的数称为行列式的元素，相等的行数和列数 3 称为行列式的阶.

三阶行列式按规定的方法表示 9 个元素的运算结果，为 6 个项的代数和，每个项均为来自不同行不同列的三个元素之积，其符号的确定如图 1.1 所示.

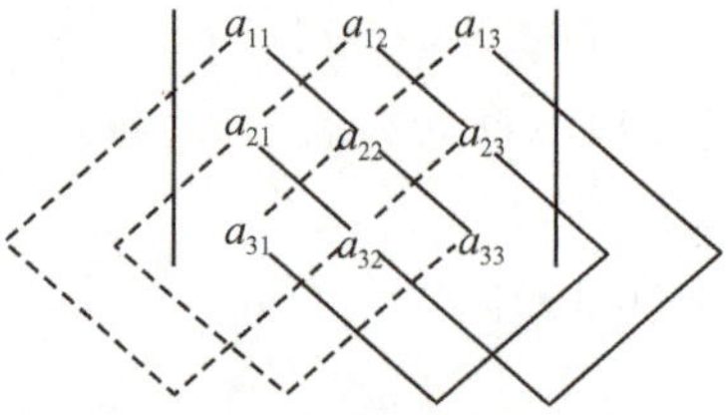

图 1.1 三阶行列式符号的确定

从图 1.1 中可见，三阶行列式是这样的六个项的代数和：从左上角到右下角的每条实线连线上，来自不同行不同列的三个元素的乘积，取正号；从右上角到左下角的每条虚线连线上，来自不同行不同列的三个元素的乘积，取负号. 用式子表示为

$$\begin{vmatrix} a_{11} & a_{12} & a_{13} \\ a_{21} & a_{22} & a_{23} \\ a_{31} & a_{32} & a_{33} \end{vmatrix} = (a_{11}\cdot a_{22}\cdot a_{33}+a_{12}\cdot a_{23}\cdot a_{31}+a_{13}\cdot a_{21}\cdot a_{32})-$$
$$(a_{11}\cdot a_{23}\cdot a_{32}+a_{12}\cdot a_{21}\cdot a_{33}+a_{13}\cdot a_{22}\cdot a_{31})$$

运算时，在整体上，应从第一行的 a_{11} 起，自左向右计算左上到右下方向上的所有的三元乘积，再从第一行的 a_{11} 起，自左向右计算右上到左下的方向上的所有的三元乘积. 对于各项的计算，应按行标的自然数顺序选取相乘的元素，这样不容易产生错漏.

【例 1-4】 求行列式 $\begin{vmatrix} 1 & 2 & 3 \\ 4 & 0 & 5 \\ -1 & 0 & 6 \end{vmatrix}$ 的值.

解 $$\begin{vmatrix} 1 & 2 & 3 \\ 4 & 0 & 5 \\ -1 & 0 & 6 \end{vmatrix} = [1\times0\times6+2\times5\times(-1)+3\times4\times0]-$$
$$[-1\times5\times0+2\times4\times6+3\times0\times(-1)]$$
$$=-10-48=-58$$

【例 1-5】 a，b 满足什么条件时 $\begin{vmatrix} a & b & 0 \\ -b & a & 0 \\ 1 & 0 & 1 \end{vmatrix}=0$?

解 由于 $\begin{vmatrix} a & b & 0 \\ -b & a & 0 \\ 1 & 0 & 1 \end{vmatrix}=a^2-(-b^2)=a^2+b^2$，要使 $a^2+b^2=0$，必须 a 与 b 同时为 0，因此，当 $a=b=0$ 时，$\begin{vmatrix} a & b & 0 \\ -b & a & 0 \\ 1 & 0 & 1 \end{vmatrix}=0$.

【例 1-6】 $\begin{vmatrix} a & 1 & 0 \\ 1 & a & 0 \\ 4 & 1 & 1 \end{vmatrix}>0$ 的充分必要条件是什么？

解 因为原式$=a^2-1$，而 $a^2-1>0$ 成立的充分必要条件是$|a|>1$，故原式>0 的充分必要条件是$|a|>1$.

1.1.2 排列及其逆序数

从上面的例子我们知道，对角线法则只适用于二阶与三阶行列式，对四阶和四阶以上的行列式就不适用了. 怎样计算四阶和四阶以上的行列式呢？我们先从二阶与三阶行列式的计算中找一找规律，先看二阶行列式

$$D=\begin{vmatrix} a_{11} & a_{12} \\ a_{21} & a_{22} \end{vmatrix}=a_{11}a_{22}-a_{12}a_{21}$$

二阶行列式一共有两项，每一项均由不同行不同列的元素组成. 其组成的规律是：如果行标都取自然数 1、2，则列标只能取 1、2 或 2、1. 所以二阶行列式中有两项.

再看三阶行列式

$$\begin{vmatrix} a_{11} & a_{12} & a_{13} \\ a_{21} & a_{22} & a_{23} \\ a_{31} & a_{32} & a_{33} \end{vmatrix}=(a_{11}\cdot a_{22}\cdot a_{33}+a_{12}\cdot a_{23}\cdot a_{31}+a_{13}\cdot a_{21}\cdot a_{32})-$$
$$(a_{11}\cdot a_{23}\cdot a_{32}+a_{12}\cdot a_{21}\cdot a_{33}+a_{13}\cdot a_{22}\cdot a_{31})$$

三阶行列式一共有 6 项，每一项均由不同行不同列的元素组成. 其组成的规律是：如果行标都取自然数 1、2、3，则列标只能取 1、2、3，2、3、1，3、1、2，3、2、1，2、1、3，1、3、2. 所以三阶行列式中有 6 项.

通过上述分析，我们知道了二阶行列式和三阶行列式项的组成方法：

(1) 行标取自然数排列时，列标分别取全排列；

(2) 项的个数就是全排列的个数.

另外，还发现无论二阶行列式还是三阶行列式，均有一些项的前面取“+”，一些项的前面取“−”. 怎样确定哪些项的前面取“+”，哪些项的前面取“−”呢？我们发现和排列的顺序有关.

定义 1-1(*n* 级排列) n 个正整数 1，2，…，n 组成的一个有序数组$\{i_1, i_2, \cdots, i_n\}$称为一个 n 级排列，其中自然数 i_k 为 1，2，…，n 中的某个数，称作第 k 个元素，k 表示这个数在 n 级排列中的位置. n 个不同元素共有 $n!$个不同的 n 级排列.

例如，$\{1, 2, 3, 4\}$是一个 4 级排列，$\{3, 4, 1, 2\}$也是一个 4 级排列，$\{5, 2, 3, 4, 1\}$是一个 5 级排列，而$\{1, 2, 3, 5\}$，$\{3, 2, 3, 1\}$不是排列. 由正整数 1，2，3 组成的所有 3 级排列为$\{1, 2, 3\}$，$\{1, 3, 2\}$，$\{2, 1, 3\}$，$\{2, 3, 1\}$，$\{3, 1, 2\}$，$\{3, 2, 1\}$，共有 $3!=6$ 个.

定义 1-2(逆序数) 数字由小到大的 n 级排列$\{1, 2, 3, 4, \cdots, n\}$称为标准次序排列. 在一个排列$\{i_1, i_2, \cdots, i_n\}$中，较大的数在较小的数前面就产生一个逆序数，所有逆序数的总和称为这个排列的逆序数，记作 $\tau(i_1 i_2 \cdots i_n)$. 容易看出，标准次序排列的逆序

数为 0.

逆序数的计算方法：从第一个数依次查起，分别计算出排列中每个元素前面比它大的数码个数，即算出排列中每个元素的逆序数，这每个元素的逆序数之和即为所求排列的逆序数.

【例 1-7】 求排列{3，2，5，1，4}的逆序数.

解 在排列{3，2，5，1，4}中 3 排在首位，逆序数为 0；2 的前面比 2 大的数只有一个 3，故逆序数为 1；5 的前面没有比 5 大的数，其逆序数为 0；1 的前面比 1 大的数有 3 个，故逆序数为 3；4 的前面比 4 大的数有 1 个，故逆序数为 1.

$$\begin{array}{ccccc} 3 & 2 & 5 & 1 & 4 \\ \downarrow & \downarrow & \downarrow & \downarrow & \downarrow \\ 0 & 1 & 0 & 3 & 1 \end{array}$$

于是排列的逆序数为 $\tau(32514)=5$.

【例 1-8】 求排列{3，6，2，1，5，4}的逆序数.

解 $\tau(362154)=2+3+1+2=8$.

【例 1-9】 $\{2, 1, i, 4, j\}$是一个 5 级排列，试确定 i，j 的值及其逆序数.

解 由于是 5 级排列，因此 i，j 可以取 3 或 5.

若$\begin{cases} i=3 \\ j=5 \end{cases}$，则排列为 21345，$\tau(21345)=1$.

若$\begin{cases} i=5 \\ j=3 \end{cases}$，则排列为 21543，$\tau(21543)=4$.

定义 1-3 逆序数为奇数的排列称为奇排列，逆序数为偶数的排列则称为偶排列.

可以看出，例 1-7 是奇排列，例 1-8 是偶排列，自然排列$\{1, 2, 3, \cdots, n\}$是偶排列.

而三级排列共有 $3!=6$ 个，其中奇排列有{1，3，2}，{2，1，3}，{3，2，1}，偶排列有{1，2，3}，{2，3，1}，{3，1，2}，奇、偶排列各占一半.

定义 1-4 将一个排列中的某两个数的位置互换而其余的数不动，这样得到一个新的排列，这种变换称为对排列作一次对换，将相邻的两个数对换称为相邻对换.

例如 $3241 \xrightarrow{(2,4)} 3421$，对换前 $\tau(3241)=4$，3241 是偶排列；对换后 $\tau(3421)=5$，4231 是奇排列.

定理 1-1 对排列进行一次对换将改变其奇偶性.

推论：在全体 $n(n>1)$级排列中，奇排列和偶排列各占一半，各有$\dfrac{n!}{2}$个.

定理 1-2 任意一个 n 级排列与$\{1, 2, \cdots, n\}$都可以经过一系列对换互换，并且所作的对换的个数与这个排列有相同的奇偶性.

1.1.3 n 阶行列式

在给出 n 阶行列式的定义之前，先来看一下二阶和三阶行列式的定义.

$$D=\begin{vmatrix} a_{11} & a_{12} \\ a_{21} & a_{22} \end{vmatrix}=a_{11}a_{22}-a_{12}a_{21}$$

$$D=\begin{vmatrix} a_{11} & a_{12} & a_{13} \\ a_{21} & a_{22} & a_{23} \\ a_{31} & a_{32} & a_{33} \end{vmatrix}=a_{11}a_{22}a_{33}+a_{12}a_{23}a_{31}+a_{13}a_{21}a_{32}-a_{11}a_{23}a_{32}-a_{12}a_{21}a_{33}-a_{13}a_{22}a_{31}$$

我们可以从中发现以下规律：

(1) 二阶行列式是 2!项的代数和，三阶行列式是 3!项的代数和；

(2) 二阶行列式中每一项是两个元素的乘积，它们分别取自不同的行和不同的列，三阶行列式中的每一项是三个元素的乘积，它们也是取自不同的行和不同的列；

(3) 当这一项中元素的行标是按自然顺序排列时，如果元素的列标为偶排列，则取正号；为奇排列，则取负号.

通过上述分析，我们找到了构造二阶行列式和三阶行列式有别于对角线法的新的方法. 下面我们将用新的方法定义一般的 n 阶行列式. 当然，我们希望用新的方法定义的 n 阶行列式可以用来解一般的 n 元线性方程组.

定义 1-5　由排成 n 行 n 列的 n^2 个元素 $a_{ij}(i, j=1, 2, \cdots, n)$组成的符号

$$D=\begin{vmatrix} a_{11} & a_{12} & \cdots & a_{1n} \\ a_{21} & a_{22} & \cdots & a_{2n} \\ \vdots & \vdots & & \vdots \\ a_{n1} & a_{n2} & \cdots & a_{nn} \end{vmatrix}$$

称为 n 阶行列式. 它是取自不同行和不同列的 n 个元素的乘积

$$a_{1j_1}a_{2j_2}\cdots a_{nj_n}$$

的代数和，其中 $j_1j_2\cdots j_n$ 是 1, 2, …, n 的一个排列. 当 $j_1j_2\cdots j_n$ 是偶排列时，带有正号；当 $j_1j_2\cdots j_n$ 是奇排列时，带有负号，也就是可写成

$$\begin{vmatrix} a_{11} & a_{12} & \cdots & a_{1n} \\ a_{21} & a_{22} & \cdots & a_{2n} \\ \vdots & \vdots & & \vdots \\ a_{n1} & a_{n2} & \cdots & a_{nn} \end{vmatrix}=\sum_{j_1j_2\cdots j_n}(-1)^{\tau(j_1j_2\cdots j_n)}a_{1j_1}a_{2j_2}\cdots a_{nj_n}$$

这里 $\sum\limits_{j_1j_2\cdots j_n}$ 表示对所有 n 级排列求和. 行列式 D 通常可简记为 $\det(a_{ij})$ 或 $|a_{ij}|_n$.

注意：

(1) 行列式是一种特定的算式，最终的结果是一个数；

(2) n 阶行列式是 n!项的代数和；

(3) n 阶行列式的每个乘积项都是位于不同行、不同列的 n 个元素的乘积；

(4) 每一项 $a_{1j_1}a_{2j_2}\cdots a_{nj_n}$ 的符号为$(-1)^{\tau(j_1j_2\cdots j_n)}$；

(5) 一阶行列式$|a_{11}|=a_{11}$，不要与绝对值的概念相混淆；

(6) 对角线法则对 4 阶及以上的高阶行列式不适用；

(7) 如果行列式中某行(列)元素全为零，那么行列式为零.

为了熟悉 n 阶行列式的定义，我们来看下面几个问题.

【例 1-10】　在 5 阶行列式中，$a_{12}a_{23}a_{35}a_{41}a_{54}$ 这一项应取什么符号?

解　这一项各元素的行标是按自然顺序排列的，而列标的排列为 23514，因 $\tau(23514)=4$，故

这一项应取正号.

【例 1-11】 利用行列式的定义证明

$$D=\begin{vmatrix} a_{11} & 0 & 0 & 0 \\ a_{21} & a_{22} & 0 & 0 \\ a_{31} & a_{32} & a_{33} & 0 \\ a_{41} & a_{42} & a_{43} & a_{44} \end{vmatrix}=a_{11}a_{22}a_{33}a_{44}$$

证明 由行列式的定义知

$$D=\sum_{j_1j_2j_3j_4}(-1)^{\tau(j_1j_2j_3j_4)}a_{1j_1}a_{2j_2}a_{3j_3}a_{4j_4}$$

所以只需找出一切可能的非零项即可. 第 1 行除 a_{11} 外其余元素全为 0，所以 $j_1=1$，第 2 行除 a_{21}，a_{22} 外其余元素全为 0，又 $j_1=1$，所以 $j_2=2$，以此类推，$j_3=3$，$j_4=4$.

注：(1) 例 1-11 的结论可推广到一般 n 阶下三角行列式的计算：

$$\begin{vmatrix} a_{11} & 0 & \cdots & 0 \\ a_{21} & a_{22} & \cdots & 0 \\ \vdots & \vdots & & \vdots \\ a_{n1} & a_{n2} & \cdots & a_{nn} \end{vmatrix}=a_{11}a_{22}\cdots a_{nn}$$

类似地，上三角行列式的值也有同样的结论成立：

$$\begin{vmatrix} a_{11} & a_{12} & \cdots & a_{1n} \\ 0 & a_{22} & \cdots & a_{2n} \\ \vdots & \vdots & & \vdots \\ 0 & 0 & \cdots & a_{nn} \end{vmatrix}=a_{11}a_{22}\cdots a_{nn}$$

(2) $D=\begin{vmatrix} a_{11} & \cdots & a_{1,n-1} & a_{1n} \\ a_{21} & \cdots & a_{2,n-1} & 0 \\ \vdots & & \vdots & \vdots \\ a_{n1} & \cdots & 0 & 0 \end{vmatrix}=(-1)^{\frac{n(n-1)}{2}}a_{1n}a_{2,n-1}\cdots a_{n1}$.

(3) 对角行列式 $D=\begin{vmatrix} \lambda_1 & 0 & \cdots & 0 \\ 0 & \lambda_2 & \cdots & 0 \\ \vdots & \vdots & & \vdots \\ 0 & 0 & \cdots & \lambda_n \end{vmatrix}=\lambda_1\lambda_2\cdots\lambda_n$.

(4) $D=\begin{vmatrix} 0 & \cdots & 0 & \lambda_1 \\ 0 & \cdots & \lambda_2 & 0 \\ \vdots & & \vdots & \vdots \\ \lambda_n & \cdots & 0 & 0 \end{vmatrix}=(-1)^{\frac{n(n-1)}{2}}\lambda_1\lambda_2\cdots\lambda_n$.

在行列式的定义中，为了确定每一项的正负号，我们把每个乘积项元素按行指标排起来. 事实上，数的乘法是可交换的，因而元素的次序是可以任意写的. 一般地，n 阶行列式中的乘积项可以写成

$$a_{p_1q_1}a_{p_2q_2}\cdots a_{p_nq_n}$$

其中 $p_1p_2\cdots p_n$，$q_1q_2\cdots q_n$ 是两个 n 级排列. 由于每交换两个元素对应的行标列标都做了

一次对换，因此由定理 1-1 知：它们的逆序数之和的奇偶性不变. 因此有

$$(-1)^{\tau(p_1p_2\cdots p_n)+\tau(q_1q_2\cdots q_n)}=(-1)^{\tau(j_1j_2\cdots j_n)}a_{1j_1}a_{2j_2}\cdots a_{nj_n}$$

由此可见，行指标与列指标的地位是对称的. 因此为了确定每一项的符号，同样可以把每一项按列指标排起来，于是定义又可以写成

$$\begin{vmatrix} a_{11} & a_{12} & \cdots & a_{1n} \\ a_{21} & a_{22} & \cdots & a_{2n} \\ \vdots & \vdots & & \vdots \\ a_{n1} & a_{n2} & \cdots & a_{nn} \end{vmatrix}=\sum_{i_1i_2\cdots i_n}(-1)^{\tau(i_1i_2\cdots i_n)}a_{i_11}a_{i_22}\cdots a_{i_nn}$$

1.2 行列式的性质与计算

1.2.1 行列式的性质

定义 1-6　将行列式 D 的第一行改为第一列，第二行改为第二列……第 n 行改为第 n 列，仍得到一个 n 阶行列式，这个新的行列式称为 D 的转置行列式，记作 D^{T}. 即如果

$$D=\begin{vmatrix} a_{11} & a_{12} & \cdots & a_{1n} \\ a_{21} & a_{22} & \cdots & a_{2n} \\ \vdots & \vdots & \vdots & \vdots \\ a_{n1} & a_{n2} & \cdots & a_{nn} \end{vmatrix}$$，则

$$D^{\mathrm{T}}=\begin{vmatrix} a_{11} & a_{21} & \cdots & a_{n1} \\ a_{12} & a_{22} & \cdots & a_{n2} \\ \vdots & \vdots & \vdots & \vdots \\ a_{1n} & a_{2n} & \cdots & a_{nn} \end{vmatrix}$$

【例 1-12】　如若 $D=\begin{vmatrix} 3 & 2 & -1 \\ 1 & 0 & 5 \\ 2 & -3 & 4 \end{vmatrix}=0+2\times10+3-0-(-45)-8=60$，则

$$D^{\mathrm{T}}=\begin{vmatrix} 3 & 1 & 2 \\ 2 & 0 & -3 \\ -1 & 5 & 4 \end{vmatrix}=0+3+20-0-(-45)-8=60$$

可以看出，$D=D^{\mathrm{T}}$.

性质 1　行列式和它的转置行列式相等.

证明　因为 D 中元素 a_{ij} 位于 D^{T} 的第 j 行第 i 列，所以

$$D=\sum_{j_1j_2\cdots j_n}(-1)^{\tau(j_1j_2\cdots j_n)}a_{1j_1}a_{2j_2}\cdots a_{nj_n}=\sum_{j_1j_2\cdots j_n}(-1)^{\tau(j_1j_2\cdots j_n)}a_{j_11}a_{j_22}\cdots a_{j_nn}=D^{\mathrm{T}}$$

根据这个性质可知：在任意一个行列式中，行与列是处于平等地位的，行与列的性质具有平行性. 也就是说，只需研究与行列式的行有关的性质即可，对列而言其结论也成立.

性质 2　任意对换行列式的两行(或两列)元素，其值变号.

证明 设

$$D_1=\begin{vmatrix} a_{11} & a_{12} & \cdots & a_{1n} \\ \vdots & \vdots & & \vdots \\ a_{k1} & a_{k2} & \cdots & a_{kn} \\ \vdots & \vdots & & \vdots \\ a_{l1} & a_{l2} & \cdots & a_{ln} \\ \vdots & \vdots & & \vdots \\ a_{n1} & a_{n2} & \cdots & a_{nn} \end{vmatrix},\ D_2=\begin{vmatrix} a_{11} & a_{12} & \cdots & a_{1n} \\ \vdots & \vdots & & \vdots \\ a_{l1} & a_{l2} & \cdots & a_{ln} \\ \vdots & \vdots & & \vdots \\ a_{k1} & a_{k2} & \cdots & a_{kn} \\ \vdots & \vdots & & \vdots \\ a_{n1} & a_{n2} & \cdots & a_{nn} \end{vmatrix}$$

$$\begin{aligned} D_1 &= \sum_{j_1 j_2 \cdots j_n} (-1)^{\tau(j_1 \cdots j_k \cdots j_l \cdots j_n)} a_{1j_1} \cdots a_{kj_k} \cdots a_{lj_l} \cdots a_{nj_n} \\ &= \sum_{j_1 j_2 \cdots j_n} (-1)^{\tau(j_1 \cdots j_l \cdots j_k \cdots j_n)} a_{1j_1} \cdots a_{lj_l} \cdots a_{kj_k} \cdots a_{nj_n} \\ &= -\sum_{j_1 j_2 \cdots j_n} (-1)^{\tau(j_1 \cdots j_k \cdots j_l \cdots j_n)} a_{1j_1} \cdots a_{kj_k} \cdots a_{lj_l} \cdots a_{nj_n} \\ &= -D_2 \end{aligned}$$

性质 3 行列式中有两行(或两列)元素对应相同，则此行列式为零.

证明 交换元素相同的两行(列)，由性质 2 知 $D=-D$，即 $D=0$.

性质 4 行列式某行(列)元素的公因子可以提到行列式符号的外面，或者说以一数乘行列式的某行(列)的所有元素等于用这个数乘此行列式，即

$$\begin{vmatrix} a_{11} & a_{12} & \cdots & a_{1n} \\ \vdots & \vdots & & \vdots \\ ka_{i1} & ka_{i2} & \cdots & ka_{in} \\ \vdots & \vdots & & \vdots \\ a_{n1} & a_{n2} & \cdots & a_{nn} \end{vmatrix} = k \begin{vmatrix} a_{11} & a_{12} & \cdots & a_{1n} \\ \vdots & \vdots & & \vdots \\ a_{i1} & a_{i2} & \cdots & a_{in} \\ \vdots & \vdots & & \vdots \\ a_{n1} & a_{n2} & \cdots & a_{nn} \end{vmatrix}$$

证明 容易得出

$$\sum_{j_1 j_2 \cdots j_n} (-1)^{\tau(j_1 \cdots j_i \cdots j_n)} a_{1j_1} \cdots (ka_{ij_i}) \cdots a_{nj_n} = k \sum_{j_1 j_2 \cdots j_n} (-1)^{\tau(j_1 \cdots j_i \cdots j_n)} a_{1j_1} \cdots a_{ij_i} \cdots a_{nj_n}$$

即性质 4 成立.

【例 1-13】 计算行列式 $D=\begin{vmatrix} 10 & 8 & 2 \\ 15 & 12 & 3 \\ 20 & 32 & 12 \end{vmatrix}$.

解 先提出第一列的公因数 5 和第二列的公因数 4，得

$$D=5\times 4\times \begin{vmatrix} 2 & 2 & 2 \\ 3 & 3 & 3 \\ 4 & 8 & 12 \end{vmatrix}$$

第一行提出 2，第二行提出 3，第三行提出 4：

$$D=5\times 4^2\times 3\times 2\times \begin{vmatrix} 1 & 1 & 1 \\ 1 & 1 & 1 \\ 1 & 2 & 3 \end{vmatrix}=0$$

（因为 $\begin{vmatrix} 1 & 1 & 1 \\ 1 & 1 & 1 \\ 1 & 2 & 3 \end{vmatrix}=3+1+2-1-2-3=0$）

【例 1-14】 计算行列式 $\begin{vmatrix} 6 & 42 & 27 \\ 8 & -28 & 36 \\ 20 & 35 & 135 \end{vmatrix}$.

解
$$\begin{vmatrix} 6 & 42 & 27 \\ 8 & -28 & 36 \\ 20 & 35 & 135 \end{vmatrix}=2\times 7\times 9\times\begin{vmatrix} 3 & 6 & 3 \\ 4 & -4 & 4 \\ 10 & 5 & 15 \end{vmatrix}$$
$$=126\times 3\times 4\times 5\times\begin{vmatrix} 1 & 2 & 1 \\ 1 & -1 & 1 \\ 2 & 1 & 3 \end{vmatrix}$$
$$=7560\times(-3+4+1+2-6-1)$$
$$=7560\times(-3)=-22\,680$$

性质 5 如果行列式中的两行(列)元素成比例，那么行列式为零.

证明 设行列式 D 的第 i 行与第 j 行的元素对应成比例，且 $a_{jt}=k\cdot a_{it}$ $(t=1, 2, \cdots, n)$，则

$$D=\begin{vmatrix} a_{11} & a_{12} & \cdots & a_{1n} \\ \vdots & \vdots & & \vdots \\ a_{i1} & a_{i2} & \cdots & a_{in} \\ \vdots & \vdots & & \vdots \\ a_{j1} & a_{j2} & \cdots & a_{jn} \\ \vdots & \vdots & & \vdots \\ a_{n1} & a_{n2} & \cdots & a_{nn} \end{vmatrix}=\begin{vmatrix} a_{11} & a_{12} & \cdots & a_{1n} \\ \vdots & \vdots & & \vdots \\ a_{i1} & a_{i2} & \cdots & a_{in} \\ \vdots & \vdots & & \vdots \\ ka_{i1} & ka_{i2} & \cdots & ka_{in} \\ \vdots & \vdots & & \vdots \\ a_{n1} & a_{n2} & \cdots & a_{nn} \end{vmatrix}=k\cdot\begin{vmatrix} a_{11} & a_{12} & \cdots & a_{1n} \\ \vdots & \vdots & & \vdots \\ a_{i1} & a_{i2} & \cdots & a_{in} \\ \vdots & \vdots & & \vdots \\ a_{i1} & a_{i2} & \cdots & a_{in} \\ \vdots & \vdots & & \vdots \\ a_{n1} & a_{n2} & \cdots & a_{nn} \end{vmatrix}=0$$

因为行列式中两行(列)元素成比例，所以行列式某行(列)元素的公因子可以提到行列式符号的外面，之后剩下的行列式中有两行(或两列)元素对应相同，根据性质 3，则此行列式为零.

【例 1-15】 计算行列式 $D=\begin{vmatrix} 2 & -4 & 1 \\ 3 & -6 & 3 \\ -5 & 10 & 4 \end{vmatrix}$.

解 行列式 $D=\begin{vmatrix} 2 & -4 & 1 \\ 3 & -6 & 3 \\ -5 & 10 & 4 \end{vmatrix}$，因为第一列与第二列对应元素成比例，根据性质 5 可直接得到 $D=0$.

练习：$\begin{vmatrix} 2 & 8 & 4 \\ 3 & 12 & 6 \\ 4 & 16 & 24 \end{vmatrix}=4\times\begin{vmatrix} 2 & 2 & 4 \\ 3 & 3 & 6 \\ 4 & 4 & 24 \end{vmatrix}=0$.

性质 6 如果某一行(列)的元素是两组数之和，那么这个行列式就等于两个行列式之和，而这两个行列式除这一行元素外全与原来行列式对应行的元素一样，即

$$\begin{vmatrix} a_{11} & a_{12} & \cdots & a_{1n} \\ \vdots & \vdots & & \vdots \\ b_1+c_1 & b_2+c_2 & \cdots & b_n+c_n \\ \vdots & \vdots & & \vdots \\ a_{n1} & a_{n2} & & a_{mm} \end{vmatrix} = \begin{vmatrix} a_{11} & a_{12} & \cdots & a_{1n} \\ \vdots & \vdots & & \vdots \\ b_1 & b_2 & \cdots & b_n \\ \vdots & \vdots & & \vdots \\ a_{n1} & a_{n2} & \cdots & a_{nn} \end{vmatrix} + \begin{vmatrix} a_{11} & a_{12} & \cdots & a_{1n} \\ \vdots & \vdots & & \vdots \\ c_1 & c_2 & \cdots & c_n \\ \vdots & \vdots & & \vdots \\ a_{n1} & a_{n2} & \cdots & a_{nn} \end{vmatrix}$$

（强调：只拆一行，其余行不变）.

证明 左端$=\sum\limits_{j_1j_2\cdots j_n}(-1)^{\tau(j_1\cdots j_i\cdots j_n)}a_{1j_1}\cdots(b_i+c_i)_{j_i}\cdots a_{nj_n}$

$$=\sum_{j_1j_2\cdots j_n}(-1)^{\tau(j_1\cdots j_i\cdots j_n)}a_{1j_1}\cdots b_{ij_i}\cdots a_{nj_n}+\sum_{j_1j_2\cdots j_n}(-1)^{\tau(j_1\cdots j_i\cdots j_n)}a_{1j_1}\cdots c_{ij_i}\cdots a_{nj_n}$$

$=$ 右端

性质 7 行列式中某行(或列)的元素 k 倍地加到另一行对应元素上，此行列式的值不变，即

$$\begin{vmatrix} a_{11} & a_{12} & \cdots & a_{1n} \\ \vdots & \vdots & & \vdots \\ a_{i1} & a_{i2} & \cdots & a_{in} \\ \vdots & \vdots & & \vdots \\ a_{j1} & a_{j2} & \cdots & a_{jn} \\ \vdots & \vdots & & \vdots \\ a_{n1} & a_{n2} & \cdots & a_{nn} \end{vmatrix} = \begin{vmatrix} a_{11} & a_{12} & \cdots & a_{1n} \\ \vdots & \vdots & & \vdots \\ a_{i1} & a_{i2} & \cdots & a_{in} \\ \vdots & \vdots & & \vdots \\ ka_{i1}+a_{j1} & ka_{i2}+a_{j2} & \cdots & ka_{in}+a_{jn} \\ \vdots & \vdots & & \vdots \\ a_{n1} & a_{n2} & \cdots & a_{nn} \end{vmatrix}$$

证明 $D=\begin{vmatrix} a_{11} & a_{12} & \cdots & a_{1n} \\ \vdots & \vdots & & \vdots \\ a_{i1} & a_{i2} & \cdots & a_{in} \\ \vdots & \vdots & & \vdots \\ a_{j1} & a_{j2} & \cdots & a_{jn} \\ \vdots & \vdots & & \vdots \\ a_{n1} & a_{n2} & \cdots & a_{nn} \end{vmatrix} \Rightarrow D_1=\begin{vmatrix} a_{11} & a_{12} & \cdots & a_{1n} \\ \vdots & \vdots & & \vdots \\ ka_{j1}+a_{i1} & ka_{j2}+a_{i2} & \cdots & ka_{jn}+a_{in} \\ \vdots & \vdots & & \vdots \\ a_{j1} & a_{j2} & \cdots & a_{jn} \\ \vdots & \vdots & & \vdots \\ a_{n1} & a_{n2} & \cdots & a_{nn} \end{vmatrix}$

利用性质 6，得

$$D_1=\begin{vmatrix} a_{11} & a_{12} & \cdots & a_{1n} \\ \vdots & \vdots & & \vdots \\ a_{i1} & a_{i2} & \cdots & a_{in} \\ \vdots & \vdots & & \vdots \\ a_{j1} & a_{j2} & \cdots & a_{jn} \\ \vdots & \vdots & & \vdots \\ a_{n1} & a_{n2} & \cdots & a_{nn} \end{vmatrix}+k\cdot\begin{vmatrix} a_{11} & a_{12} & \cdots & a_{1n} \\ \vdots & \vdots & & \vdots \\ a_{j1} & a_{j2} & \cdots & a_{jn} \\ \vdots & \vdots & & \vdots \\ a_{j1} & a_{j2} & \cdots & a_{jn} \\ \vdots & \vdots & & \vdots \\ a_{n1} & a_{n2} & \cdots & a_{nn} \end{vmatrix}=D$$

为使行列式 D 的计算过程清晰醒目，特约定以下记号：

(1) $r_i\leftrightarrow r_j(c_i\leftrightarrow c_j)$表示交换 D 的第 i 行(列)与第 j 行(列)；

(2) $kr_i(c_i)$表示用数 k 乘 D 的第 i 行(列)所有元素；

(3) $r_j+kr_i(c_j+kc_i)$表示把 D 的第 i 行(列)元素的 k 倍加到第 j 行(列)的对应元素上.

1.2.2　行列式的计算

【例 1-16】 计算行列式$\begin{vmatrix} 1 & -1 & 2 \\ 0 & 1 & 5 \\ \sqrt{2} & -\sqrt{2} & 2\sqrt{2} \end{vmatrix}$.

解　因为第三行是第一行的$\sqrt{2}$倍，所以该行列式等于 0.

【例 1-17】 计算行列式$\begin{vmatrix} -2 & 1 & 1 \\ 4 & 2 & 2 \\ 7 & -3 & -3 \end{vmatrix}$.

解　因为行列式的第二、三列相等，故该行列式等于 0.

【例 1-18】 计算行列式$\begin{vmatrix} x_1y_1 & x_1y_2 & x_1y_3 \\ x_2y_1 & x_2y_2 & x_2y_3 \\ x_3y_1 & x_3y_2 & x_3y_3 \end{vmatrix}$.

解　$\begin{vmatrix} x_1y_1 & x_1y_2 & x_1y_3 \\ x_2y_1 & x_2y_2 & x_2y_3 \\ x_3y_1 & x_3y_2 & x_3y_3 \end{vmatrix} \xlongequal{\text{提出公因子}} x_1x_2x_3 \begin{vmatrix} y_1 & y_2 & y_3 \\ y_1 & y_2 & y_3 \\ y_1 & y_2 & y_3 \end{vmatrix} \xlongequal{\text{性质 4}} 0.$

【例 1-19】 计算行列式

$$D=\begin{vmatrix} 4 & 2 & 9 & -3 & 0 \\ 6 & 3 & -5 & 7 & 1 \\ 5 & 0 & 0 & 0 & 0 \\ 8 & 0 & 0 & 4 & 0 \\ 7 & 0 & 3 & 5 & 0 \end{vmatrix}$$

解

$$D \xlongequal[r_3 \leftrightarrow r_5]{r_1 \leftrightarrow r_2} (-1)^2 \cdot \begin{vmatrix} 6 & 3 & -5 & 7 & 1 \\ 4 & 2 & 9 & -3 & 0 \\ 7 & 0 & 3 & 5 & 0 \\ 8 & 0 & 0 & 4 & 0 \\ 5 & 0 & 0 & 0 & 0 \end{vmatrix}$$

$$\xlongequal{c_1 \leftrightarrow c_5} (-1)^3 \cdot \begin{vmatrix} 1 & 3 & -5 & 7 & 6 \\ 0 & 2 & 9 & -3 & 4 \\ 0 & 0 & 3 & 5 & 7 \\ 0 & 0 & 0 & 4 & 8 \\ 0 & 0 & 0 & 0 & 5 \end{vmatrix}$$

$$=(-1)\times 2\times 3\times 4\times 5=-5!=-120$$

【例 1-20】 计算行列式 $D=\begin{vmatrix} 3 & 1 & -1 & 2 \\ -5 & 1 & 3 & -4 \\ 2 & 0 & 1 & -1 \\ 1 & -5 & 3 & -3 \end{vmatrix}$.

解 $D=\begin{vmatrix}3&1&-1&2\\-5&1&3&-4\\2&0&1&-1\\1&-5&3&-3\end{vmatrix}\xlongequal{c_1\leftrightarrow c_2}-\begin{vmatrix}1&3&-1&2\\1&-5&3&-4\\0&2&1&-1\\-5&1&3&-3\end{vmatrix}$

$$\xlongequal[r_1\times 5+r_4]{r_1\times(-1)+r_2}-\begin{vmatrix}1&3&-1&2\\0&-8&4&-6\\0&2&1&-1\\0&16&-2&7\end{vmatrix}\xlongequal{r_2\leftrightarrow r_3}\begin{vmatrix}1&3&-1&2\\0&2&1&-1\\0&-8&4&-6\\0&16&-2&7\end{vmatrix}$$

$$\xlongequal[r_2\times(-8)+r_4]{r_2\times 4+r_3}\begin{vmatrix}1&3&-1&2\\0&2&1&-1\\0&0&8&-10\\0&0&-10&15\end{vmatrix}\xlongequal{\frac{10}{8}r_3+r_4}\begin{vmatrix}1&3&-1&2\\0&2&1&-1\\0&0&8&-10\\0&0&0&\frac{20}{8}\end{vmatrix}=40$$

【例 1-21】 计算 $D=\begin{vmatrix}3&1&1&1\\1&3&1&1\\1&1&3&1\\1&1&1&3\end{vmatrix}$.

解 方法一：

$$\text{原式}\xlongequal{r_1\leftrightarrow r_4}-\begin{vmatrix}1&1&1&3\\1&3&1&1\\1&1&3&1\\3&1&1&1\end{vmatrix}\xlongequal{-r_1+r_2}-\begin{vmatrix}1&1&1&3\\0&2&0&-2\\1&1&3&1\\3&1&1&1\end{vmatrix}$$

$$\xlongequal[r_1\times(-3)+r_4]{r_1\times(-1)+r_3}-\begin{vmatrix}1&1&1&3\\0&2&0&-2\\0&0&2&-2\\0&-2&-2&-8\end{vmatrix}\xlongequal{r_4+r_2}-\begin{vmatrix}1&1&1&3\\0&2&0&-2\\0&0&2&-2\\0&0&-2&-10\end{vmatrix}$$

$$\xlongequal{r_4+r_3}-\begin{vmatrix}1&1&1&3\\0&2&0&-2\\0&0&2&-2\\0&0&0&-12\end{vmatrix}=48$$

方法二：

$$\text{原式}\xlongequal{\substack{1\cdot r_2+r_1\\1\cdot r_3+r_1\\1\cdot r_4+r_1}}\begin{vmatrix}6&6&6&6\\1&3&1&1\\1&1&3&1\\1&1&1&3\end{vmatrix}=6\times\begin{vmatrix}1&1&1&1\\1&3&1&1\\1&1&3&1\\1&1&1&3\end{vmatrix}$$

$$\xlongequal{\substack{(-1)\cdot r_1+r_2\\(-1)\cdot r_1+r_3\\(-1)\cdot r_1+r_4}}6\times\begin{vmatrix}1&1&1&1\\0&2&0&0\\0&0&2&0\\0&0&0&2\end{vmatrix}=6\times 2^3=48$$

【例 1-22】　求出以下方程的所有的根：

$$\begin{vmatrix} x & 1 & 1 & 1 \\ 1 & x & 1 & 1 \\ 1 & 1 & x & 1 \\ 1 & 1 & 1 & x \end{vmatrix}=0$$

解　原式$=\begin{vmatrix} 3+x & 3+x & 3+x & 3+x \\ 1 & x & 1 & 1 \\ 1 & 1 & x & 1 \\ 1 & 1 & 1 & x \end{vmatrix}=(3+x)\cdot\begin{vmatrix} 1 & 1 & 1 & 1 \\ 1 & x & 1 & 1 \\ 1 & 1 & x & 1 \\ 1 & 1 & 1 & x \end{vmatrix}$

$$=(3+x)\cdot\begin{vmatrix} 1 & 1 & 1 & 1 \\ 0 & x & 0 & 0 \\ 0 & 0 & x & 0 \\ 0 & 0 & 0 & x \end{vmatrix}=(3+x)\cdot(x-1)^3=0$$

则 $x=1$ 或 $x=-3$.

1.3　拉普拉斯定理

对角线法则只适用于二阶行列式、三阶行列式，不能计算高阶行列式，具有局限性. 对于普通的高阶行列式，若采用对角线法则将其化为上三角行列式、下三角行列式以及对角行列式，则计算量更大，因此对角线法则不适合推广. 为了解决高阶行列式的计算问题，有必要继续研究行列式按某一行(或某一列)展开的公式，即拉普拉斯定理.

在学习拉普拉斯定理之前，我们首先学习一下余子式和代数余子式的概念.

1.3.1　余子式及代数余子式

定义 1-7　在行列式$\begin{vmatrix} a_{11} & \cdots & a_{1j} & \cdots & a_{1n} \\ \vdots & & \vdots & & \vdots \\ a_{i1} & \cdots & a_{ij} & \cdots & a_{in} \\ \vdots & & \vdots & & \vdots \\ a_{n1} & \cdots & a_{nj} & \cdots & a_{nn} \end{vmatrix}$中画去元素 a_{ij} 所在的第 i 行与第 j 列，剩下的$(n-1)^2$ 个元素按原来的排法构成一个 $n-1$ 阶行列式，即

$$M_{ij}=\begin{vmatrix} a_{11} & \cdots & a_{1,j-1} & a_{1,j+1} & \cdots & a_{1n} \\ \vdots & & \vdots & \vdots & & \vdots \\ a_{i-1,1} & \cdots & a_{i-1,j-1} & a_{i-1,j+1} & \cdots & a_{i-1,n} \\ a_{i+1,1} & \cdots & a_{i+1,j-1} & a_{i+1,j+1} & \cdots & a_{i+1,n} \\ \vdots & & \vdots & \vdots & & \vdots \\ a_{n1} & \cdots & a_{n,j-1} & a_{n,j+1} & \cdots & a_{nn} \end{vmatrix}$$

称为元素 a_{ij} 的余子式(cofactor)，而 $A_{ij}=(-1)^{i+j}M_{ij}$ 称为元素 a_{ij} 的代数余子式(algebraic cofactor).

例如，四阶行列式

$$D=\begin{vmatrix} a_{11} & a_{12} & a_{13} & a_{14} \\ a_{21} & a_{22} & a_{23} & a_{24} \\ a_{31} & a_{32} & a_{33} & a_{34} \\ a_{41} & a_{42} & a_{43} & a_{44} \end{vmatrix}$$

中元素 a_{12} 的余子式和代数余子式分别为

$$M_{12}=\begin{vmatrix} a_{21} & a_{23} & a_{24} \\ a_{31} & a_{33} & a_{34} \\ a_{41} & a_{43} & a_{44} \end{vmatrix}$$

$$A_{12}=(-1)^{1+2}M_{12}=-M_{12}$$

行列式的每个元素 a_{ij} 分别对应着一个余子式和代数余子式. 显然，元素 a_{ij} 的余子式和代数余子式只与元素 a_{ij} 的位置有关，而与元素 a_{ij} 本身无关，并且有

$$A_{ij}=\begin{cases} M_{ij}, & \text{当 } i+j \text{ 为偶数时} \\ -M_{ij}, & \text{当 } i+j \text{ 为奇数时} \end{cases}$$

于是引例中的三阶行列式可用代数余子式表示为

$$\begin{vmatrix} a_{11} & a_{12} & a_{13} \\ a_{21} & a_{22} & a_{23} \\ a_{31} & a_{32} & a_{33} \end{vmatrix}=a_{11}A_{11}+a_{12}A_{12}+a_{13}A_{13}$$

为了把这个结果推广到 n 阶行列式，我们先证明一个引理.

引理 若 n 阶行列式 D 中第 i 行的所有元素除 a_{ij} 外都为零，那么这个行列式等于 a_{ij} 与它的代数余子式的乘积，即 $D=a_{ij}A_{ij}$.

证明 当 a_{ij} 位于 D 的第一行第一列时，有

$$D=\begin{vmatrix} a_{11} & 0 & \cdots & 0 \\ a_{21} & a_{22} & \cdots & a_{2n} \\ \vdots & \vdots & & \vdots \\ a_{n1} & a_{n2} & \cdots & a_{nn} \end{vmatrix}$$

可知 $D=a_{11}M_{11}=a_{11}(-1)^{1+1}M_{11}=a_{11}A_{11}$.

下面证明一般情形. 设

$$D=\begin{vmatrix} a_{11} & \cdots & a_{1j} & \cdots & a_{1n} \\ \vdots & & \vdots & & \vdots \\ 0 & \cdots & a_{ij} & \cdots & 0 \\ \vdots & & \vdots & & \vdots \\ a_{n1} & \cdots & a_{nj} & \cdots & a_{nn} \end{vmatrix}$$

把 D 的第 i 行依次与第 $i-1$，…，2，1 行交换后换到第一行，再把 D 的第 j 列依次与第

$j-1, \cdots, 2, 1$ 列交换后换到第一列，得

$$D_1=\begin{vmatrix} a_{ij} & \cdots & 0 & \cdots & 0 \\ \vdots & & \vdots & & \vdots \\ a_{i-1,j} & \cdots & a_{i-1,j-1} & \cdots & a_{i-1,n} \\ \vdots & & \vdots & & \vdots \\ a_{nj} & \cdots & a_{n,j-1} & \cdots & a_{nn} \end{vmatrix}=(-1)^{i-1}\cdot(-1)^{j-1}D=(-1)^{i+j}D$$

而元素 a_{ij} 在 D_1 中的余子式就是 a_{ij} 在 D 中的余子式 M_{ij}，利用前面的结果有 $D_1=a_{ij}M_{ij}$，于是 $D=(-1)^{i+j}D_1=(-1)^{i+j}a_{ij}M_{ij}=a_{ij}A_{ij}$.

1.3.2　拉普拉斯定理

定理 1-3　行列式等于它的任一行(或列)的各个元素与其对应的代数余子式乘积之和，即

$$D=\begin{vmatrix} a_{11} & a_{12} & \cdots & a_{1n} \\ \vdots & \vdots & & \vdots \\ a_{i1} & a_{i2} & \cdots & a_{in} \\ \vdots & \vdots & & \vdots \\ a_{n1} & a_{n2} & \cdots & a_{nn} \end{vmatrix}=a_{i1}A_{i1}+a_{i2}A_{i2}+\cdots+a_{in}A_{in}\ (i=1, 2, \cdots, n)$$

或

$$D=\begin{vmatrix} a_{11} & \cdots & a_{1j} & \cdots & a_{1n} \\ a_{21} & \cdots & a_{2j} & \cdots & a_{2n} \\ \vdots & & \vdots & & \vdots \\ a_{n1} & \cdots & a_{nj} & \cdots & a_{nn} \end{vmatrix}=a_{1j}A_{1j}+a_{2j}A_{2j}+\cdots+a_{nj}A_{nj}\ (j=1, 2, \cdots, n)$$

证明

$$D=\begin{vmatrix} a_{11} & a_{12} & \cdots & a_{1n} \\ \vdots & \vdots & & \vdots \\ a_{i1}+0+\cdots+0 & 0+a_{i2}+\cdots+0 & \cdots & 0+\cdots+0+a_{in} \\ \vdots & \vdots & & \vdots \\ a_{n1} & a_{n2} & \cdots & a_{nn} \end{vmatrix}$$

$$=\begin{vmatrix} a_{11} & a_{12} & \cdots & a_{1n} \\ \vdots & \vdots & & \vdots \\ a_{i1} & 0 & \cdots & 0 \\ \vdots & \vdots & & \vdots \\ a_{n1} & a_{n2} & \cdots & a_{nn} \end{vmatrix}+\begin{vmatrix} a_{11} & a_{12} & \cdots & a_{1n} \\ \vdots & \vdots & & \vdots \\ 0 & a_{i2} & \cdots & 0 \\ \vdots & \vdots & & \vdots \\ a_{n1} & a_{n2} & \cdots & a_{nn} \end{vmatrix}+\cdots+\begin{vmatrix} a_{11} & a_{12} & \cdots & a_{1n} \\ \vdots & \vdots & & \vdots \\ 0 & 0 & \cdots & a_{in} \\ \vdots & \vdots & & \vdots \\ a_{n1} & a_{n2} & \cdots & a_{nn} \end{vmatrix}$$

$$=a_{i1}A_{i1}+a_{i2}A_{i2}+\cdots+a_{in}A_{in}$$

这就是行列式按第 i 行展开的公式.

类似地，可证行列式按第 j 列展开的公式，即 $D=a_{1j}A_{1j}+a_{2j}A_{2j}+\cdots+a_{nj}A_{nj}(j=1, 2, \cdots, n)$.

定理 1-4 行列式中的某一行(或列)各个元素与另一行(列)对应元素的代数余子式乘积之和等于零，即

$$a_{i1}A_{j1}+a_{i2}A_{j2}+\cdots+a_{in}A_{jn}=0 \quad (i\neq j)$$

或

$$a_{1i}A_{1j}+a_{2i}A_{2j}+\cdots+a_{ni}A_{nj}=0 \quad (i\neq j)$$

证明 构造行列式

$$D_1=\begin{vmatrix} a_{11} & a_{12} & \cdots & a_{1n} \\ \vdots & \vdots & & \vdots \\ a_{i1} & a_{i2} & \cdots & a_{in} \\ \vdots & \vdots & & \vdots \\ a_{i1} & a_{i2} & \cdots & a_{in} \\ \vdots & \vdots & & \vdots \\ a_{n1} & a_{n2} & \cdots & a_{nn} \end{vmatrix}\begin{matrix} \\ \\ i\text{ 行} \\ \\ j\text{ 行} \\ \\ \\ \end{matrix}$$

其中第 i 行与第 j 行的对应元素相同，可知 $D_1=0$. 而 D_1 与 D 仅第 j 行元素不同，从而可知，D_1 的第 j 行元素的代数余子式与 D 的第 j 行对应元素的代数余子式相同，即将 D_1 按 j 行展开：

$$D_1=a_{i1}A_{j1}+a_{i2}A_{j2}+\cdots+a_{in}A_{jn}=0$$

类似地，有

$$a_{1i}A_{1j}+a_{2i}A_{2j}+\cdots+a_{ni}A_{nj}=0$$

综合定理 1-3、1-4，有

$$a_{i1}A_{j1}+a_{i2}A_{j2}+\cdots+a_{in}A_{jn}=\begin{cases} D & (i=j) \\ 0 & (i\neq j) \end{cases} \quad (i, j=1, 2, \cdots, n)$$

$$a_{1i}A_{1j}+a_{2i}A_{2j}+\cdots+a_{ni}A_{nj}=\begin{cases} D & (i=j) \\ 0 & (i\neq j) \end{cases} \quad (i, j=1, 2, \cdots, n)$$

一般地说，利用拉普拉斯定理不是计算行列式值的好方法. 以一个五阶行列式为例，估算它的计算量. 利用行列式的展开定理计算五阶行列式的计算量：一个五阶行列式需算 5 个四阶行列式，一个四阶行列式需算 4 个三阶行列式，一个三阶行列式需算 3 个二阶行列式，这样计算一个五阶行列式需算 $5\times4\times3=60$ 个二阶行列式. 但是，如果行列式的某行(或列)中零元素较多，那么这个行列式就可以选择这行(或列)将它展开.

【例 1-23】 计算行列式

$$D=\begin{vmatrix} 2 & -1 & 0 \\ 1 & 1 & 2 \\ 3 & -1 & 2 \end{vmatrix}$$

解 方法 1：利用对角线法则

$$D=\begin{vmatrix} 2 & -1 & 0 \\ 1 & 1 & 2 \\ 3 & -1 & 2 \end{vmatrix}=4-6+4+2=4$$

方法 2：利用行列式的性质

$$D=\begin{vmatrix}2&-1&0\\1&1&2\\3&-1&2\end{vmatrix}\xlongequal[r_2\times(-3)+r_3]{r_2\times(-2)+r_1}\begin{vmatrix}0&-3&-4\\1&1&2\\0&-4&-4\end{vmatrix}$$

$$\xlongequal{r_3\text{提出公因子}(-4)}-4\begin{vmatrix}0&-3&-4\\1&1&2\\0&1&1\end{vmatrix}\xrightarrow{r_1\leftrightarrow r_2}-4\begin{vmatrix}1&1&2\\0&-3&-4\\0&1&1\end{vmatrix}$$

$$\xlongequal{r_3\leftrightarrow r_2}-4\begin{vmatrix}1&1&2\\0&1&1\\0&-3&-4\end{vmatrix}\xlongequal{r_2\times3+r_3}-4\begin{vmatrix}1&1&2\\0&1&1\\0&0&-1\end{vmatrix}=4$$

方法3：利用行列式按一行(列)展开

$$D=\begin{vmatrix}2&-1&0\\1&1&2\\3&-1&2\end{vmatrix}=2\times(-1)^{2+3}\begin{vmatrix}2&-1\\3&-1\end{vmatrix}+2\times(-1)^{3+3}\begin{vmatrix}2&-1\\1&1\end{vmatrix}$$

$$=-2\times1+2\times3$$

$$=4$$

【例1-24】 求 $D=\begin{vmatrix}1&-1&2\\3&0&4\\2&1&1\end{vmatrix}$ 的值.

解　方法1：利用对角线法则

$$D=1\times0\times1+(-1)\times4\times2+2\times3\times1-2\times0\times2-4\times1\times1-1\times3\times(-1)$$

$$=0-8+6-0-4+3=-3$$

方法2：按行列式展开定理计算：

按第一列展开得

$$D=1\times\begin{vmatrix}0&4\\1&1\end{vmatrix}-3\times\begin{vmatrix}-1&2\\1&1\end{vmatrix}+2\begin{vmatrix}-1&2\\0&4\end{vmatrix}$$

$$=1\times(-4)+3\times3+2\times(-4)=-3$$

按第二列展开得

$$D=1\times\begin{vmatrix}3&4\\2&1\end{vmatrix}+0\times\begin{vmatrix}1&2\\2&1\end{vmatrix}+(-1)\times1\times\begin{vmatrix}1&2\\3&4\end{vmatrix}$$

$$=(3-8)-(4-6)=-3$$

按第三列展开得

$$D=2\times\begin{vmatrix}3&0\\2&1\end{vmatrix}-4\times\begin{vmatrix}1&-1\\2&1\end{vmatrix}+1\times\begin{vmatrix}1&-1\\3&0\end{vmatrix}$$

$$=2\times3-4\times3+3=-3$$

按第一行展开得

$$D=1\times\begin{vmatrix}0&4\\1&1\end{vmatrix}+1\times\begin{vmatrix}3&4\\2&1\end{vmatrix}+2\times\begin{vmatrix}3&0\\2&1\end{vmatrix}=(-4)+(-5)+6=-3$$

按第二行展开得

$$D=-3\times\begin{vmatrix}-1 & 2\\ 1 & 1\end{vmatrix}+0\times\begin{vmatrix}1 & 2\\ 2 & 1\end{vmatrix}+(-4)\times\begin{vmatrix}1 & -1\\ 2 & 1\end{vmatrix}$$
$$=9+0+(-12)=-3$$

按第三行展开得

$$D=2\times\begin{vmatrix}-1 & 2\\ 0 & 4\end{vmatrix}-1\times\begin{vmatrix}1 & 2\\ 3 & 4\end{vmatrix}+1\times\begin{vmatrix}1 & -1\\ 3 & 0\end{vmatrix}=-8+2+3=-3$$

可以看出在计算行列式时，按照有 0 元素存在的行或列展开可以减少计算量.

【例 1-25】 计算行列式 $D=\begin{vmatrix}5 & 1 & -1 & 1\\ -11 & 1 & 3 & -1\\ 0 & 0 & 2 & 0\\ -5 & -5 & 3 & 0\end{vmatrix}$.

解 $$D=(-1)^{3+3}\times2\times\begin{vmatrix}5 & 1 & 1\\ -11 & 1 & -1\\ -5 & -5 & 0\end{vmatrix}\xlongequal{r_1\times1+r_2}2\begin{vmatrix}5 & 1 & 1\\ -6 & 2 & 0\\ -5 & -5 & 0\end{vmatrix}$$
$$=(-1)^{1+3}\times2\times\begin{vmatrix}-6 & 2\\ -5 & -5\end{vmatrix}=2\begin{vmatrix}-8 & 2\\ 0 & -5\end{vmatrix}=80$$

【例 1-26】 利用行列式的展开计算行列式 $D=\begin{vmatrix}2 & -1 & 1 & -1\\ 0 & 0 & 4 & -1\\ 0 & 2 & 4 & 1\\ -2 & 0 & 3 & 2\end{vmatrix}$.

解 一般应选取 0 元素最多的行或列进行展开，以简化计算.

$$D=4\times(-1)^{2+3}\begin{vmatrix}2 & -1 & -1\\ 0 & 2 & 1\\ -2 & 0 & 2\end{vmatrix}+(-1)\times(-1)^{2+4}\begin{vmatrix}2 & -1 & 1\\ 0 & 2 & 4\\ -2 & 0 & 3\end{vmatrix}$$
$$=-4\times(8+2-4)-(12+8+4)$$
$$=-48$$

【例 1-27】 计算行列式 $D=\begin{vmatrix}1 & 0 & 2 & 1\\ 2 & -1 & 1 & 0\\ 1 & 0 & 0 & 3\\ -1 & 0 & 2 & 1\end{vmatrix}$.

解 $$D=\begin{vmatrix}1 & 0 & 2 & 1\\ 2 & -1 & 1 & 0\\ 1 & 0 & 0 & 3\\ -1 & 0 & 2 & 1\end{vmatrix}=(-1)\times\begin{vmatrix}1 & 2 & 1\\ 1 & 0 & 3\\ -1 & 2 & 1\end{vmatrix}$$
$$=(-1)\left[(-2)\times\begin{vmatrix}1 & 3\\ -1 & 1\end{vmatrix}+(-2)\times\begin{vmatrix}1 & 1\\ 1 & 3\end{vmatrix}\right]$$
$$=(-1)\times[(-2)\times4+(-2)\times2]$$
$$=12$$

【例 1－28】 计算行列式 $D=\begin{vmatrix}1 & 1 & 1\\ x_1 & x_2 & x_3\\ x_1^2 & x_2^2 & x_3^2\end{vmatrix}$.

解　原式 $\xlongequal[(-x_1^2)\times r_1+r_3]{(-x_1)\times r_1+r_2}\begin{vmatrix}1 & 1 & 1\\ 0 & x_2-x_1 & x_3-x_1\\ 0 & x_2^2-x_1^2 & x_3^2-x_1^2\end{vmatrix}$

$$\xlongequal{\text{按 } c_1 \text{ 展开}}1\times(-1)^{1+1}\begin{vmatrix}x_2-x_1 & x_3-x_1\\ x_2^2-x_1^2 & x_3^2-x_1^2\end{vmatrix}$$

$$=(x_3-x_1)(x_2-x_1)(x_3-x_2)$$

用数学归纳法，我们可以证明 $n(n\geqslant 2)$ 阶范德蒙德(Vandermonde)行列式

$$D_n=\begin{vmatrix}1 & 1 & \cdots & 1\\ x_1 & x_2 & \cdots & x_n\\ x_1^2 & x_2^2 & \cdots & x_n^2\\ \vdots & \vdots & & \vdots\\ x_1^{n-1} & x_2^{n-1} & \cdots & x_n^{n-1}\end{vmatrix}=\prod_{n\geqslant i>j\geqslant 1}(x_i-x_j)$$

其中记号“$\prod$”表示全体同类因子的乘积. n 阶范德蒙德行列式等于 x_1，x_2，…，x_n 这 n 个数的所有可能的差 $x_i-x_j(1\leqslant j<i\leqslant n)$ 的乘积. 易得，范德蒙德行列式为零的充要条件是 x_1，x_2，…，x_n 这 n 个数中至少有两个相等.

1.4 克拉默法则

我们知道二元一次方程组 $\begin{cases}a_{11}\cdot x_1+a_{12}\cdot x_2=b_1\\ a_{21}\cdot x_1+a_{22}\cdot x_2=b_2\end{cases}$，当 $a_{11}a_{22}-a_{12}a_{21}\neq 0$ 时，其唯一的解为：$x_1=\dfrac{\begin{vmatrix}b_1 & a_{12}\\ b_2 & a_{22}\end{vmatrix}}{\begin{vmatrix}a_{11} & a_{12}\\ a_{21} & a_{22}\end{vmatrix}}$，$x_2=\dfrac{\begin{vmatrix}a_{11} & b_1\\ a_{21} & b_2\end{vmatrix}}{\begin{vmatrix}a_{11} & a_{12}\\ a_{21} & a_{22}\end{vmatrix}}$.

记

$$D=\begin{vmatrix}a_{11} & a_{12}\\ a_{21} & a_{22}\end{vmatrix}=a_{11}\cdot a_{22}-a_{12}\cdot a_{21}$$

$$D_1=\begin{vmatrix}b_1 & a_{12}\\ b_2 & a_{22}\end{vmatrix}=b_1\cdot a_{22}-b_2\cdot a_{12}$$

$$D_2=\begin{vmatrix}a_{11} & b_1\\ a_{21} & b_2\end{vmatrix}=b_2\cdot a_{11}-b_1\cdot a_{21}$$

则此线性方程组的唯一解可表示成 $x_1=\dfrac{D_1}{D}$，$x_2=\dfrac{D_2}{D}$.

这个结论可以推广到一般的 n 元线性方程组的情况，含有 n 个未知数 x_1，x_2，…，x_n 的 n 个方程的线性方程组：

$$\begin{cases} a_{11}x_1+a_{12}x_2+\cdots+a_{1n}x_n=b_1 \\ a_{21}x_1+a_{22}x_2+\cdots+a_{2n}x_n=b_2 \\ \qquad\vdots \\ a_{n1}x_1+a_{n2}x_2+\cdots+a_{nn}x_n=b_n \end{cases} \tag{1}$$

线性的含义是指方程组关于未知量 x_i 都是一次的.

定义系数行列式为 $D=\begin{vmatrix} a_{11} & a_{12} & \cdots & a_{1n} \\ a_{21} & a_{22} & \cdots & a_{2n} \\ \vdots & \vdots & & \vdots \\ a_{n1} & a_{n2} & \cdots & a_{nn} \end{vmatrix}$.

定理 1-5(克拉默(Cramer)法则) 如果 n 元线性方程组的系数行列式 $D\neq 0$，则方程组存在唯一解，且解可以通过系数和常数项表示为 $x_j=\dfrac{D_j}{D}(j=1,2,\cdots,n)$，其中，

$$D_j=\begin{vmatrix} a_{11} & \cdots & a_{1j-1} & b_1 & a_{1j+1} & \cdots & a_{1n} \\ a_{21} & \cdots & a_{2j-1} & b_2 & a_{2j+1} & \cdots & a_{2n} \\ \vdots & & \vdots & \vdots & \vdots & & \vdots \\ a_{n1} & \cdots & a_{nj-1} & b_n & a_{nj+1} & \cdots & a_{nn} \end{vmatrix}.$$

克拉默法则中包含着三个结论：

(1) 方程组有解；

(2) 解是唯一的；

(3) 解可以由方程组的系数和常数项表出.

定理 1-6 如果线性方程组(1)的系数行列式 $D\neq 0$，则方程组一定有解，且解是唯一的.

定理 1-7 如果线性方程组(1)无解或有两个不同的解，则它的系数行列式必为零.

【例 1-29】 求解 $\begin{cases} x_1+x_2-2x_3=-3 \\ 5x_1-2x_2+7x_3=22 \\ 2x_1-5x_2+4x_3=4 \end{cases}$.

解 计算以下行列式：

$$D=\begin{vmatrix} 1 & 1 & -2 \\ 5 & -2 & 7 \\ 2 & -5 & 4 \end{vmatrix} \xlongequal[2c_1-c_3]{-c_1+c_2} \begin{vmatrix} 1 & 0 & 0 \\ 5 & -7 & 17 \\ 2 & -7 & 8 \end{vmatrix}$$

$$=\begin{vmatrix} -7 & 17 \\ -7 & 8 \end{vmatrix}$$

$$=-7\times(8-17)=63$$

$$D_1=\begin{vmatrix}-3&1&-2\\22&-2&7\\4&-5&4\end{vmatrix}\xlongequal[2c_2+c_3]{3c_2+c_1}\begin{vmatrix}0&1&0\\16&-2&3\\-11&-5&-6\end{vmatrix}$$

$$=(-1)^{1+2}\cdot 1\cdot\begin{vmatrix}16&3\\-11&-6\end{vmatrix}$$

$$=-(-96+33)=63$$

$$D_2=\begin{vmatrix}1&-3&-2\\5&22&7\\2&4&4\end{vmatrix}\xlongequal[2c_1+c_3]{3c_1+c_2}\begin{vmatrix}1&0&0\\5&37&17\\2&10&8\end{vmatrix}=\begin{vmatrix}37&17\\10&8\end{vmatrix}$$

$$=296-170=126$$

$$D_3=\begin{vmatrix}1&1&-3\\5&-2&22\\2&-5&4\end{vmatrix}\xlongequal[c_1\times 3+c_3]{c_1\times(-1)+c_2}\begin{vmatrix}1&0&0\\5&-7&17\\2&-7&10\end{vmatrix}$$

$$=\begin{vmatrix}-7&17\\-7&10\end{vmatrix}=189$$

以上是方程组的系数行列式，根据克拉默法则，得到方程组的唯一解：$x_1=1$，$x_2=2$，$x_3=3$.

【例 1-30】 求方程组$\begin{cases}2x_1+x_2-5x_3+x_4=8\\x_1-3x_2\qquad-6x_4=9\\2x_2-x_3+2x_4=-5\\x_1+4x_2-7x_3+6x_4=0\end{cases}$的解.

解：因为

$$D=\begin{vmatrix}2&1&-5&1\\1&-3&0&-6\\0&2&-1&2\\1&4&-7&6\end{vmatrix}\xlongequal[r_2\times(-1)+r_4]{r_2\times(-2)+r_1}\begin{vmatrix}0&7&-5&13\\1&-3&0&-6\\0&2&-1&2\\0&7&-7&12\end{vmatrix}=27$$

$$D_1=\begin{vmatrix}8&1&-5&1\\9&-3&0&-6\\-5&2&-1&2\\0&4&-7&6\end{vmatrix}=81,\quad D_2=\begin{vmatrix}2&8&-5&1\\1&9&0&-6\\0&-5&-1&2\\1&0&-7&6\end{vmatrix}=-108$$

$$D_3=\begin{vmatrix}2&1&8&1\\1&-3&9&-6\\0&2&-5&2\\1&4&0&6\end{vmatrix}=-27,\quad D_4=\begin{vmatrix}2&1&-5&8\\1&-3&0&9\\0&2&-1&-5\\1&4&-7&0\end{vmatrix}=27$$

所以

$$x_1=\frac{D_1}{D}=\frac{81}{27}=3,\ x_2=\frac{D_2}{D}=\frac{-108}{27}=-4,\ x_3=\frac{D_3}{D}=\frac{-27}{27}=-1,\ x_4=\frac{D_4}{D}=\frac{27}{27}=1$$

在方程组(1)中，若右端项都为零，即

$$\begin{cases} a_{11}x_1 + a_{12}x_2 + \cdots + a_{1n}x_n = 0 \\ a_{21}x_1 + a_{22}x_2 + \cdots + a_{2n}x_n = 0 \\ \qquad\vdots \\ a_{n1}x_1 + a_{n2}x_2 + \cdots + a_{nn}x_n = 0 \end{cases} \tag{2}$$

称为齐次线性方程组. 由于 $x_1 = x_2 = \cdots = x_n = 0$ 满足方程组(2)，这组解称为零解，其它的解称为非零解. 显然，齐次方程组(2)的零解无条件存在，问题是齐次方程组是否存在非零解.

定理 1-8 若齐次方程组(2)的系数行列式 $D \neq 0$，则它只有零解；如果方程组(2)有非零解，那么必有 $D = 0$.

【例 1-31】 判断线性方程组

$$\begin{cases} x_1 + 3x_2 - x_3 + 2x_4 = 0 \\ x_1 - 5x_2 + 3x_3 - 4x_4 = 0 \\ 2x_2 + x_3 - x_4 = 0 \\ -5x_1 + x_2 + 3x_3 - 3x_4 = 0 \end{cases}$$ 是否只有零解?

解 因为方程组的系数行列式

$$D = \begin{vmatrix} 1 & 3 & -1 & 2 \\ 1 & -5 & 3 & -4 \\ 0 & 2 & 1 & -1 \\ -5 & 1 & 3 & 3 \end{vmatrix} \xlongequal[5r_1+r_4]{-r_1+r_2} \begin{vmatrix} 1 & 3 & -1 & 2 \\ 0 & -8 & 4 & -6 \\ 0 & 2 & 1 & -1 \\ 0 & 16 & -2 & 7 \end{vmatrix}$$

$$\xlongequal{\text{按 } c_1 \text{ 展开}} (-2) \times \begin{vmatrix} 4 & -2 & 3 \\ 2 & 1 & -1 \\ 16 & -2 & 7 \end{vmatrix} = (-2) \times 2 \times \begin{vmatrix} 2 & -2 & 3 \\ 1 & 1 & -1 \\ 8 & -2 & 7 \end{vmatrix}$$

$$\xlongequal[r_3 \times 1 + r_1]{r_3 \times 1 + r_2} (-4) \times \begin{vmatrix} 5 & 1 & 3 \\ 0 & 0 & -1 \\ 15 & 5 & 7 \end{vmatrix}$$

$$\xlongequal{\text{按 } r_2 \text{ 展开}} (-4) \times \begin{vmatrix} 5 & 1 \\ 15 & 5 \end{vmatrix} = -40 \neq 0$$

所以方程组只有零解.

【例 1-32】 下列齐次方程组中的参数 λ 为何值时，方程组有非零解?

$$\begin{cases} (1-\lambda)x_1 - 2x_2 + 4x_3 = 0 \\ 2x_1 + (3-\lambda)x_2 + x_3 = 0 \\ x_1 + x_2 + (1-\lambda)x_3 = 0 \end{cases}$$

解 设

$$D = \begin{vmatrix} 1-\lambda & -2 & 4 \\ 2 & 3-\lambda & 1 \\ 1 & 1 & 1-\lambda \end{vmatrix} = \begin{vmatrix} 1-\lambda & -3+\lambda & 4 \\ 2 & 1-\lambda & 1 \\ 1 & 0 & 1-\lambda \end{vmatrix}$$

$$= (1-\lambda)^3 + (\lambda-3) - 4(1-\lambda) - 2(1-\lambda)(-3+\lambda)$$

$$= (1-\lambda)^3 + 2(1-\lambda)^2 + \lambda - 3 = \lambda(2-\lambda)(\lambda-3)$$

因为齐次方程组有非零解，则 $D = 0$. 因此，当 $\lambda = 0$，$\lambda = 2$ 或 $\lambda = 3$ 时齐次方程组有非零解.

1.5 应用实例

1.5.1 用行列式分解因式

利用行列式分解因式的关键，是把所给的多项式写成行列式的形式，并注意行列式的排列规则. 下面列举两个例子来说明.

【例 1-33】 分解因式：$ab^2c^3+bc^2a^3+ca^2b^3-cb^2a^3-ba^2c^3-ac^2b^3$.

解 原式

$$=abc\cdot[(bc^2-b^2c)+(a^2c-ac^2)+(ab^2-a^2b)]$$

$$=abc\cdot[bc\cdot(c-b)+ab(a-c)+ab(b-a)]$$

$$=abc\cdot\left[bc\cdot\begin{vmatrix}c&1\\b&1\end{vmatrix}+ab\cdot\begin{vmatrix}a&1\\c&1\end{vmatrix}-ab\cdot\begin{vmatrix}a&1\\b&1\end{vmatrix}\right]$$

$$=abc\begin{vmatrix}bc&a&1\\ab&c&1\\ac&b&1\end{vmatrix}=abc\begin{vmatrix}bc&a&1\\ab-bc&c-a&0\\ac-bc&b-a&0\end{vmatrix}$$

$$=abc\,|(ab-bc)(b-a)-(ac-bc)(c-a)|$$

$$=abc(a-b)(c-a)(b-c)$$

【例 1-34】 分解因式：$(cd-ab)^2-4bc(a-c)(b-d)$.

解 原式

$$=\begin{vmatrix}cd-ab&2(ab-bc)\\2(bc-cd)&cd-ab\end{vmatrix}$$

$$=\begin{vmatrix}cd-ab&ab+cd-2bc\\2(bc-cd)&-(ab+cd-2bc)\end{vmatrix}$$

$$=(ab+cd-2bc)\begin{vmatrix}cd-ab&1\\2(bc-cd)&-1\end{vmatrix}$$

$$=(ab+cd-2bc)^2$$

1.5.2 用行列式证明等式

我们知道，把行列式的某一行(列)的元素乘以同一数后加到另一行(列)的对应元素上，行列式不变；如果行列式中有一行(列)的元素全部是零，那么这个行列式等于零. 利用行列式的这些性质，我们可以构造行列式来证明等式.

【例 1-35】 已知 $a+b+c=0$，求证 $a^3+b^3+c^3=3abc$.

证明 令 $D=a^3+b^3+c^3-3abc$，则

$$D=\begin{vmatrix}a&b&c\\c&a&b\\b&c&a\end{vmatrix}\xlongequal[1\cdot r_3+r_1]{1\cdot r_2+r_1}\begin{vmatrix}a+b+c&a+b+c&a+b+c\\c&a&b\\b&c&a\end{vmatrix}=\begin{vmatrix}0&0&0\\c&a&b\\b&c&a\end{vmatrix}=0$$

命题得证.

【例 1-36】 已知 $ax+by=1$，$bx+cy=1$，$cx+ay=1$，求证：$ab+bc+ca=a^2+b^2+c^2$.

证明 令 $D=ab+bc+ca-(a^2+b^2+c^2)$，则

$$D=\begin{vmatrix} a & b & -1 \\ c & a & -1 \\ b & c & -1 \end{vmatrix} \xlongequal{c_3+c_1x+c_2y} \begin{vmatrix} a & b & ax+by-1 \\ c & a & cx+ay-1 \\ b & c & bx+cy-1 \end{vmatrix} = \begin{vmatrix} a & b & 0 \\ c & a & 0 \\ b & c & 0 \end{vmatrix} =0$$

命题得证.

拓展阅读

拉普拉斯

法国著名的天文学家和数学家，也是法国科学院院士．他是天体力学的主要奠基人、天体演化学的创立者之一．此外，他还是分析概率论的创始人，因此可以说拉普拉斯是应用数学的先驱．

拉普拉斯的代表作品有《天体力学》和《宇宙系统论》．在研究天体问题的过程中，他创造和发展了许多数学的方法，包括以他的名字命名的拉普拉斯变换、拉普拉斯定理和拉普拉斯方程等．他的研究成果具有极高的现实意义，对科技发展和人类文明的进步起到了推动作用．

拉普拉斯不仅提出了著名的拉普拉斯定理，还将牛顿的万有引力应用到对太阳系的研究中，对整个太阳系的天体摄动以及太阳系普遍稳定性的动力学问题做了详细阐述．这些理论引起当时法国科学界的轰动，拉普拉斯因此被誉为“天体动力学之父”，人们称他为“法国的牛顿”．拉普拉斯方程这一理论证明了天体对它外面的任一质点的引力分量都可以用一个满足偏微分方程的势函数来表示，这是拉普拉斯在 1784 年到 1785 年期间为科学发展做出的伟大贡献．

拉普拉斯的贡献还体现在概率论知识方面，他发表的论文一共有二百七十多篇，其中涉及天文学、数学、物理学等诸多方面，他的专著总计有四千多页．拉普拉斯留下的著作为人类的文明做出了巨大的贡献，他及他的著作将永远被世人铭记．

范德蒙德

18 世纪法国数学家，他的贡献主要集中在代数学和组合学领域．他在代数学中提出了范德蒙德行列式和范德蒙德恒等式，并且在组合学中开创了一种新的方法，即生成函数，他的这些贡献对现代数学的发展有着重要的影响．

范德蒙德最先在巴黎学习音乐，后来从事数学研究，1771 年当选为巴黎科学院院士，1782 年担任国立工艺博物馆指导，1795 年被提名为国家研究院院士．

1771 到 1772 年他连续向巴黎科学院提交了四篇

论文，这也是他全部的数学论文. 他通过对根的置换下函数不变量的讨论，研究了代数方程可解性的一般问题. 范德蒙德是第一个对行列式理论作出连贯的逻辑的阐述(即把行列式理论与线性方程求解相分离)的人，虽然他也把它应用于解线性方程组. 他还给出了用二阶子式及其余子式展开行列式的法则，提出了专门的行列式符号. 从集中到对行列式本身进行研究这一点来说，他是这门理论的奠基人.

除了范德蒙德行列式和范德蒙德恒等式，范德蒙德还提出了一些重要的数学结论，例如范德蒙德卷积和范德蒙德定理等. 这些结论在代数学和组合学中都有着广泛的应用. 范德蒙德的工作也为后来的数学家们，例如欧拉和拉格朗日等人，提供了很多启示.

他的方法和思想对后来的数学家们产生了很大的影响，促进了数学的发展. 因此，可以说范德蒙德是一位杰出的数学家，他为数学的发展做出了重要的贡献.

课堂随练

1. 选择题.

(1) 三阶行列式 $\begin{vmatrix} 1 & 2 & 3 \\ 4 & 5 & 6 \\ 7 & 8 & 9 \end{vmatrix}$ 的值为(　　).

A. -1　　B. 0　　C. 1　　D. 2

(2) $\begin{vmatrix} a-1 & 3 \\ 3 & a-1 \end{vmatrix}=0$ 的充要条件是(　　).

A. $a=3$ 或 $a=5$　　B. $a=4$ 或 $a=-2$　　C. $a=1$ 或 $a=-3$　　D. $a=0$ 或 $a=-1$

(3) 32514 的逆序数是(　　).

A. 3　　B. 4　　C. 5　　D. 6

(4) $D=\begin{vmatrix} 1 & 1 & 0 & 0 \\ 1 & k & 1 & 0 \\ 0 & 0 & k & 2 \\ 0 & 0 & 2 & k \end{vmatrix}=0$ 的充要条件是(　　).

A. $k=2$ 或 $k=\pm 1$　　B. $k=2$ 或 $k=\pm 3$

C. $k=0$ 或 $k=\pm 1$　　D. $k=1$ 或 $k=\pm 2$

(5) $\begin{vmatrix} 1 & 1 & 1 & 1 \\ -1 & 1 & 1 & 1 \\ -1 & -1 & 1 & 1 \\ -1 & -1 & -1 & 1 \end{vmatrix}$ 的值为(　　).

A. 8　　B. 7　　C. 6　　D. 5

(6) $\begin{vmatrix} 0 & 1 & 1 & 1 \\ 1 & 0 & 1 & 1 \\ 1 & 1 & 0 & 1 \\ 1 & 1 & 1 & 0 \end{vmatrix}$ 的值为(　　).

A. 0　　B. 1　　C. -3　　D. -1

2. 填空题.

(1) 当 x 取(　　)时，$\begin{vmatrix} x-1 & 4 & 2 \\ -2 & x & x \\ 4 & 2 & 1 \end{vmatrix}>0$.

(2) 31425 的逆序数为(　　).

(3) 4 阶行列式中，带负号且包含因子 $a_{11}a_{23}$ 的项是(　　).

(4) 当 x 满足(　　)时，$\begin{vmatrix} 1 & 1 & 1 & 1 \\ 1 & 1-x & 1 & 1 \\ 1 & 1 & 2-x & 1 \\ 1 & 1 & 1 & 3-x \end{vmatrix}=0$.

(5) 4 阶行列式 $\begin{vmatrix} 3 & -1 & 0 & 7 \\ 1 & 0 & 1 & 5 \\ 2 & 3 & -3 & 1 \\ 0 & 0 & 1 & -2 \end{vmatrix}$ 的值为(　　).

(6) 4 阶行列式 $\begin{vmatrix} 1 & 0 & a & 1 \\ 0 & -1 & b & -1 \\ -1 & -1 & c & -1 \\ -1 & 1 & d & 0 \end{vmatrix}$ 的值为(　　).

3. 计算题.

(1) 计算 $\begin{vmatrix} x & y & x+y \\ y & x+y & x \\ x+y & x & y \end{vmatrix}$.

(2) 计算行列式 $D_4=\begin{vmatrix} 2 & 1 & 4 & 1 \\ 3 & -1 & 2 & 1 \\ 5 & 2 & 3 & 2 \\ 7 & 0 & 2 & 5 \end{vmatrix}$.

(3) 已知 $\begin{vmatrix} a_1 & b_1 & c_1 \\ a_2 & b_2 & c_2 \\ a_3 & b_3 & c_3 \end{vmatrix}=1$，求 $\begin{vmatrix} 4a_1 & 2a_1-3b_1 & c_1 \\ 4a_2 & 2a_2-3b_2 & c_2 \\ 4a_3 & 2a_3-3b_3 & c_3 \end{vmatrix}$ 的值.

(4) 计算 $\begin{vmatrix} a & a^2 & a^3 \\ b & b^2 & b^3 \\ c & c^2 & c^3 \end{vmatrix}$.

(5) 当 k 为何值时，$\begin{cases} kx_1+x_4=0 \\ x_1+2x_2-x_4=0 \\ (k+2)x_1-x_2+4x_4=0 \\ 2x_1+x_2+3x_3+kx_4=0 \end{cases}$ 只有零解？

4. 证明题.

(1) 证明 $D=\begin{vmatrix} 1 & a & b & c+d \\ 1 & b & c & a+d \\ 1 & c & d & a+b \\ 1 & d & a & b+c \end{vmatrix}=0$.

(2) 证明 $D=\begin{vmatrix} a^2 & ab & b^2 \\ 2a & a+b & 2b \\ 1 & 1 & 1 \end{vmatrix}=(a-b)^3$.

进阶训练

1. 选择题.

(1) 若行列式 $\begin{vmatrix} 1 & 2 & 3 \\ 2 & 3 & 5 \\ 1 & 2 & k \end{vmatrix}=0$，则 $k=$(　　).

A. -3　　B. 5　　C. -5　　D. 3

(2) 4阶行列式 $\begin{vmatrix} a_1 & 0 & 0 & b_1 \\ 0 & a_2 & b_2 & 0 \\ 0 & b_3 & a_3 & 0 \\ b_4 & 0 & 0 & a_4 \end{vmatrix}$ 的值等于(　　).

A. $a_1a_2a_3a_4-b_1b_2b_3b_4$　　B. $a_1a_2a_3a_4+b_1b_2b_3b_4$

C. $(a_1a_2-b_1b_2)(a_3a_4-b_3b_4)$　　D. $(a_2a_3-b_2b_3)(a_1a_4-b_1b_4)$

(3) 如果线性方程组 $\begin{cases} kx_1+x_2+x_3=k-3 \\ x_1+kx_2+x_3=-2 \\ x_1+x_2+kx_3=-2 \end{cases}$ 有唯一解，则有(　　).

A. $k\neq1$，$k\neq-2$　　B. $k\neq-1$，$k\neq-2$

C. $k\neq-1$，$k\neq2$　　D. $k\neq1$，$k\neq2$

(4) 行列式 $\begin{vmatrix} 1 & 2 & 3 & 4 \\ 1 & 2 & 3 & 0 \\ 1 & 2 & 0 & 0 \\ 1 & 0 & 0 & 0 \end{vmatrix}=$(　　).

A. 0　　B. 12

C. 24　　D. -24

(5) 若行列式 $D=\begin{vmatrix} a_{11} & a_{12} & a_{13} \\ a_{21} & a_{22} & a_{23} \\ a_{31} & a_{32} & a_{33} \end{vmatrix}=1$，则 $D_1=\begin{vmatrix} 2a_{11} & 2a_{11}-3a_{12} & a_{13} \\ 2a_{21} & 2a_{21}-3a_{22} & a_{23} \\ 2a_{31} & 2a_{31}-3a_{32} & a_{33} \end{vmatrix}=$(　　).

A. 12　　B. -12　　C. 6　　D. -6

2. 填空题.

(1) 线性方程组$\begin{cases} x_1-2x_2=0 \\ 2x_1+kx_2=0 \end{cases}$只有零解，则 $k\neq$(　　).

(2) 如果方程组$\begin{cases} x_1+tx_2-x_3=0 \\ x_1-x_2+tx_3=0 \\ 2x_1-x_2+x_3=0 \end{cases}$有无穷多解，那么 $t=$(　　).

(3) 若齐次线性方程组$\begin{cases} x_1+x_2+x_3=0 \\ x_1+(1+\lambda)x_2+2x_3=0 \\ (1+\lambda)x_1+x_2+x_3=0 \end{cases}$有非零解，则 $\lambda=$(　　).

(4) 已知 3 阶行列式$\begin{vmatrix} 1 & 1 & 1 \\ 1 & 2 & 3 \\ 2 & 2 & a \end{vmatrix}=0$，则 $a=$(　　).

(5) 设行列式 $D=\begin{vmatrix} 3 & 4 & 3 \\ 0 & 2 & 1 \\ 4 & -6 & 2 \end{vmatrix}$，则第 3 行各元素的代数余子式之和为(　　).

3. 计算题.

(1) 计算 4 阶行列式$\begin{vmatrix} 2 & 1 & 1 & 1 \\ 1 & 2 & 1 & 1 \\ 1 & 1 & 2 & 1 \\ 1 & 1 & 1 & 2 \end{vmatrix}$的值.

第 1 章答案

第 2 章
矩　　阵

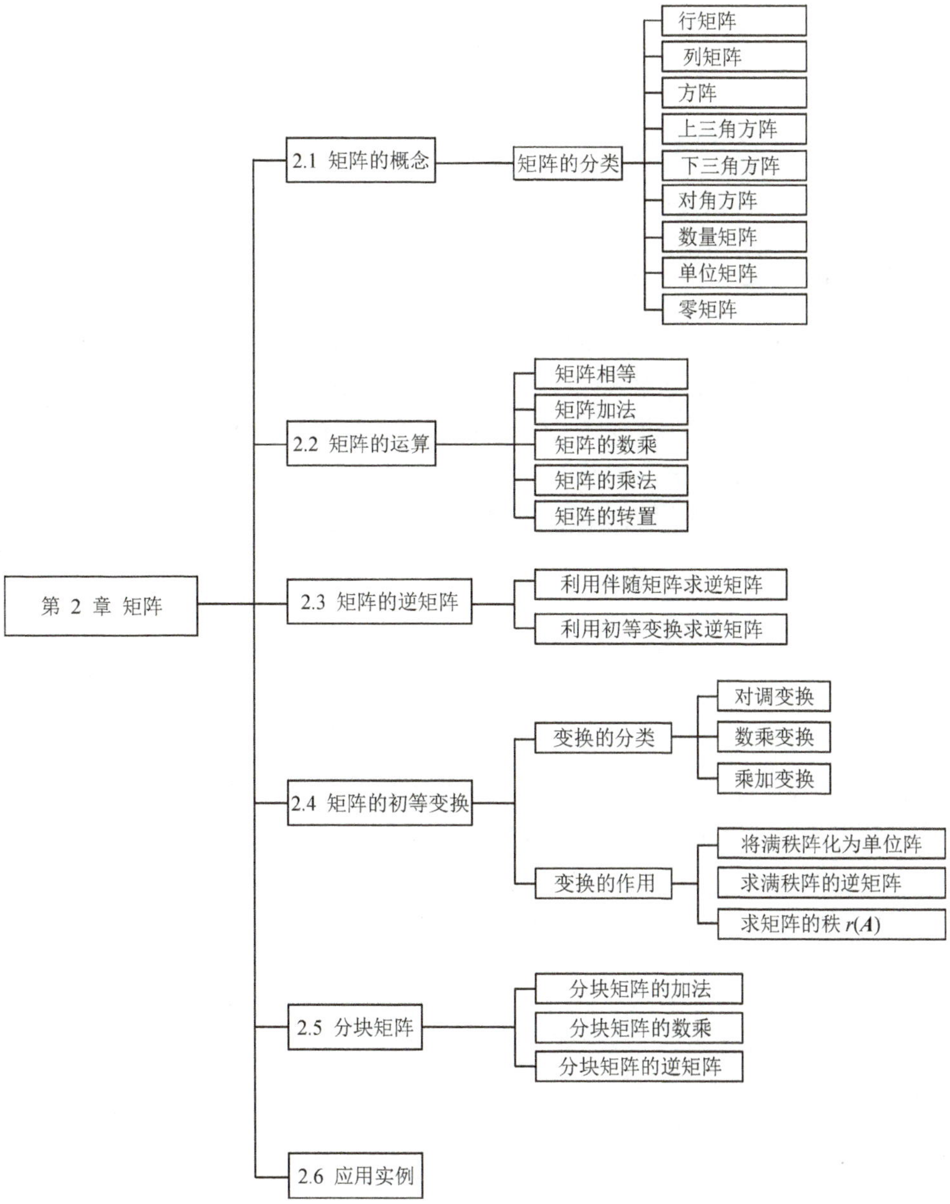

第 2 章 矩阵
2.1 矩阵的概念
矩阵的分类
行矩阵
列矩阵
方阵
上三角方阵
下三角方阵
对角方阵
数量矩阵
单位矩阵
零矩阵
2.2 矩阵的运算
矩阵相等
矩阵加法
矩阵的数乘
矩阵的乘法
矩阵的转置
2.3 矩阵的逆矩阵
利用伴随矩阵求逆矩阵
利用初等变换求逆矩阵
2.4 矩阵的初等变换
变换的分类
对调变换
数乘变换
乘加变换
变换的作用
将满秩阵化为单位阵
求满秩阵的逆矩阵
求矩阵的秩 r(A)
2.5 分块矩阵
分块矩阵的加法
分块矩阵的数乘
分块矩阵的逆矩阵
2.6 应用实例

在数学中，矩阵(matrix)是一个按照长方阵列排列的复数或实数集合，最早来自于方程组的系数及常数所构成的方阵，这一概念由19世纪英国数学家凯利首先提出.

矩阵是线性代数中的常见工具，也常见于统计分析等应用数学学科中. 在物理学中，矩阵于电路学、力学、光学和量子物理中都有应用；计算机科学中，三维动画制作也需要用到矩阵. 矩阵的运算是数值分析领域的重要问题. 将矩阵分解为简单矩阵的组合可以在理论和实际应用上简化矩阵的运算. 对一些应用广泛而形式特殊的矩阵，例如稀疏矩阵和准对角矩阵，有特定的快速运算算法. 在天体物理、量子力学等领域中，会出现无穷维的矩阵，这是矩阵的一种推广.

在本章中，首先引入矩阵的概念，然后学习生产生活中常用的关于矩阵的运算、求逆矩阵、矩阵的秩和矩阵分块的有关知识，为解决线性方程组和其他问题做好前期的知识储备.

2.1 矩阵的概念

2.1.1 矩阵的定义

矩阵作为一种常用的数学工具，能够简洁明了地显示数据信息，矩阵运算可以方便大家进行数据处理，下面我们通过实际例子来引入矩阵的概念.

【例 2-1】 某高职院校2023级大数据专业学生人数统计情况如表2.1所示.

表 2.1 某高职院校 2003 级大数据专业学生人数统计 （单位：人）

班级	女生人数	男生人数	总人数
大数据1班	20	25	45
大数据2班	15	29	44
大数据3班	19	30	49
总计	**53**	**84**	**138**

这样的统计数据对于学工系统的老师了解学生信息来说，不仅实用而且便捷，所有的信息一目了然. 这个表的核心数据可以排列成一个3行2列的数表，即

$$\begin{pmatrix} 20 & 25 \\ 15 & 29 \\ 19 & 30 \end{pmatrix}$$

老师们可以通过数表计算各班级总人数，女生总人数、男生总人数、以及2023级大数据专业的总人数. 这个数表，在数学领域就称为矩阵.

定义 2-1 由 $m\times n$ 个数 a_{ij} $(i=1, 2, \cdots, m; j=1, 2, \cdots, n)$ 排成的一个 m 行(row)、n 列(column)的数表

$$A=\begin{pmatrix} a_{11} & a_{12} & \cdots & a_{1n} \\ a_{21} & a_{22} & \cdots & a_{2n} \\ \vdots & \vdots & & \vdots \\ a_{m1} & a_{m2} & \cdots & a_{mn} \end{pmatrix}$$

称为一个 m 行 n 列矩阵，简称 $m\times n$ 矩阵.

其含义是：它是由 $m\times n$ 个数排成一个矩形阵列，其中 a_{ij} 称为矩阵的第 i 行第 j 列的元素(element)($i=1, 2, \cdots, m$；$j=1, 2, \cdots, n$)，i 称为行标，j 称为列标. 第 i 行与第 j 列的元素的交叉位置记为(i，j).

通常用大写字母 $\boldsymbol{A}$，$\boldsymbol{B}$，$\boldsymbol{C}$ 等表示矩阵，有时为了标明矩阵的行数 m 和列数 n，也可记为 $\boldsymbol{A}=(a_{ij})_{m\times n}$ 或 $\boldsymbol{A}_{m\times n}$. 元素是实数的矩阵称为实矩阵(real matrix)，元素是复数的矩阵称为复矩阵(complex matrix).

2.1.2　矩阵的分类

1. 行矩阵(row matrix)

当 $m=1$ 时，称 $\boldsymbol{A}_{1\times n}=(a_1, a_2, \cdots, a_n)$ 为 n 维行向量，它是 $1\times n$ 矩阵.

2. 列矩阵(column matrix)

当 $n=1$ 时，称 $\boldsymbol{B}_{m\times 1}=\begin{pmatrix} b_1 \\ b_2 \\ \vdots \\ b_m \end{pmatrix}$ 为 m 维列向量，它是 $m\times 1$ 矩阵.

3. 方阵 (square matrix)

当 $m=n$ 时，称 $\boldsymbol{A}=(a_{ij})_{n\times n}$ 为 n 阶矩阵，或者称为 n 阶方阵.

例如 3 阶方阵 $\boldsymbol{A}=\begin{pmatrix} 1 & 3 & -2 \\ 0 & 1 & -1 \\ 4 & -2 & 1 \end{pmatrix}$.

注意：

(1) n 阶方阵是由 n^2 个数排成的一个正方形表，它不是一个数，它与 n 阶行列式是两个完全不同的概念，只有一阶方阵才是一个数.

(2) 一个 n 阶方阵 $\boldsymbol{A}$ 中从左上角到右下角的对角线称为 $\boldsymbol{A}$ 的**主对角线**.

(3) n 阶方阵的主对角线上的元素 a_{11}，a_{22}，a_{33}，$\cdots$，a_{nn}，称为此方阵的**对角元**.

对于不是方阵的矩阵，我们不定义对角元.

元素全为零的矩阵称之为零矩阵，用 $\boldsymbol{O}_{m\times n}$ 或 $\boldsymbol{O}$ 表示.

(4) **上三角方阵** (upper triangular matrix)　方阵主对角元素以及右上方的元素不全为 0，其余元素全为 0 的矩阵称为上三角方阵.

形如：$\begin{pmatrix} a_{11} & a_{12} & \cdots & a_{1n} \\ 0 & a_{22} & \cdots & a_{2n} \\ \vdots & \vdots & & \vdots \\ 0 & 0 & \cdots & a_{nn} \end{pmatrix}$　　例如：$\boldsymbol{C}=\begin{pmatrix} 1 & 3 & -2 \\ 0 & 1 & -1 \\ 0 & 0 & 1 \end{pmatrix}$

（5）**下三角方阵**(lower triangular matrix)　方阵主对角元以及左下方的元素不全为 0，其余元素全为 0 的矩阵称为下三角方阵.

形如：$\begin{bmatrix} a_{11} & 0 & \cdots & 0 \\ a_{21} & a_{22} & \cdots & 0 \\ \vdots & \vdots & & \vdots \\ a_{n1} & a_{n2} & \cdots & a_{nn} \end{bmatrix}$　　例如：$\boldsymbol{D}=\begin{pmatrix} 1 & 0 & 0 \\ 0 & 1 & 0 \\ 4 & -2 & 1 \end{pmatrix}$

（6）**对角方阵**(diagonal matrix)　主对角元不全为 0，其余元素全为 0 的方阵，称为对角方阵.

形如：$\begin{bmatrix} a_{11} & 0 & \cdots & 0 \\ 0 & a_{22} & \cdots & 0 \\ \vdots & \vdots & & \vdots \\ 0 & 0 & \cdots & a_{nn} \end{bmatrix}$　　例如：$\boldsymbol{F}=\begin{pmatrix} 2 & 0 & 0 \\ 0 & -3 & 0 \\ 0 & 0 & 1 \end{pmatrix}$

（7）**数量矩阵**(scalar matrix)　主对角线上元素都相同的对角矩阵称为数量矩阵.

形如：$\boldsymbol{A}=\begin{bmatrix} a & 0 & \cdots & 0 \\ 0 & a & \cdots & 0 \\ \vdots & \vdots & & \vdots \\ 0 & 0 & \cdots & a \end{bmatrix}$　　例如：$\boldsymbol{A}=\begin{pmatrix} 2 & 0 & 0 \\ 0 & 2 & 0 \\ 0 & 0 & 2 \end{pmatrix}$

（8）**单位矩阵**(identity matrix)　主对角线上元素都是 1 的数量矩阵称为单位矩阵，n 阶单位矩阵记为 $\boldsymbol{E}_n$ 或 $\boldsymbol{I}_n$.

形如：$\boldsymbol{E}_n=\begin{bmatrix} 1 & 0 & \cdots & 0 \\ 0 & 1 & \cdots & 0 \\ \vdots & \vdots & & \vdots \\ 0 & 0 & \cdots & 1 \end{bmatrix}$　　例如：$\boldsymbol{E}_3=\begin{pmatrix} 1 & 0 & 0 \\ 0 & 1 & 0 \\ 0 & 0 & 1 \end{pmatrix}$

（9）**零矩阵**(zero matrix)　元素都是 0 的矩阵，称为零矩阵.

例如：$\boldsymbol{A}_1=\begin{pmatrix} 0 & 0 \\ 0 & 0 \\ 0 & 0 \end{pmatrix}$，$\boldsymbol{A}_2=\begin{pmatrix} 0 & 0 & 0 \\ 0 & 0 & 0 \\ 0 & 0 & 0 \end{pmatrix}$，$\boldsymbol{A}_3=(0,\ 0,\ 0)$，可以看出零矩阵的形式不唯一.

（10）**对称矩阵**(symmetric matrix)　对称矩阵的特点是：它的元素关于主对角线为对称轴对应相等. 当方阵中的元素满足：$a_{ij}=a_{ji}(i,j=1,2,\cdots,n)$时，称为对称方阵.

形如：$\boldsymbol{B}=\begin{pmatrix} a & b & c & d \\ b & a & f & e \\ c & f & b & g \\ d & e & g & c \end{pmatrix}$　　例如：$\boldsymbol{B}=\begin{bmatrix} 1 & 2 & 3 & -4 \\ 2 & 5 & -7 & 0 \\ 3 & -7 & 3 & -2 \\ -4 & 0 & -2 & 0 \end{bmatrix}$

（11）**反对称矩阵**(antisymmetric matrix)　反对称矩阵的特点是：它的主对角元素都是零. 当方阵中的元素满足：$a_{ij}=-a_{ji}(i,j=1,2,\cdots,n)$时，称为反对称方阵.

形如：$\boldsymbol{A}=\begin{pmatrix} 0 & -b & -c & -d \\ b & 0 & -f & -e \\ e & f & 0 & -g \\ d & e & g & 0 \end{pmatrix}$　　例如：$\boldsymbol{A}=\begin{bmatrix} 0 & -2 & -3 & 4 \\ 2 & 0 & 7 & -5 \\ 3 & -7 & 0 & 2 \\ -4 & 5 & -2 & 0 \end{bmatrix}$

2.2 矩阵的运算

定义 2-2(同型矩阵) 如果两个矩阵具有相同的行数和相同的列数，则称这两个矩阵为同型矩阵(same-sized matrix).

定义 2-3(矩阵的相等) 如果矩阵 $\boldsymbol{A}$，$\boldsymbol{B}$ 是同型矩阵，且对应元素也相等，则称矩阵 $\boldsymbol{A}$ 与矩阵 $\boldsymbol{B}$ 相等，记作 $\boldsymbol{A}=\boldsymbol{B}$.

由矩阵相等的定义可知：两个矩阵相等指的是：它们的行数相同，列数也相同，并且两个矩阵中处于相同位置(i, j)上的一对数必须对应相等.

注意：行列式相等与矩阵相等有本质区别，

例如：$\begin{pmatrix}1 & 0\\0 & 1\end{pmatrix}\neq\begin{pmatrix}1 & 2\\0 & 1\end{pmatrix}$，因为两个矩阵中(1，2)位置上的元素不同，但有 $\begin{vmatrix}1 & 0\\0 & 1\end{vmatrix}=\begin{vmatrix}1 & 2\\0 & 1\end{vmatrix}=1$.

【例 2-2】 已知 $\boldsymbol{A}=\begin{pmatrix}a+3b & b-2d\\a+c & a-b\end{pmatrix}$，且 $\boldsymbol{A}=\boldsymbol{E}_2=\begin{pmatrix}1 & 0\\0 & 1\end{pmatrix}$，求 a，b，c，d 的值.

解 根据矩阵相等的定义，可知：

$$\begin{cases}a+3b=1\\b-2d=0\\a+c=0\\a-b=1\end{cases}\Rightarrow\begin{cases}a=1\\b=0\\c=-1\\d=0\end{cases}$$

定义 2-4(矩阵的加法) 设 $\boldsymbol{A}$，$\boldsymbol{B}$ 都是 $m\times n$ 的同型矩阵，由 $\boldsymbol{A}$ 与 $\boldsymbol{B}$ 的对应元素相加所得到的新的 $m\times n$ 矩阵，称为 $\boldsymbol{A}$ 与 $\boldsymbol{B}$ 的和，记作 $\boldsymbol{A}+\boldsymbol{B}$，即

若 $\boldsymbol{A}=\begin{bmatrix}a_{11} & a_{12} & \cdots & a_{1n}\\a_{21} & a_{22} & \cdots & a_{2n}\\\vdots & \vdots & & \vdots\\a_{m1} & a_{m2} & \cdots & a_{mn}\end{bmatrix}$，$\boldsymbol{B}=\begin{bmatrix}b_{11} & b_{12} & \cdots & b_{1n}\\b_{21} & b_{22} & \cdots & b_{2n}\\\vdots & \vdots & & \vdots\\b_{m1} & b_{m2} & \cdots & b_{mn}\end{bmatrix}$，

则 $\boldsymbol{A}+\boldsymbol{B}=\begin{bmatrix}a_{11}+b_{11} & a_{12}+b_{12} & \cdots & a_{1n}+b_{1n}\\a_{21}+b_{21} & a_{22}+b_{22} & \cdots & a_{2n}+b_{2n}\\\vdots & \vdots & & \vdots\\a_{m1}+b_{m1} & a_{m2}+b_{m2} & \cdots & a_{mn}+b_{mn}\end{bmatrix}$.

【例 2-3】

$$\begin{pmatrix}1 & 6 & 5\\3 & -2 & 4\end{pmatrix}+\begin{pmatrix}-3 & -2 & 1\\3 & 4 & 5\end{pmatrix}=\begin{pmatrix}1+(-3) & 6+(-2) & 5+1\\3+3 & (-2)+4 & 4+5\end{pmatrix}=\begin{pmatrix}-2 & 4 & 6\\6 & 2 & 9\end{pmatrix}.$$

注意：阶数大于 1 的方阵与数不能相加.

若 $\boldsymbol{A}=(a_{ij})$ 为 n 阶方阵，$n>1$，a 为一个数，则 $\boldsymbol{A}+a$ 无意义！

定义 2-5(负矩阵) 设 $\boldsymbol{B}$ 是 $m\times n$ 矩阵，把 $\boldsymbol{B}$ 的所有元素都写成它的相反数后得到的一个新的 $m\times n$ 矩阵，称为 $\boldsymbol{B}$ 的负矩阵，记作 $-\boldsymbol{B}$，

$$若\ \boldsymbol{B}=\begin{pmatrix} b_{11} & b_{12} & \cdots & b_{1n} \\ b_{21} & b_{22} & \cdots & b_{2n} \\ \vdots & \vdots & & \vdots \\ b_{m1} & b_{m2} & \cdots & b_{mn} \end{pmatrix}，则\ -\boldsymbol{B}=\begin{pmatrix} -b_{11} & -b_{12} & \cdots & -b_{1n} \\ -b_{21} & -b_{22} & \cdots & -b_{2n} \\ \vdots & \vdots & & \vdots \\ -b_{m1} & -b_{m2} & \cdots & -b_{mn} \end{pmatrix}.$$

由此，规定矩阵的减法为

$$\boldsymbol{A}-\boldsymbol{B}=\boldsymbol{A}+(-\boldsymbol{B})=\begin{pmatrix} a_{11}+(-b_{11}) & a_{12}+(-b_{12}) & \cdots & a_{1n}+(-b_{1n}) \\ a_{21}+(-b_{21}) & a_{22}+(-b_{22}) & \cdots & a_{2n}+(-b_{2n}) \\ \vdots & \vdots & & \vdots \\ a_{m1}+(-b_{m1}) & a_{m2}+(-b_{m2}) & \cdots & a_{mn}+(-b_{mn}) \end{pmatrix}$$

【例 2-4】

$$\begin{aligned}\begin{pmatrix} 1 & 6 & 5 \\ 3 & -2 & 4 \end{pmatrix}-\begin{pmatrix} -3 & -2 & 1 \\ 3 & 4 & 5 \end{pmatrix}&=\begin{pmatrix} 1 & 6 & 5 \\ 3 & -2 & 4 \end{pmatrix}+\begin{pmatrix} 3 & 2 & -1 \\ -3 & -4 & -5 \end{pmatrix}\\ &=\begin{pmatrix} 1+3 & 6+2 & 5+(-1) \\ 3+(-3) & (-2)+(-4) & 4+(-5) \end{pmatrix}\\ &=\begin{pmatrix} 4 & 8 & 4 \\ 0 & -6 & -1 \end{pmatrix}\end{aligned}$$

矩阵的加法满足下列运算律($\boldsymbol{A}$，$\boldsymbol{B}$，$\boldsymbol{C}$，$\boldsymbol{O}$ 都是 $m\times n$ 的矩阵)：

(1) 交换律 $\boldsymbol{A}+\boldsymbol{B}=\boldsymbol{B}+\boldsymbol{A}$；

(2) 结合律 $(\boldsymbol{A}+\boldsymbol{B})+\boldsymbol{C}=\boldsymbol{A}+(\boldsymbol{B}+\boldsymbol{C})$；

(3) 消去律 $\boldsymbol{A}+\boldsymbol{C}=\boldsymbol{B}+\boldsymbol{C}\Leftrightarrow\boldsymbol{A}=\boldsymbol{B}$；

(4) $\boldsymbol{A}+\boldsymbol{O}=\boldsymbol{O}+\boldsymbol{A}=\boldsymbol{A}$；

(5) $\boldsymbol{A}+(-\boldsymbol{A})=\boldsymbol{O}$.

定义 2-6(矩阵的数乘) 数 k 与矩阵 $\boldsymbol{A}$ 的乘积规定为 k 乘以 $\boldsymbol{A}$ 的每一个元素 a_{ij} 后得到的新的矩阵，记作 $k\cdot\boldsymbol{A}$ 或 $\boldsymbol{A}\cdot k$，即

$$k\cdot\boldsymbol{A}=\begin{pmatrix} k\cdot a_{11} & k\cdot a_{12} & \cdots & k\cdot a_{1n} \\ k\cdot a_{21} & k\cdot a_{22} & \cdots & k\cdot a_{2n} \\ \vdots & \vdots & & \vdots \\ k\cdot a_{m1} & k\cdot a_{m2} & \cdots & k\cdot a_{mn} \end{pmatrix}$$

根据矩阵数乘运算的定义可以知道，数量矩阵 $a\cdot\boldsymbol{E}_n$ 就是数 a 与单位矩阵 $\boldsymbol{E}_n$ 相乘，

$$a\cdot\boldsymbol{E}_n=a\cdot\begin{pmatrix} 1 & 0 & 0 & 0 \\ 0 & 1 & 0 & 0 \\ 0 & 0 & \ddots & 0 \\ 0 & 0 & 0 & 1 \end{pmatrix}=\begin{pmatrix} a & 0 & 0 & 0 \\ 0 & a & 0 & 0 \\ 0 & 0 & \ddots & 0 \\ 0 & 0 & 0 & a \end{pmatrix}$$

注意： 矩阵运算中数 k 可以乘以矩阵 $\boldsymbol{A}$，但矩阵 $\boldsymbol{A}$ 不可以除以一个非零常数 k.

【例 2-5】 已知 $\boldsymbol{A}=\begin{pmatrix}-1 & 2 & 3 & 1\\ 0 & 2 & -1 & 3\\ 4 & 2 & 0 & 5\end{pmatrix}$，$\boldsymbol{B}=\begin{pmatrix}1 & 2 & -1 & 0\\ 4 & -3 & 1 & 1\\ 1 & 0 & 2 & 5\end{pmatrix}$，求 $2\boldsymbol{A}-3\boldsymbol{B}$.

解 $$2\boldsymbol{A}-3\boldsymbol{B}=2\cdot\begin{pmatrix}-1 & 2 & 3 & 1\\ 0 & 2 & -1 & 3\\ 4 & 2 & 0 & 5\end{pmatrix}-3\cdot\begin{pmatrix}1 & 2 & -1 & 0\\ 4 & -3 & 1 & 1\\ 1 & 0 & 2 & 5\end{pmatrix}$$

$$=\begin{pmatrix}-2 & 4 & 6 & 2\\ 0 & 4 & -2 & 6\\ 8 & 4 & 0 & 10\end{pmatrix}-\begin{pmatrix}3 & 6 & -3 & 0\\ 12 & -9 & 3 & 3\\ 3 & 0 & 6 & 15\end{pmatrix}$$

$$=\begin{pmatrix}-2-3 & 4-6 & 6+3 & 2-0\\ 0-12 & 4+9 & -2-3 & 6-3\\ 8-3 & 4-0 & 0-6 & 10-15\end{pmatrix}$$

$$=\begin{pmatrix}-5 & -2 & 9 & 2\\ -12 & 13 & -5 & 3\\ 5 & 4 & -6 & -5\end{pmatrix}$$

【例 2-6】 已知 $\boldsymbol{A}=\begin{pmatrix}2 & 0\\ 1 & -2\\ -3 & 1\end{pmatrix}$，$\boldsymbol{B}=\begin{pmatrix}1 & 3\\ -2 & 0\\ 2 & -1\end{pmatrix}$，且满足 $2\cdot\boldsymbol{A}+\boldsymbol{X}-\boldsymbol{B}=\boldsymbol{O}$，求 $\boldsymbol{X}$.

解 由 $2\cdot\boldsymbol{A}+\boldsymbol{X}-\boldsymbol{B}=\boldsymbol{O}\Rightarrow\boldsymbol{X}=\boldsymbol{B}-2\cdot\boldsymbol{A}$ 得

$$\boldsymbol{X}=\begin{pmatrix}1 & 3\\ -2 & 0\\ 2 & -1\end{pmatrix}-2\cdot\begin{pmatrix}2 & 0\\ 1 & -2\\ -3 & 1\end{pmatrix}$$

$$=\begin{pmatrix}1 & 3\\ -2 & 0\\ 2 & -1\end{pmatrix}-\begin{pmatrix}2\times2 & 2\times0\\ 2\times1 & 2\times(-2)\\ 2\times(-3) & 2\times1\end{pmatrix}$$

$$=\begin{pmatrix}1 & 3\\ -2 & 0\\ 2 & -1\end{pmatrix}-\begin{pmatrix}4 & 0\\ 2 & -4\\ -6 & 2\end{pmatrix}=\begin{pmatrix}3 & 3\\ -4 & 4\\ 8 & -3\end{pmatrix}$$

矩阵的数乘满足下列运算律($\boldsymbol{A}$，$\boldsymbol{B}$，$\boldsymbol{C}$，$\boldsymbol{O}$ 都是 $m\times n$ 的矩阵)：

(1) 结合律 $(kl)\cdot\boldsymbol{A}=k\cdot(l\cdot\boldsymbol{A})=k\cdot(l\cdot\boldsymbol{A})$；

(2) 分配律 $k\cdot(\boldsymbol{A}+\boldsymbol{B})=k\cdot\boldsymbol{A}+k\cdot\boldsymbol{B}$，$(k+l)\cdot\boldsymbol{A}=k\cdot\boldsymbol{A}+l\cdot\boldsymbol{A}$($k$ 和 l 为任意实数).

定义 2-7(矩阵的乘法) 设矩阵 $\boldsymbol{A}=\begin{bmatrix}a_{11} & a_{12} & \cdots & a_{1s}\\ a_{21} & a_{22} & \cdots & a_{2s}\\ \vdots & \vdots & & \vdots\\ a_{m1} & a_{m2} & \cdots & a_{ms}\end{bmatrix}$，$\boldsymbol{B}=\begin{bmatrix}b_{11} & b_{12} & \cdots & b_{1n}\\ b_{21} & b_{22} & \cdots & b_{2n}\\ \vdots & \vdots & & \vdots\\ b_{s1} & b_{s2} & \cdots & b_{sn}\end{bmatrix}$，矩

阵 $\boldsymbol{A}$ 和矩阵 $\boldsymbol{B}$ 的乘积(product)记作 $\boldsymbol{A}\cdot\boldsymbol{B}$，规定 $\boldsymbol{A}_{m\times s}\cdot\boldsymbol{B}_{s\times n}=\boldsymbol{C}_{m\times n}=\begin{bmatrix} c_{11} & c_{12} & \cdots & c_{1n} \\ c_{21} & c_{22} & \cdots & c_{2n} \\ \vdots & \vdots & & \vdots \\ c_{m1} & c_{m2} & \cdots & c_{mn} \end{bmatrix}$.

其中，$\boldsymbol{C}_{ij}=a_{i1}\cdot b_{1j}+a_{i2}\cdot b_{2j}+\cdots+a_{ik}\cdot b_{kj}(i=1, 2, \cdots, m; j=1, 2, \cdots, n)$，即 $\boldsymbol{A}$ 中第 i 行各元素与 $\boldsymbol{B}$ 中第 j 列对应的各元素相乘再相加.

注意：① 两个矩阵 $\boldsymbol{A}_{m\times k}$ 和 $\boldsymbol{B}_{k\times n}$ 可以相乘的条件是当且仅当 $\boldsymbol{A}$ 的列数与 $\boldsymbol{B}$ 的行数相等.

② 乘积矩阵 $\boldsymbol{C}$ 的行数等于左矩阵 $\boldsymbol{A}$ 的行数，$\boldsymbol{C}$ 的列数等于右矩阵 $\boldsymbol{B}$ 的行数.

矩阵乘法运算律：

(1) 矩阵乘法结合律 $(\boldsymbol{AB})\cdot\boldsymbol{C}=\boldsymbol{A}\cdot(\boldsymbol{BC})$；

(2) 矩阵乘法交换律 $(\boldsymbol{A}+\boldsymbol{B})\cdot\boldsymbol{C}=\boldsymbol{AC}+\boldsymbol{BC}$；

(3) 两种乘法的结合律 $k(\boldsymbol{A}\cdot\boldsymbol{B})=(k\boldsymbol{A})\cdot\boldsymbol{B}=\boldsymbol{A}\cdot(k\boldsymbol{B})$；

(4) $\boldsymbol{E}_m\cdot\boldsymbol{A}_{m\times n}=\boldsymbol{A}_{m\times n}$，$\boldsymbol{A}_{m\times n}\cdot\boldsymbol{E}_n=\boldsymbol{A}_{m\times n}$(其中，$\boldsymbol{E}_m$，$\boldsymbol{E}_n$ 分别为 m 阶和 n 阶单位矩阵).

通过下面的例题来给同学们介绍一般情况下，矩阵乘法不满足的运算规律：

(1) 一般情况下，矩阵乘法不满足乘法交换律，即 $\boldsymbol{AB}\neq\boldsymbol{BA}$.

【例 2-7】 设矩阵 $\boldsymbol{A}=\begin{pmatrix} 1 & 0 & -1 \\ 2 & 1 & 0 \\ 3 & 2 & -1 \end{pmatrix}$，$\boldsymbol{B}=\begin{pmatrix} 1 & 0 \\ 3 & 1 \\ 0 & 2 \end{pmatrix}$，求 $\boldsymbol{AB}$.

解

$$\boldsymbol{AB}=\begin{pmatrix} 1 & 0 & -1 \\ 2 & 1 & 0 \\ 3 & 2 & -1 \end{pmatrix}_{3\times 3}\cdot\begin{pmatrix} 1 & 0 \\ 3 & 1 \\ 0 & 2 \end{pmatrix}_{3\times 2}$$

$$=\begin{pmatrix} 1\times1+0\times3+(-1)\times0 & 1\times0+1\times0+(-1)\times2 \\ 2\times1+1\times3+0\times0 & 2\times0+1\times1+0\times2 \\ 3\times1+2\times3+(-1)\times0 & 3\times0+2\times1+(-1)\times2 \end{pmatrix}$$

$$=\begin{pmatrix} 1 & -2 \\ 5 & 1 \\ 9 & 0 \end{pmatrix}$$

此题中矩阵 $\boldsymbol{A}$ 是 3×3 矩阵，而 $\boldsymbol{B}$ 是 3×2 矩阵，由于 $\boldsymbol{B}$ 的列数与 $\boldsymbol{A}$ 的行数不相等，所以 $\boldsymbol{BA}$ 没有意义.

(2) 两个非零矩阵相乘的积可能是零矩阵，故 $\boldsymbol{A}\cdot\boldsymbol{B}=\boldsymbol{O}$ 不一定推出 $\boldsymbol{A}=\boldsymbol{O}$ 或 $\boldsymbol{B}=\boldsymbol{O}$.

【例 2-8】 设 $\boldsymbol{A}=\begin{pmatrix} -2 & 4 \\ 1 & -2 \end{pmatrix}$，$\boldsymbol{B}=\begin{pmatrix} 2 & 4 \\ -3 & -6 \end{pmatrix}$，则 $\boldsymbol{AB}=\begin{pmatrix} -2 & 4 \\ 1 & -2 \end{pmatrix}\cdot\begin{pmatrix} 2 & 4 \\ -3 & -6 \end{pmatrix}=\begin{pmatrix} -16 & -32 \\ 8 & 16 \end{pmatrix}$，但 $\boldsymbol{BA}=\begin{pmatrix} 2 & 4 \\ -3 & -6 \end{pmatrix}\cdot\begin{pmatrix} -2 & 4 \\ 1 & -2 \end{pmatrix}=\begin{pmatrix} 0 & 0 \\ 0 & 0 \end{pmatrix}$.

综上可知：

(1) $A\cdot B\neq B\cdot A$，即使 $A\cdot B$ 与 $B\cdot A$ 都有意义，也不一定相等.

(2) $B\cdot A=O$，但 $A\neq O$ 且 $B\neq O$.

(3) 一般情况下，矩阵乘法不满足消去律，即从 $AC=BC$ 中不一定推出 $A=B$.

【例 2-9】 设 $A=\begin{pmatrix}1&2\\0&3\end{pmatrix}$，$B=\begin{pmatrix}1&0\\0&4\end{pmatrix}$，$C=\begin{pmatrix}1&1\\0&0\end{pmatrix}$，则

$$A\cdot C=\begin{pmatrix}1&2\\0&3\end{pmatrix}\cdot\begin{pmatrix}1&1\\0&0\end{pmatrix}=\begin{pmatrix}1&1\\0&0\end{pmatrix}=\begin{pmatrix}1&0\\0&4\end{pmatrix}\cdot\begin{pmatrix}1&1\\0&0\end{pmatrix}=B\cdot C$$

但 $A\neq B$.

定义 2-8(方阵的方幂)　设 A 为 n 阶方阵，k 为正整数，则 k 个 A 的连乘积称为方阵 A 的 k 次幂，记作 A^k，即

$$A^0=E,\ A^1=A,\ A^2=A\cdot A,\ \cdots,\ A^k=\underbrace{AA\cdots\cdots A}_{k\text{个}}$$

由定义可知，n 阶方阵的方幂满足下面的运算律：

(1) $A^k\cdot A^l=A^{k+l}$；

(2) $(A^k)^l=A^{k\cdot l}$(k，l 为任意正整数).

【例 2-10】 设矩阵 $A=\begin{pmatrix}1&2\\0&1\end{pmatrix}$，求 A^2，A^3.

解　$A^2=A\cdot A=\begin{pmatrix}1&2\\0&1\end{pmatrix}\cdot\begin{pmatrix}1&2\\0&1\end{pmatrix}=\begin{pmatrix}1\times1+2\times0&1\times2+2\times1\\0\times1+1\times0&0\times2+1\times1\end{pmatrix}=\begin{pmatrix}1&4\\0&1\end{pmatrix}$

$A^3=A^2\cdot A=\begin{pmatrix}1&4\\0&1\end{pmatrix}\cdot\begin{pmatrix}1&2\\0&1\end{pmatrix}=\begin{pmatrix}1\times1+4\times0&1\times2+4\times1\\0\times1+1\times0&0\times2+1\times1\end{pmatrix}=\begin{pmatrix}1&6\\0&1\end{pmatrix}$

【例 2-11】 设 $A=B\cdot C$，其中，$B=\begin{pmatrix}1\\2\\3\end{pmatrix}$，$C=(1,\ 2,\ 1)$，则 $A=B\cdot C=\begin{pmatrix}1&2&3\\2&4&6\\3&6&9\end{pmatrix}$，求 A^{100}.

解　先算出

$$CB=(1,\ 2,\ 3)\cdot\begin{pmatrix}1\\2\\3\end{pmatrix}=1\times1+2\times2+3\times3=14$$

则

$$\begin{aligned}A^{100}&=\overbrace{(BC)\cdot(BC)\cdot(BC)\cdot\cdots(BC)\cdot(BC)\cdot(BC)}^{100\text{个}}\\&=B\cdot\overbrace{(CB)\cdot(CB)\cdot(CB)\cdot\cdots(CB)\cdot(CB)\cdot(CB)}^{99\text{个}}\cdot C\\&=(CB)^{99}\cdot B\cdot C\\&=14^{99}\cdot(BC)\\&=14^{99}\cdot A\end{aligned}$$

定义 2-9(矩阵的转置)　把矩阵 A 的行换成同序数的列所得到的新矩阵，称为 A 的

转置矩阵，记作 A^{T}，简称为矩阵 A 的转置（transpose），即若 $A_{m\times n}=\begin{pmatrix} a_{11} & a_{12} & \cdots & a_{1n} \\ a_{21} & a_{22} & \cdots & a_{2n} \\ \vdots & \vdots & & \vdots \\ a_{m1} & a_{m2} & \cdots & a_{mn} \end{pmatrix}$，则 $(A^{\mathrm{T}})_{n\times m}=\begin{pmatrix} a_{11} & a_{12} & \cdots & a_{m1} \\ a_{12} & a_{22} & \cdots & a_{m2} \\ \vdots & \vdots & & \vdots \\ a_{1n} & a_{2n} & \cdots & a_{mn} \end{pmatrix}$.

例如：若 $A=\begin{pmatrix} 5 & -2 & 1 \\ 3 & 4 & -1 \end{pmatrix}$，则 $A^{\mathrm{T}}=\begin{pmatrix} 5 & 3 \\ -2 & 4 \\ 1 & -1 \end{pmatrix}$.

矩阵的转置也是一种运算，它满足下面的运算律：

（1）$(A^{\mathrm{T}})^{\mathrm{T}}=A$.

证明

$$A=\begin{pmatrix} a_{11} & a_{12} & \cdots & a_{1n} \\ a_{21} & a_{22} & \cdots & a_{2n} \\ \vdots & \vdots & & \vdots \\ a_{m1} & a_{m2} & \cdots & a_{mn} \end{pmatrix} \Rightarrow A^{\mathrm{T}}=\begin{pmatrix} a_{11} & a_{21} & \cdots & a_{m1} \\ a_{12} & a_{22} & \cdots & a_{m2} \\ \vdots & \vdots & & \vdots \\ a_{1n} & a_{2n} & \cdots & a_{mn} \end{pmatrix}$$

$$\Rightarrow (A^{\mathrm{T}})^{\mathrm{T}}=\begin{pmatrix} a_{11} & a_{12} & \cdots & a_{1n} \\ a_{21} & a_{22} & \cdots & a_{2n} \\ \vdots & \vdots & & \vdots \\ a_{m1} & a_{m2} & \cdots & a_{mn} \end{pmatrix}$$

（2）$(A+B)^{\mathrm{T}}=A^{\mathrm{T}}+B^{\mathrm{T}}$.

证明 设

$$A=\begin{pmatrix} a_{11} & a_{12} & \cdots & a_{1n} \\ a_{21} & a_{22} & \cdots & a_{2n} \\ \vdots & \vdots & & \vdots \\ a_{m1} & a_{m2} & \cdots & a_{mn} \end{pmatrix},\ B=\begin{pmatrix} b_{11} & b_{12} & \cdots & b_{1n} \\ b_{21} & b_{22} & \cdots & b_{2n} \\ \vdots & \vdots & & \vdots \\ b_{m1} & b_{m2} & \cdots & b_{mn} \end{pmatrix}$$

则

$$(A+B)^{\mathrm{T}}=\begin{pmatrix} a_{11}+b_{11} & a_{21}+b_{21} & \cdots & a_{m1}+b_{m1} \\ a_{12}+b_{12} & a_{22}+b_{22} & \cdots & a_{m2}+b_{m2} \\ \vdots & \vdots & & \vdots \\ a_{1n}+b_{1n} & a_{2n}+b_{2n} & \cdots & a_{mn}+b_{mn} \end{pmatrix}$$

$$A^{\mathrm{T}}+B^{\mathrm{T}}=\begin{pmatrix} a_{11} & a_{21} & \cdots & a_{m1} \\ a_{12} & a_{22} & \cdots & a_{m2} \\ \vdots & \vdots & & \vdots \\ a_{1n} & a_{2n} & \cdots & a_{mn} \end{pmatrix}+\begin{pmatrix} b_{11} & b_{21} & \cdots & b_{m1} \\ b_{12} & b_{22} & \cdots & b_{m2} \\ \vdots & \vdots & & \vdots \\ b_{1n} & b_{2n} & \cdots & b_{mn} \end{pmatrix}$$

$$=\begin{pmatrix} a_{11}+b_{11} & a_{21}+b_{21} & \cdots & a_{m1}+b_{m1} \\ a_{12}+b_{12} & a_{22}+b_{22} & \cdots & a_{m2}+b_{m2} \\ \vdots & \vdots & & \vdots \\ a_{1n}+b_{1n} & a_{2n}+b_{2n} & \cdots & a_{mn}+b_{mn} \end{pmatrix}$$

所以 $(A+B)^{\mathrm{T}}=A^{\mathrm{T}}+B^{\mathrm{T}}$.

(3) $(k\cdot\boldsymbol{A})^{\mathrm{T}}=k\cdot\boldsymbol{A}^{\mathrm{T}}$($k$ 为常数).

证明 $\boldsymbol{A}=\begin{pmatrix} a_{11} & a_{12} & \cdots & a_{1n} \\ a_{21} & a_{22} & \cdots & a_{2n} \\ \vdots & \vdots & & \vdots \\ a_{m1} & a_{m2} & \cdots & a_{mn} \end{pmatrix}$,

$$(k\boldsymbol{A})^{\mathrm{T}}=\begin{pmatrix} ka_{11} & ka_{21} & \cdots & ka_{m1} \\ ka_{12} & ka_{22} & \cdots & ka_{m2} \\ \vdots & \vdots & & \vdots \\ ka_{1n} & ka_{2n} & \cdots & ka_{mn} \end{pmatrix}=k\cdot\begin{pmatrix} a_{11} & a_{21} & \cdots & a_{m1} \\ a_{12} & a_{22} & \cdots & a_{m2} \\ \vdots & \vdots & & \vdots \\ a_{1n} & a_{2n} & \cdots & a_{mn} \end{pmatrix}=k\cdot\boldsymbol{A}^{\mathrm{T}}.$$

(4) $(\boldsymbol{A}\cdot\boldsymbol{B})^{\mathrm{T}}=\boldsymbol{B}^{\mathrm{T}}\cdot\boldsymbol{A}^{\mathrm{T}}$,特别地$(\boldsymbol{A}_1\cdot\boldsymbol{A}_2\cdots\boldsymbol{A}_n)^{\mathrm{T}}=\boldsymbol{A}_n^{\mathrm{T}}\cdot\cdots\boldsymbol{A}_2^{\mathrm{T}}\cdot\boldsymbol{A}_1^{\mathrm{T}}$.

证明 设 $\boldsymbol{A}=(a_{ij})_{m\times n}$,$\boldsymbol{B}=(\boldsymbol{B}_{ij})_{n\times p}$,则 $\boldsymbol{AB}$ 的(j, i)元素为

$$\sum_{k=1}^{n}a_{jk}\cdot b_{ki}=a_{j1}\cdot b_{1i}+a_{j1}\cdot b_{1i}+\cdots+a_{jn}\cdot b_{ni}\quad (j=1, 2, \cdots, m; i=1, 2, \cdots, p)$$

所以$(\boldsymbol{AB})^{\mathrm{T}}$ 的(i, j)元素为

$$\sum_{k=1}^{n}a_{jk}\cdot b_{ki}=b_{1i}\cdot a_{j1}+b_{1i}\cdot a_{j1}+\cdots+b_{ni}\cdot a_{jn}\quad (j=1, 2, \cdots, m; i=1, 2, \cdots, p)$$

而 $\boldsymbol{B}^{\mathrm{T}}\cdot\boldsymbol{A}^{\mathrm{T}}$ 的元素(i, j)也为

$$(b_{1i},\ b_{2i},\ \cdots,\ b_{ni})\begin{pmatrix} a_{j1} \\ a_{j2} \\ \cdots \\ a_{jn} \end{pmatrix}=\sum_{k=1}^{n}b_{ki}\cdot a_{jk}$$

所以$(\boldsymbol{AB})^{\mathrm{T}}=\boldsymbol{B}^{\mathrm{T}}\cdot\boldsymbol{A}^{\mathrm{T}}$.

【例 2-12】 设 $\boldsymbol{A}=\begin{pmatrix} 5 & -2 & 1 \\ 3 & 4 & -1 \end{pmatrix}$,$\boldsymbol{B}=\begin{pmatrix} -3 & 2 & 0 \\ -2 & 0 & 1 \end{pmatrix}$,计算

(1) $\boldsymbol{A}^{\mathrm{T}}\cdot\boldsymbol{A}$ (2) $\boldsymbol{A}\cdot\boldsymbol{B}^{\mathrm{T}}$ (3) $\boldsymbol{B}^{\mathrm{T}}\cdot\boldsymbol{A}$

解 由已知可得:

$$\boldsymbol{A}^{\mathrm{T}}=\begin{pmatrix} 5 & 3 \\ -2 & 4 \\ 1 & -1 \end{pmatrix},\ \boldsymbol{B}^{\mathrm{T}}=\begin{pmatrix} -3 & -2 \\ 2 & 0 \\ 0 & 1 \end{pmatrix}$$

所以求得

$$(1)\ \boldsymbol{A}^{\mathrm{T}}\cdot\boldsymbol{A}=\begin{pmatrix} 5 & 3 \\ -2 & 4 \\ 1 & -1 \end{pmatrix}\cdot\begin{pmatrix} 5 & -2 & 1 \\ 3 & 4 & -1 \end{pmatrix}$$

$$=\begin{pmatrix} 5\times5+3\times3 & 5\times(-2)+3\times4 & 5\times1+3\times(-1) \\ (-2)\times5+4\times3 & (-2)\times(-2)+4\times4 & (-2)\times1+4\times(-1) \\ 1\times5+(-1)\times3 & 1\times(-2)+(-1)\times4 & 1\times1+(-1)\times(-1) \end{pmatrix}$$

$$=\begin{pmatrix} 34 & 2 & 2 \\ 2 & 20 & -6 \\ 2 & -6 & 2 \end{pmatrix}$$

(2) $\boldsymbol{A}\cdot\boldsymbol{B}^{\mathrm{T}}=\begin{pmatrix}5&-2&1\\3&4&-1\end{pmatrix}\cdot\begin{pmatrix}-3&-2\\2&0\\0&1\end{pmatrix}$

$$=\begin{pmatrix}5\times(-3)+(-2)\times2+1\times0 & 5\times(-2)+(-2)\times0+1\times1\\3\times(-3)+4\times2+(-1)\times0 & 3\times(-2)+4\times0+(-1)\times1\end{pmatrix}$$

$$=\begin{pmatrix}-19&-9\\-1&-7\end{pmatrix}$$

(3) $\boldsymbol{B}^{\mathrm{T}}\cdot\boldsymbol{A}=\begin{pmatrix}-3&-2\\2&0\\0&1\end{pmatrix}\cdot\begin{pmatrix}5&-2&1\\3&4&-1\end{pmatrix}$

$$=\begin{pmatrix}(-3)\times5+(-2)\times3 & (-3)\times(-2)+(-2)\times4 & (-3)\times1+(-2)\times(-1)\\2\times5+0\times3 & 2\times(-2)+0\times4 & 2\times1+0\times(-1)\\0\times5+1\times3 & 0\times(-2)+1\times4 & 0\times1+1\times(-1)\end{pmatrix}$$

$$=\begin{pmatrix}-21&-2&-1\\10&-4&2\\3&4&-1\end{pmatrix}$$

【例 2-13】 设 $\boldsymbol{A}=\begin{pmatrix}2&0&-1\\1&3&2\end{pmatrix}$，$\boldsymbol{B}=\begin{pmatrix}1&7&-1\\4&2&3\\2&0&1\end{pmatrix}$，求证：$(\boldsymbol{AB})^{\mathrm{T}}=\boldsymbol{B}^{\mathrm{T}}\cdot\boldsymbol{A}^{\mathrm{T}}$.

解 $\boldsymbol{AB}=\begin{pmatrix}2&0&-1\\1&3&2\end{pmatrix}\cdot\begin{pmatrix}1&7&-1\\4&2&3\\2&0&1\end{pmatrix}=\begin{pmatrix}2+0+2&14+0+0&+2+0-1\\1+12+4&7+6+0&-1+9+2\end{pmatrix}$

$$=\begin{pmatrix}0&14&-3\\17&13&10\end{pmatrix}$$

$$(\boldsymbol{AB})^{\mathrm{T}}=\begin{pmatrix}0&17\\14&13\\-3&10\end{pmatrix}，又 \boldsymbol{B}^{\mathrm{T}}=\begin{pmatrix}1&4&2\\7&2&0\\-1&3&1\end{pmatrix}，\boldsymbol{A}^{\mathrm{T}}=\begin{pmatrix}2&1\\0&3\\-1&2\end{pmatrix}$$

$$\boldsymbol{B}^{\mathrm{T}}\cdot\boldsymbol{A}^{\mathrm{T}}=\begin{pmatrix}1&4&2\\7&2&0\\-1&3&1\end{pmatrix}\cdot\begin{pmatrix}2&1\\0&3\\-1&2\end{pmatrix}=\begin{pmatrix}2+0-2&1+12+4\\14+0+0&7+6+0\\-2+0-1&-1+9+2\end{pmatrix}=\begin{pmatrix}0&17\\14&13\\-3&10\end{pmatrix}$$

从而 $(\boldsymbol{AB})^{\mathrm{T}}=\boldsymbol{B}^{\mathrm{T}}\cdot\boldsymbol{A}^{\mathrm{T}}$.

【例 2-14】 设 $\boldsymbol{A}=\boldsymbol{B}-\boldsymbol{C}$，其中 $\boldsymbol{B}^{\mathrm{T}}=\boldsymbol{B}$，$\boldsymbol{C}^{\mathrm{T}}=\boldsymbol{C}$，求证：$\boldsymbol{AA}^{\mathrm{T}}=\boldsymbol{A}^{\mathrm{T}}\boldsymbol{A}\Leftrightarrow\boldsymbol{BC}=\boldsymbol{CB}$.

证明 (1) 充分性“$\Rightarrow$”.

$$\boldsymbol{AA}^{\mathrm{T}}=(\boldsymbol{B}-\boldsymbol{C})\cdot(\boldsymbol{B}-\boldsymbol{C})^{\mathrm{T}}=(\boldsymbol{B}-\boldsymbol{C})\cdot(\boldsymbol{B}^{\mathrm{T}}-\boldsymbol{C}^{\mathrm{T}})$$
$$=\boldsymbol{B}\cdot\boldsymbol{B}^{\mathrm{T}}-\boldsymbol{B}\cdot\boldsymbol{C}^{\mathrm{T}}-\boldsymbol{C}\cdot\boldsymbol{B}^{\mathrm{T}}+\boldsymbol{C}\cdot\boldsymbol{C}^{\mathrm{T}}$$

因为

$$\boldsymbol{B}^{\mathrm{T}}=\boldsymbol{B},\ \boldsymbol{C}^{\mathrm{T}}=-\boldsymbol{C},$$

所以

$$\boldsymbol{AA}^{\mathrm{T}}=\boldsymbol{B}^2+\boldsymbol{B}\cdot\boldsymbol{C}-\boldsymbol{C}\cdot\boldsymbol{B}-\boldsymbol{C}^2$$

$$\begin{aligned}\boldsymbol{A}^{\mathrm{T}}\cdot\boldsymbol{A}&=(\boldsymbol{B}-\boldsymbol{C})^{\mathrm{T}}\cdot(\boldsymbol{B}-\boldsymbol{C})\\&=(\boldsymbol{B}^{\mathrm{T}}-\boldsymbol{C}^{\mathrm{T}})\cdot(\boldsymbol{B}-\boldsymbol{C})\\&=\boldsymbol{B}\cdot\boldsymbol{B}^{\mathrm{T}}-\boldsymbol{B}^{\mathrm{T}}\cdot\boldsymbol{C}-\boldsymbol{C}^{\mathrm{T}}\cdot\boldsymbol{B}+\boldsymbol{C}\cdot\boldsymbol{C}^{\mathrm{T}}\end{aligned}$$

因为

$$\boldsymbol{B}^{\mathrm{T}}=\boldsymbol{B},\ \boldsymbol{C}^{\mathrm{T}}=\boldsymbol{C}$$

所以

$$\boldsymbol{A}^{\mathrm{T}}\boldsymbol{A}=\boldsymbol{B}^2-\boldsymbol{B}\cdot\boldsymbol{C}+\boldsymbol{C}\cdot\boldsymbol{B}-\boldsymbol{C}^2$$

由已知 $\boldsymbol{AA}^{\mathrm{T}}=\boldsymbol{A}^{\mathrm{T}}\boldsymbol{A}$，即

$$\boldsymbol{BC}-\boldsymbol{CB}=\boldsymbol{CB}-\boldsymbol{BC}\Rightarrow\boldsymbol{BC}=\boldsymbol{CB}$$

(2) 必要性“$\Leftarrow$”

$$\begin{aligned}\boldsymbol{AA}^{\mathrm{T}}&=(\boldsymbol{B}-\boldsymbol{C})\cdot(\boldsymbol{B}-\boldsymbol{C})^{\mathrm{T}}=(\boldsymbol{B}-\boldsymbol{C})\cdot(\boldsymbol{B}^{\mathrm{T}}-\boldsymbol{C}^{\mathrm{T}})\\&=\boldsymbol{B}\cdot\boldsymbol{B}^{\mathrm{T}}-\boldsymbol{B}\cdot\boldsymbol{C}^{\mathrm{T}}-\boldsymbol{C}\cdot\boldsymbol{B}^{\mathrm{T}}+\boldsymbol{C}\cdot\boldsymbol{C}^{\mathrm{T}}\end{aligned}$$

因为

$$\boldsymbol{B}^{\mathrm{T}}=\boldsymbol{B},\ \boldsymbol{C}^{\mathrm{T}}=-\boldsymbol{C},$$

所以

$$\boldsymbol{AA}^{\mathrm{T}}=\boldsymbol{B}^2+\boldsymbol{B}\cdot\boldsymbol{C}-\boldsymbol{C}\cdot\boldsymbol{B}-\boldsymbol{C}^2$$

又因为

$$\boldsymbol{BC}=\boldsymbol{CB},$$

所以

$$\boldsymbol{AA}^{\mathrm{T}}=\boldsymbol{B}^2-\boldsymbol{C}^2$$

又

$$\boldsymbol{A}^{\mathrm{T}}\boldsymbol{A}=(\boldsymbol{B}^{\mathrm{T}}-\boldsymbol{C}^{\mathrm{T}})\cdot(\boldsymbol{B}-\boldsymbol{C})=\boldsymbol{B}\cdot\boldsymbol{B}^{\mathrm{T}}-\boldsymbol{B}^{\mathrm{T}}\cdot\boldsymbol{C}-\boldsymbol{C}^{\mathrm{T}}\cdot\boldsymbol{B}+\boldsymbol{C}^{\mathrm{T}}\cdot\boldsymbol{C}$$

由 $\boldsymbol{B}^{\mathrm{T}}=\boldsymbol{B}$，$\boldsymbol{C}^{\mathrm{T}}=\boldsymbol{C}$，$\boldsymbol{BC}=\boldsymbol{CB}$ 得

$$\boldsymbol{A}^{\mathrm{T}}\boldsymbol{A}=\boldsymbol{B}^2-\boldsymbol{B}^{\mathrm{T}}\cdot\boldsymbol{C}-\boldsymbol{C}^{\mathrm{T}}\cdot\boldsymbol{B}+\boldsymbol{C}^2=\boldsymbol{B}^2-\boldsymbol{C}^2$$

从而

$$\boldsymbol{AA}^{\mathrm{T}}=\boldsymbol{A}^{\mathrm{T}}\boldsymbol{A}$$

定义 2-10(方阵的行列式) 由 n 阶方阵 $\boldsymbol{A}$ 的元素按原来的顺序构成的行列式称之为方阵 $\boldsymbol{A}$ 的行列式.

记作 $|\boldsymbol{A}|$ 或 $\det(\boldsymbol{A})$，即如果 $\boldsymbol{A}=\begin{pmatrix}a_{11}&a_{12}&\cdots&a_{1n}\\a_{21}&a_{22}&\cdots&a_{2n}\\\vdots&\vdots&&\vdots\\a_{n1}&a_{n2}&\cdots&a_{nn}\end{pmatrix}$，则 $|\boldsymbol{A}|=\det(\boldsymbol{A})=\begin{vmatrix}a_{11}&a_{12}&\cdots&a_{1n}\\a_{21}&a_{22}&\cdots&a_{2n}\\\vdots&\vdots&&\vdots\\a_{n1}&a_{n2}&\cdots&a_{nn}\end{vmatrix}$.

例如：$\boldsymbol{A}=\begin{pmatrix}1&2\\3&4\end{pmatrix}$的方阵行列式为 $|\boldsymbol{A}|=\begin{vmatrix}1&2\\3&4\end{vmatrix}=4-6=-2$.

注意：方阵和方阵行列式是两个完全不同的概念. 因为 n 阶方阵是 n^2 个数按照一定次序排列成的正方形的数表 $\boldsymbol{A}$，而对应的 n 阶方阵行列式 $|\boldsymbol{A}|$ 则是方阵中的数按照一定的运算法则所确定的一个数. 即方阵是一个数表，而方阵行列式是一个数，二者不能混淆.

方阵的行列式运算满足下列运算律：设 $\boldsymbol{A}$，$\boldsymbol{B}$ 为 n 阶方阵，则

(1) $|\boldsymbol{A}^{\mathrm{T}}|=|\boldsymbol{A}|$；

(2) $|k\boldsymbol{A}|=k^n\cdot|\boldsymbol{A}|$　(n 为 $\boldsymbol{A}$ 的阶数，k 为常数)；

(3) $|\boldsymbol{A}\cdot\boldsymbol{B}|=|\boldsymbol{A}|\cdot|\boldsymbol{B}|$.

【例 2-15】 $\boldsymbol{A}=\begin{pmatrix}-1 & -1 & -2\\ -1 & 2 & 0\\ 0 & 1 & 1\end{pmatrix}$ 求出 $|3\boldsymbol{A}|$ 和 $3|\boldsymbol{A}|$，找出 $|3\boldsymbol{A}|$ 与 $|\boldsymbol{A}|$ 的关系.

解

$$|\boldsymbol{A}|=\det(\boldsymbol{A})=\begin{vmatrix}-1 & -1 & -2\\ -1 & 2 & 0\\ 0 & 1 & 1\end{vmatrix}\xlongequal{r_1\times(-1)+r_2}\begin{vmatrix}-1 & -1 & -2\\ 0 & 3 & 2\\ 0 & 1 & 1\end{vmatrix}$$

$$\xlongequal{\text{按 } c_1 \text{ 展开}}(-1)\times\begin{vmatrix}3 & 2\\ 1 & 1\end{vmatrix}=-1$$

$$|3\boldsymbol{A}|=\begin{vmatrix}-3 & -3 & -6\\ -3 & 6 & 0\\ 0 & 3 & 3\end{vmatrix}=3^3\cdot\begin{vmatrix}-1 & -1 & -2\\ -1 & 2 & 0\\ 0 & 1 & 1\end{vmatrix}$$

$$=-27=-3^3=3^3|\boldsymbol{A}|$$

$$3|\boldsymbol{A}|=-3$$

【例 2-16】 设 $\boldsymbol{A}=\begin{pmatrix}1 & 3\\ 2 & -2\end{pmatrix}$，$\boldsymbol{B}=\begin{pmatrix}2 & 5\\ 3 & 4\end{pmatrix}$，求证：$|\boldsymbol{A}\cdot\boldsymbol{B}|=|\boldsymbol{A}|\cdot|\boldsymbol{B}|$.

证明

$$\boldsymbol{A}\cdot\boldsymbol{B}=\begin{pmatrix}1 & 3\\ 2 & -2\end{pmatrix}\cdot\begin{pmatrix}2 & 5\\ 3 & 4\end{pmatrix}=\begin{pmatrix}2+9 & 5+12\\ 4-6 & 10-8\end{pmatrix}=\begin{pmatrix}11 & 17\\ -2 & 2\end{pmatrix}$$

$$|\boldsymbol{A}\cdot\boldsymbol{B}|=\begin{vmatrix}11 & 17\\ -2 & 2\end{vmatrix}=22+34=56$$

$$\boldsymbol{B}\cdot\boldsymbol{A}=\begin{pmatrix}2 & 5\\ 3 & 4\end{pmatrix}\cdot\begin{pmatrix}1 & 3\\ 2 & -2\end{pmatrix}=\begin{pmatrix}2+10 & 6-10\\ 3+8 & 9-8\end{pmatrix}=\begin{pmatrix}12 & -4\\ 11 & 1\end{pmatrix}$$

$$|\boldsymbol{B}\cdot\boldsymbol{A}|=\begin{vmatrix}12 & -4\\ 11 & 1\end{vmatrix}=12+44=56$$

于是

$$|\boldsymbol{A}\cdot\boldsymbol{B}|=|\boldsymbol{B}\cdot\boldsymbol{A}|=56,$$

$$|\boldsymbol{A}|\cdot|\boldsymbol{B}|=\begin{vmatrix}1 & 3\\ 2 & -2\end{vmatrix}\cdot\begin{vmatrix}2 & 5\\ 3 & 4\end{vmatrix}=(-8)\times(-7)=56$$

综上可得：$|\boldsymbol{A}\cdot\boldsymbol{B}|=|\boldsymbol{A}|\cdot|\boldsymbol{B}|$.

定义 2-11(方阵多项式) 任意给定一个多项式 $f(x)=a_mx^m+a_{m-1}x^{m-1}+\cdots+a_1x+a_0$ 和任意给定一个 n 阶方阵 $\boldsymbol{A}$，都可以定义一个 n 阶方阵 $f(\boldsymbol{A})=a_m\boldsymbol{A}^m+a_{m-1}\boldsymbol{A}^{m-1}+\cdots+a_1\boldsymbol{A}+a_0\boldsymbol{E}_n$，称 $f(\boldsymbol{A})$ 为 $\boldsymbol{A}$ 的方阵多项式.

【例 2-17】 设 $\boldsymbol{A}=\begin{pmatrix}2 & -1\\ -3 & 3\end{pmatrix}$，$f(x)=x^2-5x+3$，求 $f(\boldsymbol{A})$.

解
$$
\begin{aligned}
f(\boldsymbol{A})&=\boldsymbol{A}^2-5\boldsymbol{A}+3\boldsymbol{E}_2\\
&=\begin{pmatrix}2 & -1\\ -3 & 3\end{pmatrix}\cdot\begin{pmatrix}2 & -1\\ -3 & 3\end{pmatrix}-5\begin{pmatrix}2 & -1\\ -3 & 3\end{pmatrix}+3\begin{pmatrix}1 & 0\\ 0 & 1\end{pmatrix}\\
&=\begin{pmatrix}7 & -5\\ -15 & 12\end{pmatrix}-\begin{pmatrix}10 & -5\\ -15 & 15\end{pmatrix}+\begin{pmatrix}3 & 0\\ 0 & 3\end{pmatrix}\\
&=\begin{pmatrix}0 & 0\\ 0 & 0\end{pmatrix}\\
&=\boldsymbol{O}
\end{aligned}
$$

2.3 矩阵的逆矩阵

2.3.1 逆矩阵

设 $\boldsymbol{A}$ 是一个 n 阶方阵，若存在一个 n 阶方阵 $\boldsymbol{B}$，使得 $\boldsymbol{AB}=\boldsymbol{BA}=\boldsymbol{E}_n$（$\boldsymbol{E}_n$ 为 n 阶单位矩阵），称 $\boldsymbol{A}$ 是可逆矩阵，并称方阵 $\boldsymbol{B}$ 为 $\boldsymbol{A}$ 的逆矩阵. 记作 $\boldsymbol{A}^{-1}$，即 $\boldsymbol{A}^{-1}=\boldsymbol{B}$.

由定义不难发现如下结论：

(1) $\boldsymbol{B}$ 与 $\boldsymbol{A}$ 的地位是平等的，于是 $\boldsymbol{B}$ 也为可逆矩阵，且 $\boldsymbol{A}$ 也为 $\boldsymbol{B}$ 的逆矩阵，因此 $\boldsymbol{A}$ 与 $\boldsymbol{B}$ 互为逆矩阵；

(2) 单位矩阵 $\boldsymbol{E}_n$ 也是可逆的，且 $(\boldsymbol{E}_n)^{-1}=\boldsymbol{E}_n$；

(3) 若方阵 $\boldsymbol{A}$ 可逆，则 $\boldsymbol{A}$ 的逆矩阵 $\boldsymbol{A}^{-1}$ 是唯一的.

证明 设矩阵 $\boldsymbol{B}$ 和 $\boldsymbol{C}$ 都是 $\boldsymbol{A}$ 的逆矩阵，则 $\boldsymbol{AB}=\boldsymbol{BA}=\boldsymbol{E}_n$，同时 $\boldsymbol{AC}=\boldsymbol{CA}=\boldsymbol{E}_n$，于是 $\boldsymbol{B}=\boldsymbol{BE}_n=\boldsymbol{B}(\boldsymbol{AC})=(\boldsymbol{BA})\boldsymbol{C}=\boldsymbol{E}_n\boldsymbol{C}=\boldsymbol{C}$，即 $\boldsymbol{A}$ 的逆矩阵是唯一的.

例如：设矩阵 $\boldsymbol{A}=\begin{pmatrix}2 & 0\\ 0 & 1\end{pmatrix}$，则存在 $\boldsymbol{B}=\begin{pmatrix}\frac{1}{2} & 0\\ 0 & 1\end{pmatrix}$使得

$$
\boldsymbol{AB}=\begin{pmatrix}2 & 0\\ 0 & 1\end{pmatrix}\cdot\begin{pmatrix}\frac{1}{2} & 0\\ 0 & 1\end{pmatrix}=\boldsymbol{BA}=\begin{pmatrix}\frac{1}{2} & 0\\ 0 & 1\end{pmatrix}\cdot\begin{pmatrix}2 & 0\\ 0 & 1\end{pmatrix}=\begin{pmatrix}1 & 0\\ 0 & 1\end{pmatrix}
$$

因此，$\boldsymbol{A}^{-1}=\boldsymbol{B}=\begin{pmatrix}\frac{1}{2} & 0\\ 0 & 1\end{pmatrix}$，$\boldsymbol{B}^{-1}=\boldsymbol{A}=\begin{pmatrix}2 & 0\\ 0 & 1\end{pmatrix}$.

定理 2-1 如果方阵 $\boldsymbol{A}$ 可逆，则 $|\boldsymbol{A}|\neq 0$，且 $|\boldsymbol{A}^{-1}|=\dfrac{1}{|\boldsymbol{A}|}=|\boldsymbol{A}|^{-1}$.

证明 若 $\boldsymbol{A}$ 可逆，则存在 $\boldsymbol{A}^{-1}$，使得 $\boldsymbol{A}\cdot\boldsymbol{A}^{-1}=\boldsymbol{A}^{-1}\cdot\boldsymbol{A}=\boldsymbol{E}$，根据方阵行列式的性质可知：

$|\boldsymbol{A}\cdot\boldsymbol{A}^{-1}|=|\boldsymbol{A}|\cdot|\boldsymbol{A}^{-1}|=|\boldsymbol{A}^{-1}\cdot\boldsymbol{A}|=|\boldsymbol{E}|\Rightarrow|\boldsymbol{A}|\cdot|\boldsymbol{A}^{-1}|=1\Rightarrow|\boldsymbol{A}|\neq 0$ 且 $|\boldsymbol{A}^{-1}|\neq 0$

同时，我们也可得：$|\boldsymbol{A}^{-1}|=\dfrac{1}{|\boldsymbol{A}|}=|\boldsymbol{A}|^{-1}$.

当 $|\boldsymbol{A}|\neq 0$ 时，方阵 $\boldsymbol{A}$ 称为非奇异矩阵；当 $|\boldsymbol{A}|=0$ 时，方阵 $\boldsymbol{A}$ 称为奇异矩阵.

定理 2－2 如果 $|\boldsymbol{A}|\neq 0$，则方阵 $\boldsymbol{A}$ 可逆，且 $\boldsymbol{A}^{-1}=\dfrac{1}{|\boldsymbol{A}|}\boldsymbol{A}^{*}$，其中，$\boldsymbol{A}^{*}$ 是行列式 $|\boldsymbol{A}|$ 的代数余子式 $\boldsymbol{A}_{ij}$ 所构成的方阵，称为方阵 $\boldsymbol{A}$ 的**伴随矩阵**（adjoint matrix），

即 $\boldsymbol{A}^{*}=\begin{pmatrix}\boldsymbol{A}_{11} & \boldsymbol{A}_{21} & \cdots & \boldsymbol{A}_{n1}\\ \boldsymbol{A}_{12} & \boldsymbol{A}_{22} & \cdots & \boldsymbol{A}_{n2}\\ \vdots & \vdots & & \vdots\\ \boldsymbol{A}_{1n} & \boldsymbol{A}_{2n} & \cdots & \boldsymbol{A}_{nn}\end{pmatrix}$.

证明 由伴随矩阵的定义可以看出，在构造 $\boldsymbol{A}$ 的伴随矩阵时，$\boldsymbol{A}_{ij}$ 必须放在 $\boldsymbol{A}^{*}$ 中的第 j 行第 i 列的交叉位置上，也就是说，$|\boldsymbol{A}|$ 的第 i 行元素的代数余子式构成的第 i 列的元素.

证明 首先，设 $\boldsymbol{A}=(a_{ij})_{n\times n}$，则

$$\boldsymbol{A}\cdot\boldsymbol{A}^{*}=(a_{i1}\cdot\boldsymbol{A}_{j1}+a_{i2}\cdot\boldsymbol{A}_{j2}+\cdots+a_{in}\cdot\boldsymbol{A}_{jn})=\left(\sum_{k=1}^{n}a_{ik}\cdot\boldsymbol{A}_{jk}\right)$$

其中 $\sum\limits_{k=1}^{n}a_{ik}\cdot\boldsymbol{A}_{jk}=\begin{cases}|\boldsymbol{A}|, & i=j\\ 0, & i\neq j\end{cases}$，于是 $\boldsymbol{A}\cdot\boldsymbol{A}^{*}=\begin{pmatrix}|\boldsymbol{A}| & 0 & \cdots & 0\\ 0 & |\boldsymbol{A}| & \cdots & 0\\ \vdots & \vdots & & \vdots\\ 0 & 0 & \cdots & |\boldsymbol{A}|\end{pmatrix}=|\boldsymbol{A}|\cdot\boldsymbol{E}$，

而 $|\boldsymbol{A}|\neq 0$，则

$$\boldsymbol{A}\cdot\left(\frac{1}{|\boldsymbol{A}|}\cdot\boldsymbol{A}^{*}\right)=\boldsymbol{E}$$

同样，

$$\boldsymbol{A}^{*}\cdot\boldsymbol{A}=(\boldsymbol{A}_{1j}\cdot a_{1i}+\boldsymbol{A}_{2j}\cdot a_{2i}+\cdots+\boldsymbol{A}_{nj}\cdot a_{ni})=\left(\sum_{k=1}^{n}\boldsymbol{A}_{kj}\cdot a_{ki}\right)$$

其中，$\sum\limits_{k=1}^{n}\boldsymbol{A}_{kj}\cdot a_{ki}=\begin{cases}|\boldsymbol{A}|, & i=j\\ 0, & i\neq j\end{cases}$，于是，

$$\boldsymbol{A}^{*}\cdot\boldsymbol{A}=\begin{pmatrix}|\boldsymbol{A}| & 0 & \cdots & 0\\ 0 & |\boldsymbol{A}| & \cdots & 0\\ \vdots & \vdots & & \vdots\\ 0 & 0 & \cdots & |\boldsymbol{A}|\end{pmatrix}=|\boldsymbol{A}|\cdot\boldsymbol{E}$$

而 $|\boldsymbol{A}|\neq 0$，则 $\left(\dfrac{1}{|\boldsymbol{A}|}\cdot\boldsymbol{A}^{*}\right)\cdot\boldsymbol{A}=\boldsymbol{E}$，即

$$\left(\frac{1}{|\boldsymbol{A}|}\cdot\boldsymbol{A}^{*}\right)\cdot\boldsymbol{A}=\boldsymbol{E}$$

综上，由逆矩阵的定义，$\boldsymbol{A}^{-1}=\dfrac{1}{|\boldsymbol{A}|}\cdot\boldsymbol{A}^{*}$.

推论 若 $\boldsymbol{A}\cdot\boldsymbol{B}=\boldsymbol{E}$（或 $\boldsymbol{B}\cdot\boldsymbol{A}=\boldsymbol{E}$），则 $\boldsymbol{B}=\boldsymbol{A}^{-1}$.

证明 若 $\boldsymbol{A}\cdot\boldsymbol{B}=\boldsymbol{E}$，则 $|\boldsymbol{A}\cdot\boldsymbol{B}|=|\boldsymbol{A}|\cdot|\boldsymbol{B}|=|\boldsymbol{E}|=1$，故 $|\boldsymbol{A}|\neq 0$，于是 $\boldsymbol{A}^{-1}$ 存在，

且 $\boldsymbol{B}=\boldsymbol{E}\cdot\boldsymbol{B}=(\boldsymbol{A}^{-1}\cdot\boldsymbol{A})\cdot\boldsymbol{B}=\boldsymbol{A}^{-1}\cdot(\boldsymbol{A}\cdot\boldsymbol{B})=\boldsymbol{A}^{-1}\cdot\boldsymbol{E}=\boldsymbol{A}^{-1}$，综上推论得证.

设 $\boldsymbol{A}$，$\boldsymbol{B}$ 为同阶的可逆矩阵，常数 $k\neq 0$，则方阵的逆矩阵满足下面的运算律：

(1) $\boldsymbol{A}^{-1}$ 为可逆矩阵，且 $(\boldsymbol{A}^{-1})^{-1}=\boldsymbol{A}$；

(2) $\boldsymbol{AB}$ 为可逆矩阵，且 $(\boldsymbol{AB})^{-1}=\boldsymbol{B}^{-1}\cdot\boldsymbol{A}^{-1}$；

推广：$(\boldsymbol{A}_1\boldsymbol{A}_2\cdots\boldsymbol{A}_m)^{-1}=\boldsymbol{A}_m^{-1}\cdot\boldsymbol{A}_{m-1}^{-1}\cdots\boldsymbol{A}_2^{-1}\cdot\boldsymbol{A}_1^{-1}$；

(3) $k\boldsymbol{A}$ 为可逆矩阵，且 $(k\boldsymbol{A})^{-1}=\dfrac{1}{k}\cdot\boldsymbol{A}^{-1}$；

(4) $\boldsymbol{A}^{\mathrm{T}}$ 为可逆矩阵，且 $(\boldsymbol{A}^{\mathrm{T}})^{-1}=(\boldsymbol{A}^{-1})^{\mathrm{T}}$.

【例 2-18】 判定下列矩阵是否可逆，若可逆，利用初等伴随矩阵求其逆矩阵.

(1) $\boldsymbol{A}=\begin{pmatrix}1&2&-1\\3&-1&0\\2&-3&1\end{pmatrix}$ (2) $\boldsymbol{B}=\begin{pmatrix}1&-1&3\\2&-1&4\\-1&2&-4\end{pmatrix}$

解 (1) $|\boldsymbol{A}|=\begin{vmatrix}1&2&-1\\3&-1&0\\2&-3&1\end{vmatrix}\xlongequal{r_3\times1+r_1}\begin{vmatrix}3&-1&0\\3&-1&0\\2&-3&1\end{vmatrix}=0$，所以根据定理 2-1 可得：$\boldsymbol{A}$ 为不可逆矩阵.

(2) 由于

$$|\boldsymbol{B}|=\begin{vmatrix}1&-1&3\\2&-1&4\\-1&2&-4\end{vmatrix}\xlongequal[r_1\times(-2)+r_2]{r_1+r_3}\begin{vmatrix}1&-1&3\\0&1&-2\\0&1&-1\end{vmatrix}$$

$$\xlongequal{\text{按 } c_1 \text{ 展开}}\begin{vmatrix}1&-2\\1&-1\end{vmatrix}=1\neq0$$

故矩阵 $\boldsymbol{B}$ 可逆. 逐个求出代数余子式和伴随矩阵：

$$\boldsymbol{B}_{11}=\begin{vmatrix}-1&4\\2&-4\end{vmatrix}=-4,\quad \boldsymbol{B}_{12}=-\begin{vmatrix}2&4\\-1&-4\end{vmatrix}=4,\quad \boldsymbol{B}_{13}=\begin{vmatrix}2&-1\\-1&2\end{vmatrix}=3$$

$$\boldsymbol{B}_{21}=-\begin{vmatrix}-1&3\\2&-4\end{vmatrix}=2,\quad \boldsymbol{B}_{22}=\begin{vmatrix}1&3\\-1&-4\end{vmatrix}=-1,\quad \boldsymbol{B}_{23}=-\begin{vmatrix}1&-1\\-1&2\end{vmatrix}=-1$$

$$\boldsymbol{B}_{31}=\begin{vmatrix}-1&3\\-1&4\end{vmatrix}=-1,\quad \boldsymbol{B}_{32}=-\begin{vmatrix}1&3\\2&4\end{vmatrix}=2,\quad \boldsymbol{B}_{33}=\begin{vmatrix}1&-1\\2&-1\end{vmatrix}=1$$

$$\boldsymbol{B}^*=\begin{pmatrix}\boldsymbol{B}_{11}&\boldsymbol{B}_{21}&\boldsymbol{B}_{31}\\\boldsymbol{B}_{12}&\boldsymbol{B}_{22}&\boldsymbol{B}_{32}\\\boldsymbol{B}_{13}&\boldsymbol{B}_{23}&\boldsymbol{B}_{33}\end{pmatrix}=\begin{pmatrix}-4&2&-1\\4&-1&2\\3&-1&1\end{pmatrix}$$

于是

$$\boldsymbol{B}^{-1}=\frac{1}{|\boldsymbol{B}|}\cdot\boldsymbol{B}^*=\begin{pmatrix}-4&2&-1\\4&-1&2\\3&-1&1\end{pmatrix}$$

【例 2-19】 求证：设 $\boldsymbol{A}$ 为 n 阶方阵，则 $|\boldsymbol{A}^*|=|\boldsymbol{A}|^{n-1}$.

证明 由 $A \cdot A^* = |A| \cdot E_n$ 可得 $|A| \cdot |A^*| = |A|^n$.

(1) 当 $|A| \neq 0$ 时，$|A^*| = |A|^{n-1}$.

(2) 如果 $|A| = 0$，则要证明 $|A^*| = 0$，我们用反证法.

如果 $|A^*| \neq 0$，则 A^* 是可逆矩阵，于是在矩阵等式 $A \cdot A^* = |A| \cdot E_n = 0$ 的两边同时右乘 A^* 的逆矩阵，即得 $|A| = 0$. 零矩阵的伴随矩阵当然为零矩阵，即 $A^* = 0$ 与 $|A^*| \neq 0$ 矛盾，所以必有 $|A^*| = 0$.

【例 2-20】 设 n 阶方阵 A 满足 $A^2 - A - 2E_n = 0$，求 A、$A - E_n$ 和 $A + 2E_n$ 的逆矩阵.

解 由 $A \cdot (A - E_n) = 2E_n$ 得

$$A \cdot \left(\frac{A - E_n}{2}\right) = E_n \quad 且 \quad \frac{A}{2} \cdot (A - E_n) = E_n,$$

所以

$$A^{-1} = \frac{A - E_n}{2}, \ (A - E_n)^{-1} = \frac{1}{2}A$$

又由 $A + 2E_n = A^2$ 得

$$(A + 2E_n)^{-1} = (A^2)^{-1} = (A^{-1})^2 = \frac{1}{4}(A^2 - 2A + E_n) = \frac{1}{4}(3E_n - A)$$

总结 对于给定的方阵 A，借助于 A 所满足的方阵等式，凑出一个矩阵 X 使得 $AX = E_n$ 或 $XA = E_n$.

【例 2-21】 设 A 是 3 阶矩阵，其行列式 $|A| = 5$，求出行列式 $|(5A^*)^{-1}|$ 的值.

解 由 $A \cdot A^{-1} = E_n$ 可知

$$|A| \cdot |A^{-1}| = 1 \Rightarrow |A^{-1}| = \frac{1}{|A|}$$

又由 $|kA| = k^n \cdot |A|$，$|A^*| = |A|^{n-1}$，所以

$$|(5A^*)^{-1}| = \frac{1}{|5A^*|} = \frac{1}{5^3 \times |A^*|} = \frac{1}{5^3 \times 5^{3-1}} = \left(\frac{1}{5}\right)^5$$

2.3.2 矩阵方程

矩阵方程的定义是未知数为矩阵的方程.

矩阵方程的形式大致分为三种：① $A \cdot X = B$，② $X \cdot A = B$，③ $A \cdot X \cdot B = C$.

对于矩阵方程，当系数矩阵是方阵时，先判断其是否可逆. 如果可逆，则可以利用左乘或右乘逆矩阵的方法求未知矩阵，对于系数矩阵不是方阵或者不可逆的情况，我们暂时不做学习要求.

下面，我们重点学习系数矩阵是可逆方阵的情况.

(1) $A \cdot X = B$.

当 A 可逆时，A^{-1} 存在. 在矩阵方程两侧左乘 A^{-1}，

$$A^{-1} \cdot A \cdot X = A^{-1} \cdot B \Rightarrow (A^{-1} \cdot A) \cdot X = A^{-1} \cdot B \Rightarrow X = A^{-1} \cdot B$$

(2) $X \cdot A = B$.

当 A 可逆时，A^{-1} 存在. 在矩阵方程两侧右乘 A^{-1}，

$$X\cdot A\cdot A^{-1}=B\cdot A^{-1}\Rightarrow X\cdot(A\cdot A^{-1})=B\cdot A^{-1}\Rightarrow X=B\cdot A^{-1}$$

(3) $A\cdot X\cdot B=C$.

当A，B可逆时，A^{-1}，B^{-1}存在. 在矩阵方程两侧左乘A^{-1}、右乘B^{-1}，

$$\begin{aligned}A^{-1}\cdot AX\cdot B\cdot B^{-1}=A^{-1}\cdot C\cdot B^{-1}&\Rightarrow(A^{-1}\cdot A)X\cdot(B\cdot B^{-1})\\&=B\cdot A^{-1}\Rightarrow E\cdot X\cdot E=A^{-1}\cdot C\cdot B^{-1}\end{aligned}$$

即$X=A^{-1}\cdot C\cdot B^{-1}$.

【例2-22】 设$A=\begin{pmatrix}1&2&3\\2&2&1\\3&4&3\end{pmatrix}$，$B=\begin{pmatrix}2&1\\5&3\end{pmatrix}$，$C=\begin{pmatrix}1&3\\2&0\\3&1\end{pmatrix}$，且$A\cdot X\cdot B=C$，求$X$.

解 如果A^{-1}，B^{-1}都存在，则可以用A^{-1}左乘等式的两边，用B^{-1}右乘等式的两边，得$A^{-1}\cdot(A\cdot X\cdot B)\cdot B^{-1}=(A^{-1}A)\cdot X\cdot(BB^{-1})=A^{-1}\cdot C\cdot B^{-1}$即$X=A^{-1}\cdot C\cdot B^{-1}$.

因为$|A|=\begin{vmatrix}1&2&3\\2&2&1\\3&4&3\end{vmatrix}=2\neq0$，所以$A$可逆，且$A^{-1}=\dfrac{1}{|A|}A^*=\begin{pmatrix}1&3&-2\\-\dfrac{3}{2}&-3&\dfrac{5}{2}\\1&1&-1\end{pmatrix}$.

因为$|B|=\begin{vmatrix}2&1\\5&3\end{vmatrix}=1\neq0$，所以$B$可逆，且$B^{-1}=\dfrac{1}{|B|}B^*=\begin{pmatrix}3&-1\\-5&2\end{pmatrix}$.

于是

$$X=A^{-1}\cdot C\cdot B^{-1}=\begin{pmatrix}1&3&-2\\-\dfrac{3}{2}&-3&\dfrac{5}{2}\\1&1&-1\end{pmatrix}\cdot\begin{pmatrix}1&3\\2&0\\3&1\end{pmatrix}\cdot\begin{pmatrix}3&-1\\-5&2\end{pmatrix}=\begin{pmatrix}-2&1\\10&-4\\-10&4\end{pmatrix}$$

2.4 矩阵的初等变换

2.4.1 初等变换的定义

对一个矩阵$A=(a_{ij})_{m\times n}$施行以下三种类型的变换，称为矩阵的初等行(列)变换，统称为矩阵的初等变换.

(1) 对调变换：交换A的某两行(列)，记作：$r_i\leftrightarrow r_j(c_i\leftrightarrow c_j)$.

(2) 倍乘变换：用一个非零的数k乘A的某一行(列)，记作：$k\cdot r_i(k\cdot c_i)$.

(3) 倍加变换：把A中某一行(列)的k倍加到另一行(列)上，记作：$k\cdot r_i+r_j(k\cdot c_i+c_j)$.

注意：矩阵的初等变换与行列式的计算有本质区别：

① 计算行列式是求值过程，前后用**等号**连接；

② 对矩阵施行初等变换则是变换过程，前后用箭头连接，除恒等变换以外，一般来说变换前后的两个矩阵是不相等的.

因此，我们用箭头“→”连接变换前后的矩阵.

2.4.2 矩阵等价

等价的定义：若矩阵 $\boldsymbol{A}$ 经过有限次初等变换为 $\boldsymbol{B}$，则称为 $\boldsymbol{A}$ 与 $\boldsymbol{B}$ 等价，记为 $\boldsymbol{A}\cong\boldsymbol{B}$.

矩阵之间的等价关系有如下性质：

反身性——$\boldsymbol{A}\cong\boldsymbol{A}$.

对称性——若 $\boldsymbol{A}\cong\boldsymbol{B}$ 则 $\boldsymbol{B}\cong\boldsymbol{A}$.

传递性——若 $\boldsymbol{A}\cong\boldsymbol{B}$，$\boldsymbol{B}\cong\boldsymbol{C}$，则 $\boldsymbol{A}\cong\boldsymbol{C}$.

我们以初等行变换为例示意证明如下：

(1) 对调变换：

$$\boldsymbol{A}=\begin{pmatrix}\cdots\\ a_i\\ \cdots\\ a_j\\ \cdots\end{pmatrix}\longrightarrow\boldsymbol{B}=\begin{pmatrix}\cdots\\ a_j\\ \cdots\\ a_i\\ \cdots\end{pmatrix}\longrightarrow\boldsymbol{A}$$

即若交换 $\boldsymbol{A}$ 的 i，j 两行得到矩阵 $\boldsymbol{B}$，则交换 $\boldsymbol{B}$ 的 i，j 两行又得 $\boldsymbol{A}$.

(2) 数乘变换：

$$\boldsymbol{A}=\begin{pmatrix}\cdots\\ a_i\\ \cdots\\ a_j\\ \cdots\end{pmatrix}\xleftarrow{k}\longrightarrow\boldsymbol{B}=\begin{pmatrix}\cdots\\ ka_i\\ \cdots\\ a_j\\ \cdots\end{pmatrix}\xleftarrow{\frac{1}{k}}\longrightarrow\boldsymbol{A}$$

即若用非零的数 k 乘 $\boldsymbol{A}$ 的第 i 行得到 $\boldsymbol{B}$，则用 $\frac{1}{k}$ 乘 $\boldsymbol{B}$ 的第 i 行就是 $\boldsymbol{A}$.

(3) 乘加变换：

$$\boldsymbol{A}=\begin{pmatrix}\cdots\\ a_i\\ \cdots\\ a_j\\ \cdots\end{pmatrix}(k)\longrightarrow\boldsymbol{B}=\begin{pmatrix}\cdots\\ a_i\\ \cdots\\ a_j+ka_i\\ \cdots\end{pmatrix}(-k)\quad\boldsymbol{A}$$

即若把 $\boldsymbol{A}$ 的第 i 行的 k 倍加到第 j 行上得到 $\boldsymbol{B}$，则把 $\boldsymbol{B}$ 的第 i 行的 $-k$ 倍加到第 j 行上便得到 $\boldsymbol{A}$.

注：以上三种初等变换都是可逆的，其逆变换仍是同种变换.

矩阵经过初等变换后，具有的一些特性是保持不变的，下面的定理就说明了方阵的非奇异性不变.

定理 2-3 非奇异方阵 $\boldsymbol{A}$ 经过有限次的初等变换后得到的方阵 $\boldsymbol{A}$ 仍为非奇异方阵，反之亦然. 这是因为这三种初等变换不会改变 $|\boldsymbol{A}|$ 的非零性.

【例 2-23】 设 $\boldsymbol{A}=\begin{pmatrix}1&0&1\\2&1&0\\-3&2&5\end{pmatrix}$，试用初等行变换将 $\boldsymbol{A}$ 化成上三角形矩阵，判断 $\boldsymbol{A}$ 是否可逆.

解
$$\boldsymbol{A}=\begin{pmatrix}1&0&1\\2&1&0\\-3&2&5\end{pmatrix}\xrightarrow[3r_1+r_3]{-2r_1+r_2}\begin{pmatrix}1&0&1\\0&1&-2\\0&2&8\end{pmatrix}$$
$$\xrightarrow{-2r_2+r_3}\begin{pmatrix}1&0&1\\0&1&-2\\0&0&12\end{pmatrix}=\boldsymbol{B}$$

而 $|\boldsymbol{B}|=\begin{vmatrix}1&0&1\\0&1&-2\\0&0&12\end{vmatrix}=12\neq0$，可得 $\boldsymbol{B}$ 可逆，从而 $\boldsymbol{A}$ 也可逆.

定理 2-4 任何非奇异方阵都可以经过有限次的初等行变换化为单位阵.

【例 2-24】 用初等行变换化矩阵 $\boldsymbol{A}=\begin{pmatrix}2&3&1\\0&1&3\\1&2&5\end{pmatrix}$ 为单位矩阵.

解
$$\boldsymbol{A}=\begin{pmatrix}2&3&1\\0&1&3\\1&2&5\end{pmatrix}\xrightarrow{r_1\leftrightarrow r_3}\begin{pmatrix}1&2&5\\0&1&3\\2&3&1\end{pmatrix}\xrightarrow{-2\cdot r_1+r_3}\begin{pmatrix}1&2&5\\0&1&3\\0&-1&-9\end{pmatrix}$$
$$\xrightarrow{1\cdot r_2+r_3}\begin{pmatrix}1&2&5\\0&1&3\\0&0&-6\end{pmatrix}\xrightarrow{-\frac{1}{6}\cdot r_3}\begin{pmatrix}1&2&5\\0&1&3\\0&0&1\end{pmatrix}$$
$$\xrightarrow[-5\cdot r_3+r_1]{-3\cdot r_3+r_2}\begin{pmatrix}1&2&0\\0&1&0\\0&0&1\end{pmatrix}$$
$$\xrightarrow{-2\cdot r_2+r_1}\begin{pmatrix}1&0&0\\0&1&0\\0&0&1\end{pmatrix}$$

这种初等变换的过程就是用消去法解方程组的过程，我们把这种消去法叫做高斯消去法.

2.4.3 初等方阵

初等方阵的定义：单位矩阵 $\boldsymbol{E}$ 经过一次初等变换后得到的方阵称为初等方阵(elementary matrix).

三种初等行(列)变换对应三种类型的初等方阵：

(1) 对调方阵：单位矩阵对调第 i 行(列)和第 j 行(列)所得到的初等方阵.

$$E(i,j)=\begin{pmatrix}1 & & & & & & & \\ & \ddots & & & & & & \\ & & 0 & \cdots & \cdots & \cdots & 1 & \\ & & \vdots & 1 & & & \vdots & \\ & & \vdots & & \ddots & & \vdots & \\ & & \vdots & & & 1 & \vdots & \\ & & 1 & \cdots & \cdots & \cdots & 0 & \\ & & & & & & & \ddots & \\ & & & & & & & & 1\end{pmatrix}\begin{matrix} \\ \\ i\text{ 行} \\ \\ \\ \\ j\text{ 行} \\ \\ \\ \end{matrix}$$

$$\begin{matrix} i\text{ 列} & & & & j\text{ 列}\end{matrix}$$

(2) 倍乘方阵：单位矩阵第 i 行(列)乘数 k 所得到的初等方阵.

$$E[i(k)]=\begin{pmatrix}1 & & & & & & \\ & \ddots & & & & & \\ & & 1 & & & & \\ & & & k & & & \\ & & & & 1 & & \\ & & & & & \ddots & \\ & & & & & & 1\end{pmatrix}$$

(3) 倍加方阵：单位矩阵第 j 行的 k 倍加到第 i 行(第 i 列的 k 倍加到第 j 列)所得到的初等方阵.

$$E[i,j(k)]=\begin{pmatrix}1 & & & & & & \\ & \ddots & & & & & \\ & & 1 & \cdots & k & & \\ & & & \ddots & \vdots & & \\ & & & & 1 & & \\ & & & & & \ddots & \\ & & & & & & 1\end{pmatrix}\begin{matrix} \\ \\ i\text{ 行} \\ \\ j\text{ 行} \\ \\ \\ \end{matrix}$$

$$\begin{matrix} i\text{ 列} & & j\text{ 列}\end{matrix}$$

初等方阵的性质：

(1) 初等方阵的转置仍为初等方阵；

(2) 初等方阵都可逆，其逆矩阵仍为同种类型的初等方阵，即

$E(i,j)^{-1}=E(i,j)$，$E[i\cdot(k)]^{-1}=E[i\cdot(k^{-1})]$，$E[i,j(k)]^{-1}=E[i,j(-k)]$；

(3) $|E(i,j)|=-1$，$|E(i(k))|=k$，$|E(i,j(k))|=1$；

(4) 初等方阵的乘积仍然可逆.

定理 2-5 对 $m\times n$ 的矩阵 $\boldsymbol{A}$ 作一次某种初等行变换得到的矩阵等于用同种 m 阶初等方阵左乘 $\boldsymbol{A}$，即

① $A_{m\times n}(i,j)\overset{\text{行}}{=\!=}E_m(i,j)\cdot A_{m\times n}$；

② $A_{m\times n}[i,(k)]\overset{行}{=\!=}E_m[i(k)]\cdot A_{m\times n}$；

③ $A_{m\times n}[i,j(k)]\overset{行}{=\!=}E_m[i,j(k)]\cdot A_{m\times n}$.

定理 2-6 对 $m\times n$ 的矩阵 A 作一次某种初等列变换得到的矩阵等于用同种 n 阶初等方阵右乘 A，即

① $A_{m\times n}(i,j)\overset{列}{=\!=}A_{m\times n}\cdot E_n(i,j)$；

② $A_{m\times n}[i(k)]\overset{列}{=\!=}A_{m\times n}\cdot E_n[i(k)]$；

③ $A_{m\times n}[i,j(k)]\overset{列}{=\!=}A_{m\times n}\cdot E_n[i,j(k)]$.

【例 2-25】 设矩阵 $A=\begin{pmatrix}1&2\\3&4\end{pmatrix}$，$P=E(1,2(1))=\begin{pmatrix}1&1\\0&1\end{pmatrix}$，则 $AP^{T}=$(　　).

A. $\begin{pmatrix}3&2\\7&4\end{pmatrix}$　　B. $\begin{pmatrix}2&-3\\1&3\end{pmatrix}$　　C. $\begin{pmatrix}0&-1\\3&1\end{pmatrix}$　　D. $\begin{pmatrix}1&3\\-1&0\end{pmatrix}$

解 $P^{T}=\begin{pmatrix}1&0\\1&1\end{pmatrix}$相当于单位阵第 2 列元素的 1 倍加到第 1 列对应的元素上，$AP^{T}=\begin{pmatrix}1&2\\3&4\end{pmatrix}\cdot\begin{pmatrix}1&0\\1&1\end{pmatrix}=\begin{pmatrix}3&2\\7&4\end{pmatrix}$ 相当于 A 第 2 列元素的 1 倍加到第 1 列对应的元素上，所以选 A.

2.4.4 利用矩阵的初等变换求逆矩阵

由定理 2-4 可知，任何可逆方阵 A 都可以利用初等行变换化为单位阵. 每进行一次初等行变换等同于在左边乘一个同种的初等方阵，所以在利用初等行变换把可逆方阵 A 化为单位阵时，就相当于寻找有限多个初等方阵 P_1，P_2，… P_t，
使得

$$P_t\cdot P_{t-1}\cdots P_2\cdot P_1\cdot A=E \qquad ①$$

两边同时在右边乘 A^{-1}，得 $P_t\cdot P_{t-1}\cdots P_2\cdot P_1\cdot A\cdot A^{-1}=E\cdot A^{-1}$，即

$$P_t\cdot P_{t-1}\cdots P_2\cdot P_1\cdot(A\cdot A^{-1})=P_t\cdot P_{t-1}\cdots P_2\cdot P_1\cdot E=A^{-1} \qquad ②$$

①②表示对 A 做一系列的初等行变换使之化为 E 时，对 E 做同步的一系列的初等行变换可以使之化为 A^{-1}，把两式合在一起得 $P_t\cdot P_{t-1}\cdots P_2\cdot P_1\cdot(A\,\vdots\,E)=(E\,\vdots\,A^{-1})$. 这就是求逆矩阵的一种方法：$(A\,\vdots\,E)\to(E\,\vdots\,A^{-1})$，即在 n 阶可逆方阵 A 的右边写上与 A 同阶的单位阵 E，构成一个 $n\times 2n$ 的矩阵$(A\,\vdots\,E)$，然后对它进行一系列的初等行变换，把左半部分化为单位矩阵 E，与此同时，右半部分被化成了 A^{-1}.

类似地可以得到利用初等列变换求逆矩阵的方法：构成一个 $2n\times n$ 的矩阵$\begin{pmatrix}A\\E\end{pmatrix}$，然后对它进行一系列的初等列变换，把上半部分 A 化为单位矩阵 E，则同时下半部分 E 被化成了 A^{-1}，即$\begin{pmatrix}A\\E\end{pmatrix}\xrightarrow{初等列变换}\begin{pmatrix}E\\A^{-1}\end{pmatrix}$.

【例 2-26】 设 $A=\begin{pmatrix}1&2&3\\4&5&8\\3&4&6\end{pmatrix}$，用初等变换求 A^{-1}.

解

$$(\boldsymbol{A}\mid\boldsymbol{E})=\left(\begin{array}{ccc|ccc}1&2&3&1&0&0\\4&5&8&0&1&0\\3&4&6&0&0&1\end{array}\right)\xrightarrow[-3r_1+r_3]{-4r_1+r_2}\left(\begin{array}{ccc|ccc}1&2&3&1&0&0\\0&-3&-4&-4&1&0\\0&-2&-3&-3&0&1\end{array}\right)$$

$$\xrightarrow[-2r_3+r_2]{r_3+r_1}\left(\begin{array}{ccc|ccc}1&0&0&-2&0&1\\0&1&2&2&1&-2\\0&-2&-3&-3&0&1\end{array}\right)\xrightarrow{2r_2+r_3}\left(\begin{array}{ccc|ccc}1&0&0&-2&0&1\\0&1&2&2&1&-2\\0&0&1&1&2&-3\end{array}\right)$$

$$\xrightarrow{-2r_3+r_2}\left(\begin{array}{ccc|ccc}1&0&0&-2&0&1\\0&1&0&0&-3&4\\0&0&1&1&2&-3\end{array}\right)$$

所以 $\boldsymbol{A}^{-1}=\begin{pmatrix}-2&0&1\\0&-3&4\\1&2&-3\end{pmatrix}$.

【例 2-27】 已知三阶矩阵 $\boldsymbol{A}=\begin{pmatrix}2&3&3\\1&-1&0\\-1&2&1\end{pmatrix}$，$\boldsymbol{B}=2\boldsymbol{I}$，其中 $\boldsymbol{I}$ 为单位矩阵，$\boldsymbol{AX}=\boldsymbol{B}$，求矩阵 $\boldsymbol{X}$.

解 由 $|\boldsymbol{A}|=-2\neq0$，故 $\boldsymbol{A}$ 可逆. 由 $\boldsymbol{AX}=\boldsymbol{B}=2\boldsymbol{I}$，可得 $\boldsymbol{X}=2\boldsymbol{A}^{-1}$. 利用初等行变换求 $\boldsymbol{A}^{-1}$.

$$(\boldsymbol{A}\mid\boldsymbol{I})=\left(\begin{array}{ccc|ccc}2&3&3&1&0&0\\1&-1&0&0&1&0\\-1&2&1&0&0&1\end{array}\right)\xrightarrow{r_1\leftrightarrow r_2}\left(\begin{array}{ccc|ccc}1&-1&0&0&1&0\\2&3&3&1&0&0\\-1&2&1&0&0&1\end{array}\right)$$

$$\xrightarrow[1r_1+r_3]{-2r_1+r_2}\left(\begin{array}{ccc|ccc}1&-1&0&0&1&0\\0&5&3&1&-2&0\\0&1&1&0&1&1\end{array}\right)\xrightarrow{r_2\leftrightarrow r_3}\left(\begin{array}{ccc|ccc}1&-1&0&0&1&0\\0&1&1&0&1&1\\0&5&3&1&-2&0\end{array}\right)$$

$$\xrightarrow{-5r_2+r_3}\left(\begin{array}{ccc|ccc}1&-1&0&0&1&0\\0&1&1&0&1&1\\0&0&-2&1&-7&-5\end{array}\right)\xrightarrow{r_2+r_1-\frac{1}{2}r_3}\left[\begin{array}{ccc|ccc}1&0&1&0&2&1\\0&1&1&0&1&1\\0&0&1&-\frac{1}{2}&\frac{7}{2}&\frac{5}{2}\end{array}\right]$$

$$\xrightarrow[-r_3+r_2]{-r_3+r_1}\left[\begin{array}{ccc|ccc}1&0&0&\frac{1}{2}&-\frac{3}{2}&-\frac{3}{2}\\0&1&0&\frac{1}{2}&-\frac{5}{2}&-\frac{3}{2}\\0&0&1&-\frac{1}{2}&\frac{7}{2}&\frac{5}{2}\end{array}\right]$$

$$=(\boldsymbol{I}\mid\boldsymbol{A}^{-1})$$

故 $A^{-1}=\begin{pmatrix} \frac{1}{2} & -\frac{3}{2} & -\frac{3}{2} \\ \frac{1}{2} & -\frac{5}{2} & -\frac{3}{2} \\ -\frac{1}{2} & \frac{7}{2} & \frac{5}{2} \end{pmatrix}$，进而可得：

$$X=2A^{-1}=\begin{pmatrix} 1 & -3 & -3 \\ 1 & -5 & -3 \\ -1 & 7 & 5 \end{pmatrix}$$

2.4.5 矩阵子式和矩阵秩的定义

矩阵的秩是矩阵理论中的一个重要概念. 因为线性方程组可以用矩阵形式表示，要讨论清楚线性方程组理论及其求解问题，就有必要先弄清方程组的系数矩阵或增广矩阵的秩，所以线性方程组有解无解的问题会反映在矩阵的特征上，而矩阵的秩就是刻画矩阵特征的量之一.

k **阶子式**的定义：在 $m\times n$ 的矩阵 A 中，任意取定 k 行和 k 列，$k\leqslant\min\{m, n\}$，位于这些行与列交叉处的 k^2 个元素，按原来的相对顺序排成的 k 阶行列式称为 A 的一个子式.

显然，对于确定的 k 来说，在 $m\times n$ 的矩阵 A 中，k 阶子式的总个数为 $C_m^k\times C_n^k$，把 A 中对应不同的所有 k 阶子式放在一起，可以分成两大类：值为零的与值不为零的，值不为零的子式称为非零子式.

矩阵的秩的定义：在 $m\times n$ 的矩阵 A 中，非零子式的最高阶数称为 A 的秩，记为 $r(A)=r$，且每个矩阵的秩是唯一的. 规定零矩阵的秩是 0.

非零子式的最高阶数指的是所有的不等于零的那些子式中，阶数最高的子式的阶数.

例如，当 $r(A)=3$ 时，说明在 A 中至少有一个三阶子式不为零. 而所有的阶数大于 3 的子式都等于零. 但是这并不是说，A 中的所有三阶子式都不为零.

【例 2-28】 求矩阵 $A=\begin{pmatrix} 3 & 2 & 1 & 1 \\ 1 & 2 & -3 & 2 \\ 4 & 4 & -2 & 3 \end{pmatrix}$ 的秩.

解 A 的一个二阶子式 $\begin{vmatrix} 3 & 2 \\ 1 & 2 \end{vmatrix}=4\neq 0$.

A 的所有三阶子式如下：

$$\begin{vmatrix} 3 & 2 & 1 \\ 1 & 2 & -3 \\ 4 & 4 & -2 \end{vmatrix}=0,\quad \begin{vmatrix} 3 & 2 & 1 \\ 1 & 2 & 2 \\ 4 & 4 & 3 \end{vmatrix}=0,\quad \begin{vmatrix} 3 & 1 & 1 \\ 1 & -3 & 2 \\ 4 & -2 & 3 \end{vmatrix}=0,\quad \begin{vmatrix} 2 & 1 & 1 \\ 2 & -3 & 2 \\ 4 & -2 & 3 \end{vmatrix}=0$$

显然，A 不存在三阶非零子式，所以 A 的不等于零的最高阶子式的阶数为 2，因此 $r(A)=2$，通过计算一阶子式的个数为 $C_4^1\cdot C_3^1=4\times 3=12$ 个，二阶子式的个数为 $C_4^2\cdot C_3^2=\frac{4!}{2!\times 2!}\times\frac{3!}{2!\times 1!}=6\times 3=18$ 个，三阶子式的个数为 $C_4^3\cdot C_3^3=4\times 1=4$ 个.

大家可以看出计算矩阵的所有子式，再对非零子式和零子式进行分类，计算出非零子式的最高阶数，这样工作量很大，所以需要更简便的求秩方法. 下面我们通过初等变换计算矩阵的秩.

定理 2－7 对矩阵施行初等变换，不改变矩阵的秩.

推论：设 $\boldsymbol{A}$ 为 $m\times n$ 的矩阵，$\boldsymbol{P}$ 和 $\boldsymbol{Q}$ 分别 m 阶和 n 阶可逆矩阵，则 $r(\boldsymbol{PA})=r(\boldsymbol{A})$，$r(\boldsymbol{AQ})=r(\boldsymbol{A})$.

证明：因为可逆矩阵都是若干初等矩阵的乘积，用初等矩阵乘矩阵就是对矩阵施行初等变换，而初等变换不会改变矩阵的秩，所以乘可逆矩阵以后，矩阵的秩一定保持不变.

行阶梯形矩阵的定义：满足下列两个条件的矩阵称为行阶梯形矩阵，

(1) 如果存在零行(元素全为零的行)，则零行都位于矩阵中非零行(元素不全为零的行)的下方；

(2) 各非零行中从左边数起的第一个非零元素(称为主元)前面零元素的个数随着行标的增大而严格增加.

例如：矩阵$\begin{pmatrix}1&0&-2&1&6\\0&1&-3&1&0\\0&0&0&2&-5\\0&0&0&0&0\end{pmatrix}$

但矩阵$\begin{pmatrix}1&1&0&1&4\\0&1&-3&0&0\\0&2&-1&2&-4\\0&0&0&0&0\end{pmatrix}$则不是行阶梯形矩阵.

因为行阶梯形矩阵的特征为：

(1) 可画出一条阶梯线，且每个阶梯的首元非零；

(2) 每个台阶只有一行，且阶梯线下方的元素全为零.

定理 2－8 任何一个矩阵经过有限次初等行变换都可以化成行阶梯形矩阵.

行最简形矩阵(reduced row echelon form)的定义：满足下列两个条件的矩阵称为行最简形矩阵，

(1) 每个非零行的第一个非零元为 1；

(2) 每个非零行第一个非零元素所在的列的其他元素都为 0.

例如：$\begin{pmatrix}1&0&0&1&4\\0&1&0&0&0\\0&0&1&2&-4\\0&0&0&0&0\end{pmatrix}$为行最简形矩阵.

【例 2－29】 把 $\boldsymbol{A}=\begin{pmatrix}3&-1&-4&2&-2\\1&0&-1&1&0\\1&2&1&3&4\\-1&4&3&-3&0\end{pmatrix}$化成阶梯形矩阵与行最简形矩阵.

解　$A=\begin{pmatrix}3&-1&-4&2&-2\\1&0&-1&1&0\\1&2&1&3&4\\-1&4&3&-3&0\end{pmatrix}\xrightarrow{r_1\leftrightarrow r_2}\begin{pmatrix}1&0&-1&1&0\\3&-1&-4&2&-2\\1&2&1&3&4\\-1&4&3&-3&0\end{pmatrix}$

$\xrightarrow[1\times r_1+r_4]{(-3)\times r_1+r_2,\ (-1)\times r_1+r_3,}\begin{pmatrix}1&0&-1&1&0\\0&-1&-1&-1&-2\\0&2&2&2&4\\0&4&2&-2&0\end{pmatrix}$

$\xrightarrow[4\times r_2+r_4]{2\times r_2+r_3,}\begin{pmatrix}1&0&-1&1&0\\0&-1&-1&-1&-2\\0&0&0&0&0\\0&0&-2&-6&-8\end{pmatrix}$

$\xrightarrow{r_3\leftrightarrow r_4}\begin{pmatrix}1&0&-1&1&0\\0&-1&-1&-1&-2\\0&0&-2&-6&-8\\0&0&0&0&0\end{pmatrix}=B$

$B\xrightarrow{r_2\times(-1),\ r_3\times\left(-\frac{1}{2}\right)}\begin{pmatrix}1&0&-1&1&0\\0&1&1&1&2\\0&0&1&3&4\\0&0&0&0&0\end{pmatrix}$

$\xrightarrow[r_3\times(-1)+r_2]{r_3\times 1+r_1,}\begin{pmatrix}1&0&0&4&4\\0&1&0&-2&-2\\0&0&1&3&4\\0&0&0&0&0\end{pmatrix}=C$

上述矩阵 B 就是 A 的阶梯形矩阵，它有三个“台阶”. 矩阵 C 则是 A 的行最简形矩阵.

从上例可以清楚地看出，行最简形矩阵与阶梯矩形的区别，行最简形矩阵的首元都是 1，而且除主元 1 以外，它所在列的其他元素全都被化成了 0.

定理 2-9　行阶梯形矩阵的秩等于它的非零行的行数.

【例 2-30】　求 $A=\begin{bmatrix}1&2&3&4\\-1&-1&-4&-2\\3&4&11&8\end{bmatrix}$，$B=\begin{bmatrix}-1&3&0&1\\4&-1&1&-2\\2&-2&0&1\end{bmatrix}$ 的秩.

解　用矩阵的初等行变换将矩阵化成行阶梯形矩阵：

$A=\begin{bmatrix}1&2&3&4\\-1&-1&-4&-2\\3&4&11&8\end{bmatrix}\xrightarrow[(-3)\times r_1+r_3]{1\times r_1+r_2}\begin{bmatrix}1&2&3&4\\0&1&-1&2\\0&-2&2&-4\end{bmatrix}$

$\xrightarrow{2\times r_2+r_3}\begin{bmatrix}1&2&3&4\\0&1&-1&2\\0&0&0&0\end{bmatrix}$

有两个非零行，可见矩阵 $\boldsymbol{A}$ 的秩 $r(\boldsymbol{A})=2$，

同理，

$$\boldsymbol{B}=\begin{bmatrix}-1 & 3 & 0 & 1\\ 4 & -1 & 1 & -2\\ 2 & -2 & 0 & 1\end{bmatrix}\xrightarrow[r_1\times 2+r_3]{r_1\times 4+r_2}\begin{bmatrix}-1 & 3 & 0 & 1\\ 0 & 11 & 1 & 2\\ 0 & 4 & 0 & 3\end{bmatrix}$$

$$\xrightarrow{r_2\times\left(-\frac{4}{11}\right)+r_3}\begin{bmatrix}-1 & 3 & 0 & 1\\ 0 & 11 & 1 & 2\\ 0 & 0 & -\dfrac{4}{11} & \dfrac{25}{11}\end{bmatrix}$$

它有三个非零行，所以 $r(\boldsymbol{B})=3$.

注意：在求矩阵的秩时，可以只用初等行变换，但也允许用初等列变换，而且不必化成行最简形矩阵.

关于矩阵的秩，有以下结论：

(1) 设 $\boldsymbol{A}=(a_{ij})_{m\times n}$，则 $r(\boldsymbol{A})\leqslant\min\{m, n\}$.

(2) $r(\boldsymbol{A}^{\mathrm{T}})=r(\boldsymbol{A})$，实际上，$\boldsymbol{A}^{\mathrm{T}}$ 与 $\boldsymbol{A}$ 中的最高阶非零子式的阶数必相同.

(3) n 阶方阵 $\boldsymbol{A}$ 为可逆矩阵 $\Leftrightarrow|\boldsymbol{A}|\neq 0\Leftrightarrow r(\boldsymbol{A})=n$. 所以可逆矩阵常称为满秩矩阵.

2.5 分块矩阵

2.5.1 分块矩阵的定义

分块矩阵理论是矩阵理论中的重要组成部分，在理论研究和实际应用中有时会遇到行数和列数较多的矩阵，为了表示方便和运算简洁，常对矩阵采用分块的方法，即用一些贯穿于矩阵的横线和纵线把矩阵分割成若干小块，每个小块叫做矩阵的子块(子矩阵)，以子块为元素的形式上的矩阵叫做分块矩阵.

例如：设

$$\boldsymbol{A}=\left(\begin{array}{ccc:cc}1 & 0 & 0 & 2 & -1\\ 0 & 1 & 0 & -1 & 3\\ 0 & 0 & 1 & -6 & 4\\ \hdashline 0 & 0 & 0 & 2 & 0\\ 0 & 0 & 0 & 0 & 2\end{array}\right)$$

令 $\boldsymbol{A}_{11}=\begin{pmatrix}1 & 0 & 0\\ 0 & 1 & 0\\ 0 & 0 & 1\end{pmatrix}$，$\boldsymbol{A}_{12}=\begin{pmatrix}2 & -1\\ -1 & 3\\ -6 & 4\end{pmatrix}$，$\boldsymbol{A}_{21}=\begin{pmatrix}0 & 0 & 0\\ 0 & 0 & 0\end{pmatrix}$，$\boldsymbol{A}_{22}=\begin{pmatrix}2 & 0\\ 0 & 2\end{pmatrix}$，则 $\boldsymbol{A}$ 的一个分块矩阵为 $\boldsymbol{A}=\begin{pmatrix}\boldsymbol{A}_{11} & \boldsymbol{A}_{12}\\ \boldsymbol{A}_{21} & \boldsymbol{A}_{22}\end{pmatrix}$.

这样 $\boldsymbol{A}$ 可以看成由 4 个子矩阵(子块)为元素组成的矩阵，它是一个分块矩阵，分块矩阵的每一行称为一个块行，每一列称为一个块列，上述分块矩阵 $\boldsymbol{A}=(\boldsymbol{A}_{ij})_{2\times 2}$ 中有两个块行，两个块列.

对于同一个 $m\times n$ 矩阵 $\boldsymbol{A}=(\boldsymbol{A}_{ij})_{m\times n}$，常采用以下两种特殊的分块方法：

行向量表示法：$\boldsymbol{A}=\begin{pmatrix}\boldsymbol{\alpha}_1\\ \boldsymbol{\alpha}_2\\ \vdots\\ \boldsymbol{\alpha}_m\end{pmatrix}$，其中 $\boldsymbol{\alpha}_i=(\boldsymbol{a}_{i1},\boldsymbol{a}_{i2},\cdots,\boldsymbol{a}_{in})$ $(i=1,2,\cdots,m)$.

列向量表示法：$\boldsymbol{A}=(\boldsymbol{\beta}_1,\boldsymbol{\beta}_2,\cdots,\boldsymbol{\beta}_m)$，其中 $\boldsymbol{\beta}_i=\begin{pmatrix}\boldsymbol{b}_{1j}\\ \boldsymbol{b}_{2j}\\ \vdots\\ \boldsymbol{b}_{mj}\end{pmatrix}$ $(j=1,2,\cdots,n)$.

前者也称为将 $\boldsymbol{A}$ 按行分块，后者也称为将 $\boldsymbol{A}$ 按列分块. 例如 $\boldsymbol{A}=\begin{vmatrix}1&4&3&2\\0&3&7&5\\1&4&1&2\end{vmatrix}$，令 $\boldsymbol{\alpha}_1=(1,4,3,2)$，$\boldsymbol{\alpha}_2=(0,3,7,5)$，$\boldsymbol{\alpha}_3=(1,4,1,2)$，则 $\boldsymbol{A}=\begin{pmatrix}\boldsymbol{\alpha}_1\\ \boldsymbol{\alpha}_2\\ \boldsymbol{\alpha}_3\end{pmatrix}$，或者令 $\boldsymbol{\beta}_1=\begin{pmatrix}1\\0\\1\end{pmatrix}$ $\boldsymbol{\beta}_2=\begin{pmatrix}4\\3\\4\end{pmatrix}$ $\boldsymbol{\beta}_3=\begin{pmatrix}3\\7\\1\end{pmatrix}$ $\boldsymbol{\beta}_4=\begin{pmatrix}2\\5\\2\end{pmatrix}$，则 $\boldsymbol{A}=(\boldsymbol{\beta}_1,\boldsymbol{\beta}_2,\boldsymbol{\beta}_3,\boldsymbol{\beta}_4)$.

这样就分别得到 $\boldsymbol{A}$ 的行分块矩阵和列分块矩阵.

2.5.2　分块矩阵的运算

下面我们介绍 5 种最常用的分块矩阵的运算，需要特别指出的是：分块矩阵的所有运算仅仅是前面所讲的矩阵运算的另外一种表达方法，而并不是另外定义一种新的矩阵运算.

1. 分块矩阵的加法

把 $m\times n$ 矩阵 $\boldsymbol{A}$ 和 $\boldsymbol{B}$ 作同样的分块

$$\boldsymbol{A}=\begin{pmatrix}\boldsymbol{A}_{11}&\boldsymbol{A}_{12}&\cdots&\boldsymbol{A}_{1s}\\ \boldsymbol{A}_{21}&\boldsymbol{A}_{22}&\cdots&\boldsymbol{A}_{2s}\\ \vdots&\vdots&&\vdots\\ \boldsymbol{A}_{r1}&\boldsymbol{A}_{r2}&\cdots&\boldsymbol{A}_{rs}\end{pmatrix}$$

$$\boldsymbol{B}=\begin{pmatrix}\boldsymbol{B}_{11}&\boldsymbol{B}_{12}&\cdots&\boldsymbol{B}_{1s}\\ \boldsymbol{B}_{21}&\boldsymbol{B}_{22}&\cdots&\boldsymbol{B}_{2s}\\ \vdots&\vdots&&\vdots\\ \boldsymbol{B}_{r1}&\boldsymbol{B}_{r2}&\cdots&\boldsymbol{B}_{rs}\end{pmatrix}$$

其中 $\boldsymbol{A}_{ij}$ 的行数$=\boldsymbol{B}_{ij}$ 的行数，$\boldsymbol{A}_{ij}$ 的列数$=\boldsymbol{B}_{ij}$ 的列数($1\leqslant i\leqslant r$，$1\leqslant j\leqslant s$)，则

$$\boldsymbol{A}+\boldsymbol{B}=\begin{pmatrix}\boldsymbol{A}_{11}+\boldsymbol{B}_{11} & \boldsymbol{A}_{12}+\boldsymbol{B}_{12} & \cdots & \boldsymbol{A}_{1s}+\boldsymbol{B}_{1s}\\ \boldsymbol{A}_{21}+\boldsymbol{B}_{21} & \boldsymbol{A}_{22}+\boldsymbol{B}_{22} & \cdots & \boldsymbol{A}_{2s}+\boldsymbol{B}_{2s}\\ \vdots & \vdots & & \vdots\\ \boldsymbol{A}_{r1}+\boldsymbol{B}_{r1} & \boldsymbol{A}_{r2}+\boldsymbol{B}_{r2} & \cdots & \boldsymbol{A}_{rs}+\boldsymbol{B}_{rs}\end{pmatrix}$$

【例 2-31】 设 $\boldsymbol{A}=(\boldsymbol{\alpha}_1, \boldsymbol{\alpha}_2, \boldsymbol{\alpha}_3, \boldsymbol{\beta})$，$\boldsymbol{B}=(\boldsymbol{\alpha}_1, \boldsymbol{\alpha}_2, \boldsymbol{\alpha}_3, \boldsymbol{\gamma})$都是四阶方阵的列向量分块矩阵，已知$|\boldsymbol{A}|=1$ 和$|\boldsymbol{B}|=-2$，求出行列式$|\boldsymbol{A}+\boldsymbol{B}|$的值.

解 根据分块矩阵加法的定义可知：

$$\boldsymbol{A}+\boldsymbol{B}=(2\boldsymbol{\alpha}_1, 2\boldsymbol{\alpha}_2, 2\boldsymbol{\alpha}_3, \boldsymbol{\beta}+\boldsymbol{\gamma})$$

$\boldsymbol{A}+\boldsymbol{B}$ 的前 3 列都有公因数 2，利用行列式性质 2，提出公因数后可得

$$|\boldsymbol{A}+\boldsymbol{B}|=2^3\cdot|(\boldsymbol{\alpha}_1, \boldsymbol{\alpha}_2, \boldsymbol{\alpha}_3, \boldsymbol{\beta}+\boldsymbol{\gamma})|$$

再利用行列式性质 5，把它拆开以后，可求出

$$|\boldsymbol{A}+\boldsymbol{B}|=8\cdot(|(\boldsymbol{\alpha}_1, \boldsymbol{\alpha}_2, \boldsymbol{\alpha}_3, \boldsymbol{\beta})|+|(\boldsymbol{\alpha}_1, \boldsymbol{\alpha}_2, \boldsymbol{\alpha}_3, \boldsymbol{\gamma})|)=8[1+(-2)]=-8$$

【例 2-32】 设 $\boldsymbol{\alpha}$，$\boldsymbol{\beta}$，$\boldsymbol{\gamma}_1$，$\boldsymbol{\gamma}_2$，$\boldsymbol{\gamma}_3$ 都是 4 维列向量，$\boldsymbol{A}=(\boldsymbol{\alpha}, \boldsymbol{\gamma}_1, \boldsymbol{\gamma}_2, \boldsymbol{\gamma}_3)$，$\boldsymbol{B}=(\boldsymbol{\beta}, \boldsymbol{\gamma}_1, 2\boldsymbol{\gamma}_2, 3\boldsymbol{\gamma}_3)$，如果已知$|\boldsymbol{A}|=2$ 和$|\boldsymbol{B}|=1$，求出$|\boldsymbol{A}+\boldsymbol{B}|$的值.

解

$$\boldsymbol{A}+\boldsymbol{B}=(\boldsymbol{\alpha}+\boldsymbol{\beta}, 2\boldsymbol{\gamma}_1, 3\boldsymbol{\gamma}_2, 4\boldsymbol{\gamma}_3)$$

$$\begin{aligned}|\boldsymbol{A}+\boldsymbol{B}|&=2\times4\times3\cdot|(\boldsymbol{\alpha}+\boldsymbol{\beta}, \boldsymbol{\gamma}_1, \boldsymbol{\gamma}_2, \boldsymbol{\gamma}_3)|\\&=24\cdot(|(\boldsymbol{\alpha}, \boldsymbol{\gamma}_1, \boldsymbol{\gamma}_2, \boldsymbol{\gamma}_3)|+|(\boldsymbol{\beta}, \boldsymbol{\gamma}_1, \boldsymbol{\gamma}_2, \boldsymbol{\gamma}_3)|)\\&=24\times|\boldsymbol{A}|+24\times\frac{1}{6}|\boldsymbol{B}|=24\times2+4\times1=52\end{aligned}$$

【例 2-33】 设三阶方阵 $\boldsymbol{A}=\begin{pmatrix}\boldsymbol{\alpha}\\2\boldsymbol{\gamma}_1\\3\boldsymbol{\gamma}_2\end{pmatrix}$，$\boldsymbol{B}=\begin{pmatrix}\boldsymbol{\beta}\\\boldsymbol{\gamma}_1\\\boldsymbol{\gamma}_2\end{pmatrix}$，其中 $\boldsymbol{\alpha}$，$\boldsymbol{\beta}$，$\boldsymbol{\gamma}_1$，$\boldsymbol{\gamma}_2$ 都是三维行向量，已知$|\boldsymbol{A}|=18$ 和$|\boldsymbol{B}|=2$，求出$|\boldsymbol{A}-\boldsymbol{B}|$的值.

解

$$\boldsymbol{A}-\boldsymbol{B}=\begin{pmatrix}\boldsymbol{\alpha}-\boldsymbol{\beta}\\\boldsymbol{\gamma}_1\\2\boldsymbol{\gamma}_2\end{pmatrix}$$

$$\begin{aligned}|\boldsymbol{A}-\boldsymbol{B}|&=\begin{vmatrix}\boldsymbol{\alpha}\\\boldsymbol{\gamma}_1\\2\boldsymbol{\gamma}_2\end{vmatrix}-\begin{vmatrix}\boldsymbol{\beta}\\\boldsymbol{\gamma}_1\\2\boldsymbol{\gamma}_2\end{vmatrix}=\frac{2}{2\times3}\begin{vmatrix}\boldsymbol{\alpha}\\2\boldsymbol{\gamma}_1\\3\boldsymbol{\gamma}_2\end{vmatrix}-2\begin{vmatrix}\boldsymbol{\beta}\\\boldsymbol{\gamma}_1\\\boldsymbol{\gamma}_2\end{vmatrix}\\&=\frac{1}{3}|\boldsymbol{A}|-2|\boldsymbol{B}|=\frac{1}{3}\times18-2\times2=2\end{aligned}$$

2. 分块矩阵的数乘

数 k 与分块矩阵 $\boldsymbol{A}=(\boldsymbol{A}_{ij})_{r\times s}$ 的乘积为 $k\cdot\boldsymbol{A}=\begin{pmatrix}k\cdot\boldsymbol{A}_{11} & k\cdot\boldsymbol{A}_{12} & \cdots & k\cdot\boldsymbol{A}_{1s}\\ k\cdot\boldsymbol{A}_{21} & k\cdot\boldsymbol{A}_{22} & \cdots & k\cdot\boldsymbol{A}_{2s}\\ \vdots & \vdots & & \vdots\\ k\cdot\boldsymbol{A}_{r1} & k\cdot\boldsymbol{A}_{r2} & \cdots & k\cdot\boldsymbol{A}_{rs}\end{pmatrix}$

【例 2-34】 设矩阵 $A=\begin{pmatrix}1&0&1&3\\0&1&2&4\\0&0&-1&0\\0&0&0&-1\end{pmatrix}$，$B=\begin{pmatrix}1&2&0&0\\2&0&0&0\\6&3&1&0\\0&-2&0&1\end{pmatrix}$，用分块矩阵计算 $2\cdot A$ 和 $A-B$.

解 将矩阵分块如下：

$$A=\left(\begin{array}{cc:cc}1&0&1&3\\0&1&2&4\\\hdashline 0&0&-1&0\\0&0&0&-1\end{array}\right)=\begin{pmatrix}E&C\\O&-E\end{pmatrix}$$

$$B=\left(\begin{array}{cc:cc}1&2&0&0\\2&0&0&0\\\hdashline 6&3&1&0\\0&-2&0&1\end{array}\right)=\begin{pmatrix}D&O\\F&E\end{pmatrix},$$

则

$$2\cdot A=2\cdot\begin{pmatrix}E&C\\O&-E\end{pmatrix}=\begin{pmatrix}2\cdot E&2\cdot C\\2\cdot O&-2\cdot E\end{pmatrix}=\begin{pmatrix}2&0&2&6\\0&2&4&8\\0&0&-2&0\\0&0&0&-2\end{pmatrix}$$

$$A-B=\begin{pmatrix}E&C\\O&-E\end{pmatrix}-\begin{pmatrix}D&O\\F&E\end{pmatrix}=\begin{pmatrix}E-D&C\\-F&-2E\end{pmatrix}=\begin{pmatrix}0&-2&1&3\\-2&1&2&4\\-6&-3&-2&0\\0&2&0&-2\end{pmatrix}$$

3. 分块矩阵的转置

设 $A=\begin{pmatrix}A_{11}&A_{12}&\cdots&A_{1s}\\A_{21}&A_{22}&\cdots&A_{2s}\\\vdots&\vdots&&\vdots\\A_{r1}&A_{r2}&\cdots&A_{rs}\end{pmatrix}=(A_{ij})_{r\times s}$，则其转置矩阵为

$$A^{\mathrm{T}}=\begin{pmatrix}A_{11}^{\mathrm{T}}&A_{21}^{\mathrm{T}}&\cdots&A_{r1}^{\mathrm{T}}\\A_{12}^{\mathrm{T}}&A_{22}^{\mathrm{T}}&\cdots&A_{r2}^{\mathrm{T}}\\\vdots&\vdots&&\vdots\\A_{1s}^{\mathrm{T}}&A_{2s}^{\mathrm{T}}&\cdots&A_{rs}^{\mathrm{T}}\end{pmatrix}=(B_{ij})_{s\times r}$$

式中 $B_{ij}=A_{ji}^{\mathrm{T}}$，$i=1, 2, \cdots, s$；$j=1, 2, \cdots, r$；分块矩阵转置时，不但看做元素的子块要转置，而且每个子块的内部也要转置，这一现象不妨称为“内外一起转”.

【例 2-35】 $A=\left(\begin{array}{cc:ccc}1&2&3&4&5\\6&7&8&9&10\\\hdashline 10&9&8&7&6\\5&4&3&2&1\end{array}\right)=\begin{pmatrix}A_{11}&A_{12}\\A_{21}&A_{22}\end{pmatrix}$，$A^{\mathrm{T}}=\left(\begin{array}{cc:cc}1&6&10&5\\2&7&9&4\\\hdashline 3&8&8&3\\4&9&7&2\\5&10&6&1\end{array}\right)=\begin{pmatrix}A_{11}^{\mathrm{T}}&A_{12}^{\mathrm{T}}\\A_{21}^{\mathrm{T}}&A_{22}^{\mathrm{T}}\end{pmatrix}$

4. 分块矩阵的乘法

设矩阵 $\boldsymbol{A}$ 为 $m\times l$ 矩阵，$\boldsymbol{B}$ 为 $l\times n$ 矩阵，把它们分成如下的分块矩阵：

$$\boldsymbol{A}=\begin{pmatrix}\boldsymbol{A}_{11} & \cdots & \boldsymbol{A}_{1s}\\ \vdots & & \vdots\\ \boldsymbol{A}_{r1} & \cdots & \boldsymbol{A}_{rs}\end{pmatrix},\quad \boldsymbol{B}=\begin{pmatrix}\boldsymbol{B}_{11} & \cdots & \boldsymbol{B}_{1t}\\ \vdots & & \vdots\\ \boldsymbol{B}_{s1} & \cdots & \boldsymbol{B}_{st}\end{pmatrix}$$

其中，$\boldsymbol{A}_{i1}$，$\boldsymbol{A}_{i2}$，$\cdots\boldsymbol{A}_{is}$ 的列数分别等于 $\boldsymbol{B}_{1j}$，$\boldsymbol{B}_{2j}$，$\cdots\boldsymbol{B}_{sj}$ 的行数. 那么，有

$$\boldsymbol{C}=\boldsymbol{AB}=\begin{pmatrix}\boldsymbol{C}_{11} & \cdots & \boldsymbol{C}_{1t}\\ \vdots & & \vdots\\ \boldsymbol{C}_{r1} & \cdots & \boldsymbol{C}_{rt}\end{pmatrix}$$

其中，$\boldsymbol{C}_{ij}=\sum_{k=1}^{s}\boldsymbol{A}_{ik}\cdot\boldsymbol{B}_{kj}\,(i=1,2,\cdots,r;\ j=1,2,\cdots,t)$.

【例 2-36】 对于矩阵 $\boldsymbol{A}=\begin{pmatrix}1 & 0 & 2 & 1\\ 0 & 1 & 3 & 4\\ 0 & 0 & -1 & 0\\ 0 & 0 & 0 & -1\end{pmatrix}$，$\boldsymbol{B}=\begin{pmatrix}1 & 2 & 0 & 0\\ 3 & 0 & 0 & 0\\ 4 & 5 & 1 & 0\\ 0 & 2 & 0 & 1\end{pmatrix}$ 用分块矩阵计算 $\boldsymbol{A}\cdot\boldsymbol{B}$.

解 将矩阵 $\boldsymbol{A}$，$\boldsymbol{B}$ 分块如下：

$$\boldsymbol{A}=\left(\begin{array}{cc:cc}1 & 0 & 2 & 1\\ 0 & 1 & 3 & 4\\ \hdashline 0 & 0 & -1 & 0\\ 0 & 0 & 0 & -1\end{array}\right)=\begin{pmatrix}\boldsymbol{E} & \boldsymbol{C}\\ \boldsymbol{O} & -\boldsymbol{E}\end{pmatrix},\quad \boldsymbol{B}=\left(\begin{array}{cc:cc}1 & 2 & 0 & 0\\ 3 & 0 & 0 & 0\\ \hdashline 4 & 5 & 1 & 0\\ 0 & 2 & 0 & 1\end{array}\right)=\begin{pmatrix}\boldsymbol{D} & \boldsymbol{O}\\ \boldsymbol{F} & \boldsymbol{E}\end{pmatrix}$$

其中

$$\boldsymbol{C}=\begin{pmatrix}2 & 1\\ 3 & 4\end{pmatrix},\ \boldsymbol{D}=\begin{pmatrix}1 & 2\\ 3 & 0\end{pmatrix},\ \boldsymbol{E}=\begin{pmatrix}1 & 0\\ 0 & 1\end{pmatrix},\ \boldsymbol{F}=\begin{pmatrix}4 & 5\\ 0 & 2\end{pmatrix}$$

于是得到

$$\boldsymbol{AB}=\begin{pmatrix}\boldsymbol{E} & \boldsymbol{C}\\ \boldsymbol{O} & -\boldsymbol{E}\end{pmatrix}\cdot\begin{pmatrix}\boldsymbol{D} & \boldsymbol{O}\\ \boldsymbol{F} & \boldsymbol{E}\end{pmatrix}=\begin{pmatrix}\boldsymbol{ED}+\boldsymbol{CF} & \boldsymbol{CE}\\ -\boldsymbol{EF} & -\boldsymbol{E}\end{pmatrix}=\begin{pmatrix}\boldsymbol{D}+\boldsymbol{CF} & \boldsymbol{C}\\ -\boldsymbol{F} & -\boldsymbol{E}\end{pmatrix}$$

因为

$$\boldsymbol{D}+\boldsymbol{CF}=\begin{pmatrix}1 & 2\\ 3 & 0\end{pmatrix}+\begin{pmatrix}2 & 1\\ 3 & 4\end{pmatrix}\begin{pmatrix}4 & 5\\ 0 & 2\end{pmatrix}=\begin{pmatrix}1 & 2\\ 3 & 0\end{pmatrix}+\begin{pmatrix}8 & 12\\ 12 & 23\end{pmatrix}=\begin{pmatrix}9 & 14\\ 15 & 23\end{pmatrix}$$

所以

$$\boldsymbol{A}\cdot\boldsymbol{B}=\left(\begin{array}{cc:cc}9 & 14 & 2 & 1\\ 15 & 23 & 3 & 4\\ \hdashline -4 & -5 & -1 & 0\\ 0 & -2 & 0 & -1\end{array}\right)$$

5. 分块方阵求逆

定义 2-12 一个矩阵 $\boldsymbol{A}$，若由某种分块法化为分块矩阵后，不在主对角线上的子块都

是零子块，在主对角线上的子块都是方阵，即 $\boldsymbol{A}=\begin{pmatrix}\boldsymbol{A}_1 & & & \\ & \boldsymbol{A}_2 & & \\ & & \ddots & \\ & & & \boldsymbol{A}_k\end{pmatrix}$，其中 $\boldsymbol{A}_i(i=1,2,\cdots,k)$ 都是方阵，那么称 $\boldsymbol{A}$ 为分块对角矩阵.

性质1 对于分块对角矩阵 $\boldsymbol{A}=\begin{pmatrix}\boldsymbol{A}_1 & & & \\ & \boldsymbol{A}_2 & & \\ & & \ddots & \\ & & & \boldsymbol{A}_r\end{pmatrix}$，若 $\boldsymbol{A}_1,\boldsymbol{A}_2,\cdots,\boldsymbol{A}_r$ 都是可逆矩阵，则分块对角矩阵 $\boldsymbol{A}$ 的逆矩阵为 $\boldsymbol{A}^{-1}=\begin{pmatrix}\boldsymbol{A}_1^{-1} & & & \\ & \boldsymbol{A}_2^{-1} & & \\ & & \ddots & \\ & & & \boldsymbol{A}_r^{-1}\end{pmatrix}$.

【例2-37】 求矩阵 $\boldsymbol{A}=\begin{pmatrix}1 & -1 & & & \\ 1 & 3 & & & \\ & & 2 & 1 & \\ & & 3 & 2 & \\ & & & & 4\end{pmatrix}$ 的逆矩阵.

解 将矩阵分块得：

$$\boldsymbol{A}=\begin{pmatrix}\boldsymbol{A}_1 & & \\ & \boldsymbol{A}_2 & \\ & & \boldsymbol{A}_3\end{pmatrix},$$

其中 $\boldsymbol{A}_1=\begin{pmatrix}1 & -1\\ 1 & -3\end{pmatrix}$，$\boldsymbol{A}_2=\begin{pmatrix}2 & 1\\ 3 & 2\end{pmatrix}$，$\boldsymbol{A}_3=(4)$

利用伴随矩阵方法求逆得：

$$\boldsymbol{A}_1^{-1}=\begin{pmatrix}\frac{3}{2} & -\frac{1}{2}\\ \frac{1}{2} & -\frac{1}{2}\end{pmatrix},\ \boldsymbol{A}_2^{-1}=\begin{pmatrix}2 & -1\\ -3 & 2\end{pmatrix},\ \boldsymbol{A}_3^{-1}=\left(\frac{1}{4}\right)$$

所以 $\boldsymbol{A}^{-1}=\begin{pmatrix}\frac{3}{2} & -\frac{1}{2} & & & \\ \frac{1}{2} & -\frac{1}{2} & & & \\ & & 2 & -1 & \\ & & -3 & 2 & \\ & & & & \frac{1}{4}\end{pmatrix}$.

性质 2 对于分块对角矩阵 $\boldsymbol{A}=\begin{pmatrix}\boldsymbol{A}_1 & & & \\ & \boldsymbol{A}_2 & & \\ & & \ddots & \\ & & & \boldsymbol{A}_r\end{pmatrix}$，$\boldsymbol{B}=\begin{pmatrix}\boldsymbol{B}_1 & & & \\ & \boldsymbol{B}_2 & & \\ & & \ddots & \\ & & & \boldsymbol{B}_r\end{pmatrix}$，其中 $\boldsymbol{A}_i$，$\boldsymbol{B}_i$ 都是 n 阶方阵且可逆，则分块对角矩阵 $\boldsymbol{A}$ 与 $\boldsymbol{B}$ 的乘积为

$$\boldsymbol{A}\cdot\boldsymbol{B}=\begin{pmatrix}\boldsymbol{A}_1\cdot\boldsymbol{B}_1 & & & \\ & \boldsymbol{A}_2\cdot\boldsymbol{B}_2 & & \\ & & \ddots & \\ & & & \boldsymbol{A}_r\cdot\boldsymbol{A}_r\end{pmatrix}$$

2.6 应用实例

2.6.1 成本核算模型

【例 2-38】 某厂生产三种产品，每件产品的成本及每个季度生产的件数如表 2.2 和表 2.3 所示，试提供该厂每季度的总成本分类表.

表 2.2 每件产品分类成本 （单位：元）

成本(元)	产品 A	产品 B	产品 C
原材料	0.10	0.30	0.15
人工费	0.30	0.40	0.25
企业管理费	0.10	0.20	0.15

表 2.3 每季度产品生产件数 （单位：件）

产品	春季	夏季	秋季	冬季
产品 A	4000	4500	4500	4000
产品 B	2000	2800	2400	2200
产品 C	5800	6200	6000	6000

解 我们用矩阵方法来考虑这个问题，这两个表格均可表示为一个矩阵，

单位产品的成本矩阵　　　　每个季度的产量矩阵

$$\boldsymbol{M}=\begin{pmatrix}0.10 & 0.30 & 0.15\\ 0.30 & 0.40 & 0.25\\ 0.10 & 0.20 & 0.15\end{pmatrix}\qquad \boldsymbol{P}=\begin{pmatrix}4000 & 4500 & 4500 & 4000\\ 2000 & 2800 & 2400 & 2200\\ 5800 & 6200 & 6000 & 6000\end{pmatrix}$$

我们如下构造这两个矩阵的乘积 $\boldsymbol{M}\cdot\boldsymbol{P}$：

$\boldsymbol{M}\cdot\boldsymbol{P}$ 中的第 1 列将表示春季的各类总成本：

原材料：$0.10\times4000+0.30\times2000+0.15\times5800=1870$

人工费：$0.30\times4000+0.40\times2000+0.25\times5800=3450$

企业管理费：$0.10\times4000+0.20\times2000+0.15\times5800=1670$

$\boldsymbol{M}\cdot\boldsymbol{P}$ 中的第 2 列将表示春季的各类总成本：

原材料：$0.10\times4500+0.30\times2800+0.15\times6200=2220$

人工费：$0.30\times4500+0.40\times2800+0.25\times6200=4020$

企业管理费：$0.10\times4500+0.20\times2800+0.15\times6200=1940$

$\boldsymbol{M}\cdot\boldsymbol{P}$ 中的第 3 列将表示春季的各类总成本：

原料：$0.10\times4500+0.30\times2400+0.15\times6000=2070$

人工：$0.30\times4500+0.40\times2400+0.25\times6000=3810$

管理与其他：$0.10\times4500+0.20\times2400+0.15\times6000=1830$

$\boldsymbol{M}\cdot\boldsymbol{P}$ 中的第 4 列将表示春季的各类总成本：

原料：$0.10\times4000+0.30\times2200+0.15\times6000=1960$

人工：$0.30\times4000+0.40\times2200+0.25\times6000=3580$

管理与其他：$0.10\times4000+0.20\times2200+0.15\times6000=1740$

于是得到一个总成本矩阵 $\boldsymbol{MP}=\begin{pmatrix}1870 & 2220 & 2070 & 1960\\3450 & 4020 & 3810 & 3580\\1670 & 1940 & 1830 & 1740\end{pmatrix}$.

$\boldsymbol{MP}$ 中第一行的元素表示四个季度中每一季度原材料的总成本.

第二行的元素分别表示四个季度中的每个季度人工费总成本.

第三行的元素分别表示四个季度中的每个季度企业管理费的总成本.

每一类成本的年度总成本可由矩阵的每一行元素相加得到，每一列元素相加即可得到每一季度的总成本.

表 2.4 汇总上述的总成本，这就是股东会议上所需要的总表.

表 2.4　总　成　本　（单位：元）

成本	春季	夏季	秋季	冬季	全年
原材料	1870	2220	2070	1960	8120
人工费	3450	4020	3810	3580	14 860
企业管理费	1670	1940	1830	1740	7180
总计	6990	8180	7710	7280	30 160

2.6.2　信息机密模型

随着信息时代的到来，保密通信在许多领域变得越来越重要，在军事、商业和日常生活中，信息的安全传输已成为关注的焦点，为了保护传输数据的安全性，许多加密算法被开发出来，在这个背景下，可逆矩阵在保密通信中发挥了关键作用. 可逆矩阵是一种特殊的矩阵，它有一个逆矩阵，可以用它来解密加密的数据. 由于逆矩阵的存在，我们可以使用可逆矩阵对数据进行加密和解密，从而保证数据的安全性. 可逆矩阵加密技术是一种有效的加密方法，它具有简单、安全、可靠等优点，因此被广泛应用于各种保密通信系统中.

【例 2-39】 密码学是关于信息编码的理论，其中经常用到矩阵的知识. 首先，建立如下字母与数字对应关系：

$$\begin{matrix} A & B & C & \cdots & Y & Z \\ \updownarrow & \updownarrow & \updownarrow & & \updownarrow & \updownarrow \\ 1 & 2 & 3 & \cdots & 25 & 26 \end{matrix}$$

设要发出的信息为 action，则其编码为 1，3，20，9，15，14.

再取一个可逆矩阵 $\boldsymbol{A}=\begin{pmatrix}1 & 2\\ 1 & 1\end{pmatrix}$，把上述编码按顺序分成三组并写成列向量 $\begin{pmatrix}1\\3\end{pmatrix}$，$\begin{pmatrix}20\\9\end{pmatrix}$，$\begin{pmatrix}15\\14\end{pmatrix}$，计算它们在 $\boldsymbol{Y}=\boldsymbol{A}\cdot\boldsymbol{X}$ 下的象，可得 $\boldsymbol{A}\cdot\begin{pmatrix}1\\3\end{pmatrix}=\begin{pmatrix}7\\4\end{pmatrix}$，$\boldsymbol{A}\cdot\begin{pmatrix}20\\9\end{pmatrix}=\begin{pmatrix}38\\29\end{pmatrix}$，$\boldsymbol{A}\cdot\begin{pmatrix}15\\14\end{pmatrix}=\begin{pmatrix}43\\29\end{pmatrix}$，于是，得到所要发送的密码为 7，4，38，29，43，29.

若接收方收到该信息，该怎样解码才能恢复成原来的信息呢？

解 因为 $|\boldsymbol{A}|=\begin{vmatrix}1 & 2\\ 1 & 1\end{vmatrix}=1\times1-2\times1=-1\neq0$，所以 $\boldsymbol{A}$ 的逆矩阵 $\boldsymbol{A}^{-1}=\dfrac{1}{|\boldsymbol{A}|}\cdot\boldsymbol{A}^{*}=\begin{pmatrix}-1 & 2\\ 1 & -1\end{pmatrix}$. 把接收到的密码按顺序分成三组并写成列向量，计算它们在 $\boldsymbol{Y}=\boldsymbol{A}^{-1}\cdot\boldsymbol{X}$ 下的象，可得

$$\boldsymbol{A}^{-1}\cdot\begin{pmatrix}7\\4\end{pmatrix}=\begin{pmatrix}1\\3\end{pmatrix},\ \boldsymbol{A}^{-1}\cdot\begin{pmatrix}38\\29\end{pmatrix}=\begin{pmatrix}20\\9\end{pmatrix},\ \boldsymbol{A}^{-1}\cdot\begin{pmatrix}43\\29\end{pmatrix}=\begin{pmatrix}15\\14\end{pmatrix}$$

于是，密码恢复成 1，3，20，9，15，14，再根据已知的对应关系，就能够得到原来的信息 action.

拓展阅读

阿瑟·凯利

阿瑟·凯利，英国数学家，1821 年 8 月 16 日生于里士满，1895 年 1 月 26 日卒于剑桥. 他 17 岁时考入剑桥大学的三一学院，毕业后留校讲授数学，几年内发表论文数十篇，1846 年转攻法律学，三年后成为律师，工作卓有成效. 任职期间，他仍利用业余时间研究数学，并结识数学家西尔维斯特(Sylvester)，阿瑟·凯利和西尔维斯特都是不变量理论的奠基人.

1863 年，阿瑟·凯利应邀返回剑桥大学任数学教授，他获得了牛津大学、都柏林大学和莱顿大学的名誉学位，并于 1859 年当选为伦敦皇家学会会员.

阿瑟·凯利被公认为矩阵论的奠基人. 他开始将矩阵作为独立的数学对象研究时，许多与矩阵有关的性质已经在行列式的研究中被发现了，这也使得凯利认为矩阵的引进是十分自然的. 他说："我决然不是通过四元数

而获得矩阵概念的，它或是直接从行列式的概念而来，或是作为一个表达线性方程组的方便方法而来的．”他从1858年开始，发表了《矩阵论的研究报告》等一系列关于矩阵的专门论文，研究了矩阵的运算律、矩阵的逆以及转置和特征多项式方程．凯利还提出了凯莱-哈密尔顿定理，并验证了3×3矩阵的情况，又说进一步的证明是不必要的．哈密尔顿证明了4×4矩阵的情况，而一般情况下的证明是德国数学家弗罗贝尼乌斯(F. G. Frohenius)于1898年给出的．

矩阵的概念最早在1922年见于中文．1922年，程廷熙在一篇介绍文章中将矩阵译为“纵横阵”．1925年，科学名词审查会算学名词审查组在《科学》第十卷第四期刊登的审定名词表中，矩阵被翻译为“矩阵式”，方块矩阵翻译为“方阵式”，而各类矩阵如“正交矩阵”“伴随矩阵”中的“矩阵”则被翻译为“方阵”．1935年，中国数学会审查后，中华民国教育部审定的《数学名词》(并“通令全国各院校一律遵用，以昭划一”)中，“矩阵”作为译名首次出现．1938年，曹惠群在接受科学名词审查会委托就数学名词加以校订的《算学名词汇编》中，认为应当的译名是“长方阵”．中华人民共和国成立后编订的《数学名词》中，则将译名定为“(矩)阵”．1993年，中国自然科学名词审定委员会公布的《数学名词》中，“矩阵”被定为正式译名，并沿用至今．

高 斯

约翰·卡尔·弗里德里希·高斯(1777年4月30日—1855年2月23日)，德国著名数学家、物理学家、天文学家、几何学家，大地测量学家，毕业于Carolinum学院(现布伦瑞克工业大学)．

高斯在17岁时发现了质数分布定理和最小二乘法，认为对足够多的测量数据的处理后，可以得到一个新的、概率性质的测量结果．在此基础上，高斯随后专注于曲面与曲线的计算，并成功得到高斯钟形曲线(正态分布曲线)．其函数被命名为标准正态分布(或高斯分布)，并在概率计算中大量使用．高斯还证明出仅用尺规便可以构造出17边形，并为流传了2000年的欧氏几何提供了自古希腊时代以来的第一次重要补充．

高斯总结了复数的应用，并且严格证明了每一个n阶的代数方程必有n个实数或者复数解．他在第一本著作《算术研究》中，做出了二次互反律的证明，成为数论继续发展的重要基础．同时在这部著作的第一章，导出了三角形全等定理的概念．

高斯在最小二乘法基础上创立的测量平差理论的帮助下，测算天体的运行轨迹．他用这种方法测算出了小行星谷神星的运行轨迹．

1807年高斯成为哥廷根大学教授和哥廷根天文台台长．1818年—1826年，汉诺威公国的大地测量工作由高斯主导．1840年高斯与韦伯一同画出世界上第一张地球磁场图．

高斯被认为是世界上最重要的数学家之一，享有“数学王子”的美誉．

课堂随练

1. 选择题.

(1) $\boldsymbol{A}$, $\boldsymbol{B}$ 均为 n 阶方阵，若要 $(\boldsymbol{A}+\boldsymbol{B})\cdot(\boldsymbol{A}-\boldsymbol{B})=\boldsymbol{A}^2-\boldsymbol{B}^2$ 不成立，需满足(　　).

A. $\boldsymbol{B}=\boldsymbol{E}$　　B. $\boldsymbol{A}\cdot\boldsymbol{B}=\boldsymbol{B}\cdot\boldsymbol{A}$　　C. $\boldsymbol{A}=\boldsymbol{B}$　　D. $\boldsymbol{A}=\boldsymbol{O}$

(2) 四阶方阵 $\boldsymbol{A}=\begin{vmatrix}0&0&0&-2\\0&0&-2&0\\0&-2&0&0\\-2&0&0&0\end{vmatrix}$，则 $|\boldsymbol{A}|=$(　　).

A. 16　　B. -16　　C. 0　　D. 3

(3) 矩阵 $\boldsymbol{A}=\begin{pmatrix}a_{11}&a_{12}&a_{13}\\a_{21}&a_{22}&a_{23}\\a_{31}&a_{32}&a_{33}\end{pmatrix}$，$\boldsymbol{B}=\begin{pmatrix}-2a_{11}&2a_{12}&2a_{13}\\-2a_{31}&2a_{32}&2a_{33}\\-2a_{21}&2a_{22}&2a_{23}\end{pmatrix}$，若 $|\boldsymbol{A}|=2$，则 $|\boldsymbol{B}|=$(　　).

A. 8　　B. -8　　C. -16　　D. 16

(4) 若矩阵 $\boldsymbol{A}=\begin{pmatrix}1&1&1\\1&2&1\\2&3&\lambda+1\end{pmatrix}$ 的秩为 2，则 $\lambda=$(　　).

A. -1　　B. 2　　C. 1　　D. 0

(5) 若方阵 $\boldsymbol{A}^2=\boldsymbol{A}$，$\boldsymbol{A}$ 不是单位方阵，则(　　).

A. $|\boldsymbol{A}|=0$　　B. $|\boldsymbol{A}|\neq 0$　　C. $\boldsymbol{A}=0$　　D. $\boldsymbol{A}\neq 0$

2. 填空题.

(1) 已知矩阵 $\boldsymbol{A}=\begin{pmatrix}1&0&3\\0&2&1\\0&0&1\end{pmatrix}$，$\boldsymbol{B}=\begin{pmatrix}1&0&0\\0&2&1\\3&0&1\end{pmatrix}$，则 $\boldsymbol{A}+\boldsymbol{B}=$(　　).

(2) 已知矩阵 $\boldsymbol{A}=\begin{pmatrix}1&3\\2&-1\end{pmatrix}$，$\boldsymbol{B}=\begin{pmatrix}3&0\\1&2\end{pmatrix}$，则 $2\boldsymbol{A}-3\boldsymbol{B}=$(　　).

(3) 已知矩阵 $\boldsymbol{A}=\begin{pmatrix}-1&-1&-2\\-1&2&0\\0&1&1\end{pmatrix}$，则 $|3\cdot\boldsymbol{A}|=$(　　).

(4) 当 $\boldsymbol{x}$ 和 $\boldsymbol{y}$ 满足(　　)时，$\boldsymbol{A}=\begin{pmatrix}1&2\\4&3\end{pmatrix}$ 与 $\boldsymbol{B}=\begin{pmatrix}x&1\\2&y\end{pmatrix}$ 相乘可以交换.

(5) 已知矩阵 $\boldsymbol{A}=\begin{pmatrix}1&3\\2&-2\end{pmatrix}$ 和 $\boldsymbol{B}=\begin{pmatrix}2&5\\3&4\end{pmatrix}$，则 $|\boldsymbol{A}\cdot\boldsymbol{B}|=$(　　).

3. 计算题.

(1) 设 $f(x)=x^2-4x+3$，$\boldsymbol{A}=\begin{pmatrix}2&-1\\-3&4\end{pmatrix}$，求出 $f(\boldsymbol{A})$.

(2) 设 $\boldsymbol{A}=\begin{pmatrix}2 & 0 & -1\\1 & 3 & 2\end{pmatrix}$，$\boldsymbol{B}=\begin{pmatrix}1 & 7 & -1\\4 & 2 & 3\\2 & 0 & 1\end{pmatrix}$，求$(\boldsymbol{A}\cdot\boldsymbol{B})^{\mathrm{T}}$.

(3) 设矩阵 $\boldsymbol{A}=\begin{pmatrix}1 & 2\\0 & 1\end{pmatrix}$，求 $\boldsymbol{A}^2$，$\boldsymbol{A}^3$，$\boldsymbol{A}^n$.

(4) 判断下列方阵是否可逆，若可逆，则求出逆矩阵.

① $\boldsymbol{A}=\begin{pmatrix}1 & 2 & -1\\3 & -1 & 0\\2 & -3 & 1\end{pmatrix}$ ② $\boldsymbol{A}=\begin{pmatrix}3 & 2 & 1\\3 & 1 & 5\\3 & 2 & 3\end{pmatrix}$

(5) 解下列矩阵方程.

① $\begin{pmatrix}1 & 1 & -1\\2 & 1 & 0\\1 & -1 & 1\end{pmatrix}\boldsymbol{X}=\begin{pmatrix}1 & 1 & 3\\4 & 3 & 2\\1 & 2 & 5\end{pmatrix}$ ② $\boldsymbol{X}\begin{pmatrix}1 & 1 & -1\\2 & 1 & 0\\1 & -1 & 1\end{pmatrix}=\begin{pmatrix}1 & 1 & 3\\4 & 3 & 2\\1 & 2 & 5\end{pmatrix}$

(6) 求下列矩阵的秩.

① $\boldsymbol{A}=\begin{pmatrix}1 & 2 & 3 & 4\\-1 & -1 & -4 & -2\\3 & 4 & 11 & 8\end{pmatrix}$ ② $\boldsymbol{A}=\begin{pmatrix}-1 & 3 & 0 & 1\\4 & -1 & 1 & -2\\2 & -2 & 0 & 1\end{pmatrix}$

进阶训练

1. 选择题.

(1) 设 $\boldsymbol{A}$，$\boldsymbol{B}$ 为 n 阶可逆矩阵，则下列等式不成立的是( ).

A. $(\boldsymbol{AB})^{-1}=\boldsymbol{A}^{-1}\cdot\boldsymbol{B}^{-1}$ B. $(\boldsymbol{AB})^{-1}=\boldsymbol{B}^{-1}\cdot\boldsymbol{A}^{-1}$

C. $|\boldsymbol{AB}|=|\boldsymbol{A}|\cdot|\boldsymbol{B}|$ D. $(\boldsymbol{AB})^{\mathrm{T}}=\boldsymbol{B}^{\mathrm{T}}\cdot\boldsymbol{A}^{\mathrm{T}}$

(2) 设 $\boldsymbol{A}$ 为 n 阶方阵($n\geqslant 2$)，λ 为常数($\lambda\neq 1$)，那么$|\lambda\cdot\boldsymbol{A}|=$( ).

A. $|\boldsymbol{A}|$ B. $\lambda^n\cdot|\boldsymbol{A}|$ C. $|\lambda|\cdot|\boldsymbol{A}|$ D. $\lambda\cdot|\boldsymbol{A}|$

(3) 如果方阵 A 可逆，那么( ).

A. $|\boldsymbol{A}|>0$ B. $|\boldsymbol{A}|<0$ C. $|\boldsymbol{A}|=0$ D. $|\boldsymbol{A}|\neq 0$

(4) 下列命题中，不正确的是( ).

A. 初等矩阵的逆矩阵也是初等矩阵 B. 初等矩阵的和也是初等矩阵

C. 初等矩阵都是可逆的 D. 初等矩阵的转置仍是初等矩阵

(5) 设矩阵 $\boldsymbol{A}$、$\boldsymbol{B}$ 为 n 阶方阵，则下列说法正确的是( ).

A. $|2\boldsymbol{A}|=2|\boldsymbol{A}|$ B. $(\boldsymbol{A}+\boldsymbol{B})(\boldsymbol{A}-\boldsymbol{B})=\boldsymbol{A}^2-\boldsymbol{B}^2$

C. 若 $\boldsymbol{A}^2=\boldsymbol{O}$，则 $\boldsymbol{A}=\boldsymbol{O}$ D. 若$|\boldsymbol{A}|\neq 0$ 且 $\boldsymbol{A}\cdot\boldsymbol{B}=\boldsymbol{O}$ 则 $\boldsymbol{B}=\boldsymbol{O}$

(6) $\begin{pmatrix}0 & 0 & 0\\1 & 0 & 0\\0 & 1 & 0\end{pmatrix}^3=$( ).

A. $\begin{pmatrix}0&0&0\\0&0&0\\1&0&0\end{pmatrix}$ B. $\begin{pmatrix}0&0&0\\1&0&0\\0&0&0\end{pmatrix}$ C. $\begin{pmatrix}0&0&0\\0&0&0\\0&1&0\end{pmatrix}$ D. $\begin{pmatrix}0&0&0\\0&0&0\\0&0&0\end{pmatrix}$

2. 填空题.

(1) 设 $\boldsymbol{A}=\begin{pmatrix}2&0&1\\1&2&0\\1&2&k\end{pmatrix}\cdot\begin{pmatrix}1\\1\\1\end{pmatrix}$，则 $k=$(　　).

(2) 矩阵 $\boldsymbol{A}=\begin{bmatrix}1&-1&-1&1\\2&1&1&2\\2&-2&-2&2\\4&2&2&4\end{bmatrix}$的秩 $r(\boldsymbol{A})=$(　　).

(3) 设矩阵 $\boldsymbol{A}=\begin{pmatrix}0&1&0\\0&0&1\\0&0&0\end{pmatrix}$，则矩阵 $\boldsymbol{A}^2$ 的秩是(　　).

(4) 已知 $\boldsymbol{A}=\begin{pmatrix}2&5\\1&3\end{pmatrix}$，$\boldsymbol{B}=\begin{pmatrix}2&-3&4\\1&-2&2\end{pmatrix}$，则 $\boldsymbol{A}^{-1}\boldsymbol{B}=$(　　).

(5) 矩阵 $\boldsymbol{A}=\begin{pmatrix}1&2&-3\\0&1&-2\\0&0&1\end{pmatrix}$，则 $\boldsymbol{A}^{-1}=$(　　).

(6) 设 $\boldsymbol{A}^{\mathrm{T}}$ 为 $\boldsymbol{A}$ 的转置矩阵，$\boldsymbol{A}=\begin{pmatrix}1&1&0\\0&1&1\\0&0&1\end{pmatrix}$，则 $\boldsymbol{A}^{\mathrm{T}}\cdot\boldsymbol{A}=$(　　).

3. 计算题.

(1) 设矩阵 $\boldsymbol{A}=\begin{pmatrix}1&0&1\\1&2&2\\1&-2&0\end{pmatrix}$，$\boldsymbol{B}=\begin{pmatrix}0&0&1\\1&0&1\\1&-3&-1\end{pmatrix}$，

① 问矩阵 $\boldsymbol{A}$，$\boldsymbol{A}-\boldsymbol{B}$ 是否可逆？若可逆则说明理由并求出其逆矩阵.

② 问是否存在 3 阶矩阵 $\boldsymbol{X}$ 使得 $\boldsymbol{AX}=\boldsymbol{BX}+\boldsymbol{A}$？若存在则求出矩阵 $\boldsymbol{X}$.

(2) 设三阶方阵 $\boldsymbol{A}$、$\boldsymbol{B}$ 满足关系式：$\boldsymbol{A}^{-1}\boldsymbol{BA}=6\boldsymbol{A}+\boldsymbol{BA}$ 且 $\boldsymbol{A}=\begin{pmatrix}2&0&0\\0&3&0\\0&0&4\end{pmatrix}$，求 $\boldsymbol{B}$.

(3) 设 $\boldsymbol{A}=\begin{pmatrix}1&2&3\\2&2&1\\3&4&3\end{pmatrix}$，求 $\boldsymbol{A}$ 的逆矩阵 $\boldsymbol{A}^{-1}$.

第 2 章答案

第 3 章
向量空间

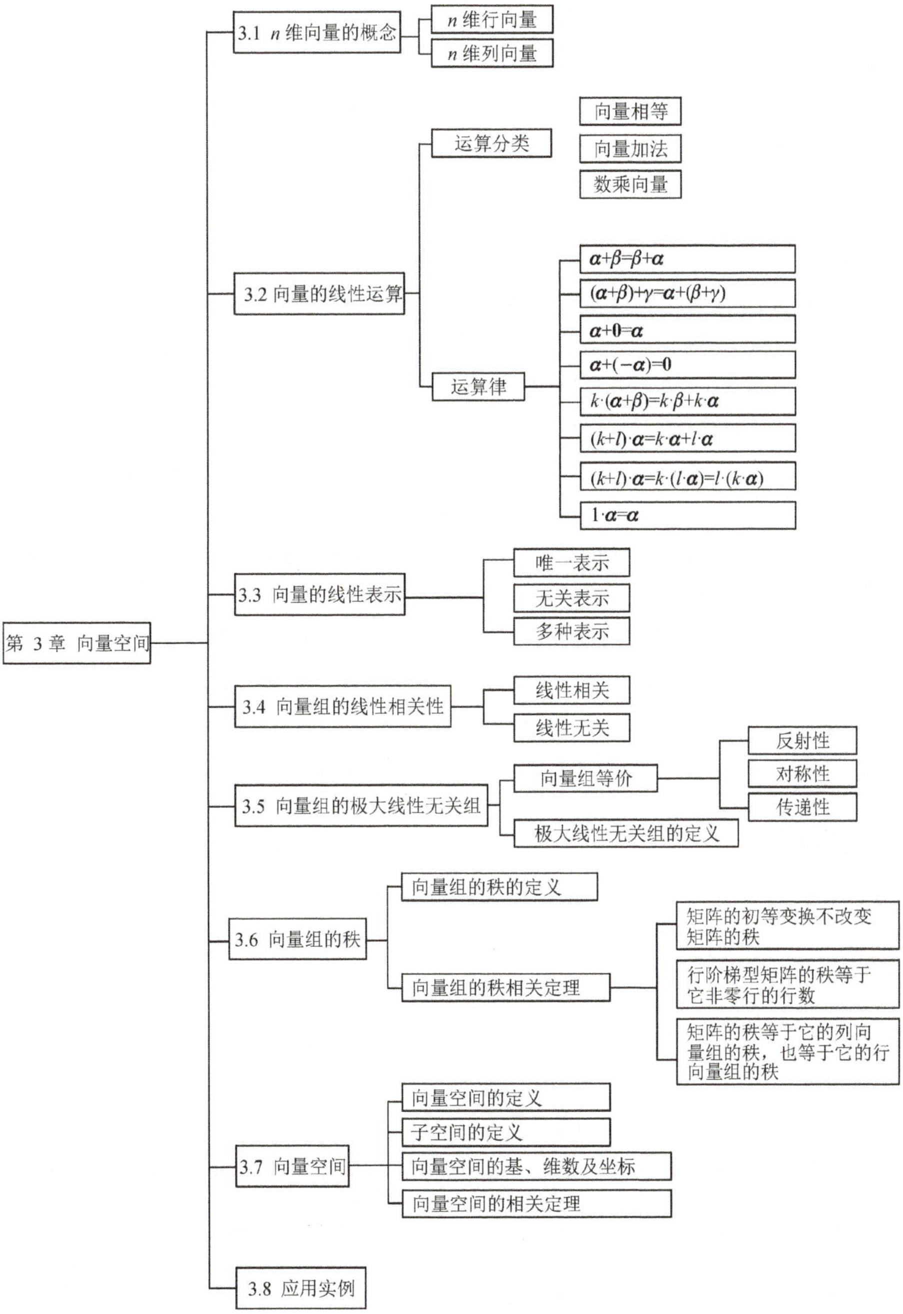

第 3 章 向量空间
3.1 n 维向量的概念
n 维行向量
n 维列向量
3.2 向量的线性运算
运算分类
向量相等
向量加法
数乘向量
运算律
α+β=β+α
(α+β)+γ=α+(β+γ)
α+0=α
α+(−α)=0
k·(α+β)=k·β+k·α
(k+l)·α=k·α+l·α
(k+l)·α=k·(l·α)=l·(k·α)
1·α=α
3.3 向量的线性表示
唯一表示
无关表示
多种表示
3.4 向量组的线性相关性
线性相关
线性无关
3.5 向量组的极大线性无关组
向量组等价
反射性
对称性
传递性
极大线性无关组的定义
3.6 向量组的秩
向量组的秩的定义
向量组的秩相关定理
矩阵的初等变换不改变矩阵的秩
行阶梯型矩阵的秩等于它非零行的行数
矩阵的秩等于它的列向量组的秩，也等于它的行向量组的秩
3.7 向量空间
向量空间的定义
子空间的定义
向量空间的基、维数及坐标
向量空间的相关定理
3.8 应用实例

n 维向量是从不同的具体事物中抽象出来的概念，它可以用来描述空间中点的坐标，也可以用来描述方程组中的某个方程或矩阵中的某一行(或列)等．以向量为工具，利用向量组的线性相关性以及极大无关组等概念，可以建立起线性方程组解的有关理论．另外，根据矩阵、多项式等这些不同的对象都具有的和向量运算类似的性质，可以引申抽象出线性空间的概念．因此，向量是线性代数中最重要的基本概念之一．

本章我们将介绍 n 维向量的有关概念和向量空间的基本概念，然后讨论向量组的线性相关性，接下来引进极大线性无关组的概念，定义向量组的秩，并进一步讨论向量组的秩和矩阵之间的关系，最后给出向量空间的概念．

3.1 n 维向量的概念

3.1.1 n 维向量的定义

在空间解析几何中，我们知道一个空间向量可用一条有向线段来表示，线段起始的一端称为它的起点，线段终了的一端称为它的终点．若一个向量的起点在原点 $O(0, 0, 0)$上，终点为空间中的点 $A(a, b, c)$，则向量$\boldsymbol{OA}$ 可以用三元有序数组(a, b, c)来表示，记为$\boldsymbol{OA}=(a, b, c)$，我们称$\boldsymbol{OA}$ 为一个三维向量，它具有三个坐标．

类似地，在许多实际问题中，我们需要讨论具有 n 个坐标的向量，即 n 维向量．

定义 3-1 由 n 个数 $a_1, a_2, \cdots, a_n$ 组成的有序数组$(a_1, a_2, \cdots, a_n)$称为一个 n 维向量(n-dimensional vector)，其中第 i 个数 a_i 称为该向量的第 i 个分量，也称为该向量的第 i 个坐标($i=1, 2, \cdots, n$)．

坐标为实数的 n 维向量称为 n 维实向量，坐标为复数的 n 维向量称为 n 维复向量，除特别声明外，本章所讨论的向量为实向量．

一个向量所含坐标的个数 n 称为这个向量的维数．

在线性代数中，向量一般用粗体希腊字母 $\boldsymbol{\alpha}$，$\boldsymbol{\beta}$，$\boldsymbol{\gamma}$ 等表示．

3.1.2 特殊的 n 维向量

(1) 行向量：形如$(a_1, a_2, \cdots, a_n)$；

(2) 列向量：形如$\begin{bmatrix} b_1 \\ b_2 \\ \vdots \\ b_n \end{bmatrix}$或$(b_1, b_2, \cdots, b_n)^{\mathrm{T}}$；

(3) 零向量：各个分量都为 0 的向量，$\boldsymbol{O}=(0, 0, \cdots, 0)$．

注： 行向量与列向量是有区别的．一个行向量和一个列向量即使对应的坐标分别相同，也不能把它们等同起来，例如 $\boldsymbol{\alpha}=(1, 2)$与 $\boldsymbol{\beta}=\begin{pmatrix} 1 \\ 2 \end{pmatrix}$是两个不同的向量．

显然，向量就是一种特殊的矩阵，因此，向量的相等，零向量、负向量的定义以及向量的运算，应该与矩阵相应的定义一致。

定义 3-2 我们把向量 $\boldsymbol{\alpha}=(a_1, a_2, \cdots, a_n)$的各个分量都取相反数组成的向量，称为 $\boldsymbol{\alpha}$ 的负向量，记作$-\boldsymbol{\alpha}=(-a_1, -a_2, \cdots, -a_n)$.

定义 3-3 如果 n 维向量$\boldsymbol{\alpha}=(a_1, a_2, \cdots, a_n)$与 n 维向量$\boldsymbol{\beta}=(b_1, b_2, \cdots, b_n)$的对应分量都相等，即 $a_i=b_i(i=1, 2, \cdots, n)$，则称向量 $\boldsymbol{\alpha}$ 与$\boldsymbol{\beta}$ 相等，记作 $\boldsymbol{\alpha}=\boldsymbol{\beta}$.

3.2 向量的线性运算

定义 3-4(向量的加法) 设 n 维向量 $\boldsymbol{\alpha}=(a_1, a_2, \cdots, a_n)$与 n 维向量 $\boldsymbol{\beta}=(b_1, b_2, \cdots, b_n)$，则 $\boldsymbol{\alpha}$ 与 $\boldsymbol{\beta}$ 的和定义为 $\boldsymbol{\alpha}+\boldsymbol{\beta}=(a_1+b_1, a_2+b_2, \cdots, a_n+b_n)$.

利用负向量的概念，可以定义向量的减法：

$$\begin{aligned}\boldsymbol{\alpha}-\boldsymbol{\beta}&=\boldsymbol{\alpha}+(-\boldsymbol{\beta})=(a_1+(-b_1), a_2+(-b_2), \cdots, a_n+(-b_n))\\&=(a_1-b_1, a_2-b_2, \cdots, a_n-b_n)\end{aligned}$$

定义 3-5(向量的数乘) 设 $\boldsymbol{\alpha}=(a_1, a_2, \cdots, a_n)$是一个 n 维向量，λ 为一个实数，则数 λ 与 $\boldsymbol{\alpha}$ 的乘积为数乘向量，简称数乘，记作 $\lambda\boldsymbol{\alpha}$，且 $\lambda\boldsymbol{\alpha}=\lambda(a_1, a_2, \cdots, a_n)=(\lambda a_1, \lambda a_2, \cdots, \lambda a_n)$.

以上就行向量的情形定义了向量的加法、减法和数乘运算，对列向量的情形有完全类似的定义.

向量的加法运算和数乘运算统称为向量的线性运算，这是向量最基本的运算，向量的线性运算满足下列运算律：设 $\boldsymbol{\alpha}$，$\boldsymbol{\beta}$，$\boldsymbol{\gamma}$ 都是 n 维向量，k，l 是实数，则

(1) $\boldsymbol{\alpha}+\boldsymbol{\beta}=\boldsymbol{\beta}+\boldsymbol{\alpha}$;

(2) $(\boldsymbol{\alpha}+\boldsymbol{\beta})+\boldsymbol{\gamma}=\boldsymbol{\alpha}+(\boldsymbol{\beta}+\boldsymbol{\gamma})$;

(3) $\boldsymbol{\alpha}+\boldsymbol{O}=\boldsymbol{\alpha}$;

(4) $\boldsymbol{\alpha}+(-\boldsymbol{\alpha})=\boldsymbol{O}$;

(5) $1\cdot\boldsymbol{\alpha}=\boldsymbol{\alpha}$;

(6) $k\cdot(\boldsymbol{\alpha}+\boldsymbol{\beta})=k\cdot\boldsymbol{\alpha}+k\cdot\boldsymbol{\beta}$;

(7) $(k+l)\cdot\boldsymbol{\alpha}=k\cdot\boldsymbol{\alpha}+l\cdot\boldsymbol{\alpha}$;

(8) $(kl)\cdot\boldsymbol{\alpha}=k\cdot(l\boldsymbol{\alpha})$.

【例 3-1】 设 $\boldsymbol{\alpha}=(1, 0, -1, 2)$，$\boldsymbol{\beta}=(3, 2, 4, -1)$，计算$-\boldsymbol{\alpha}$，$3\boldsymbol{\alpha}$，$\boldsymbol{\alpha}-\boldsymbol{\beta}$，$2\boldsymbol{\alpha}+3\boldsymbol{\beta}$.

解

$$-\boldsymbol{\alpha}=(-1, 0, 1, -2)$$

$$3\boldsymbol{\alpha}=(3, 0, -3, 6)$$

$$\boldsymbol{\alpha}-\boldsymbol{\beta}=(1, 0, -1, 2)-(3, 2, 4, -1)=(-2, -2, -5, 3)$$

$$2\boldsymbol{\alpha}+3\boldsymbol{\beta}=2(1, 0, -1, 2)+3(3, 2, 4, -1)=(11, 6, 10, 1)$$

【例 3-2】 设向量 $\boldsymbol{\alpha}=(1, 0, 1)$，$\boldsymbol{\beta}=(2, -1, -1)$，求满足 $\boldsymbol{x}+3\boldsymbol{\alpha}=2\boldsymbol{x}-\boldsymbol{\beta}$ 的向量 $\boldsymbol{x}$.

解 由 $\boldsymbol{x}+3\boldsymbol{\alpha}=2\boldsymbol{x}-\boldsymbol{\beta}$ 得 $\boldsymbol{x}=3\boldsymbol{\alpha}+\boldsymbol{\beta}$，从而

$$\boldsymbol{x}=3\boldsymbol{\alpha}+\boldsymbol{\beta}=3(1, 0, 1)+(2, -1, -1)=(5, -1, 2)$$

3.3 向量的线性表示

3.3.1 线性表示的定义

由若干个同维数向量所组成的集合称为向量组，m 个向量 $\boldsymbol{\alpha}_1$，$\boldsymbol{\alpha}_2$，…，$\boldsymbol{\alpha}_m$ 组成的向量组可以记为 $\boldsymbol{R}$：$\boldsymbol{\alpha}_1$，$\boldsymbol{\alpha}_2$，…，$\boldsymbol{\alpha}_m$ 或 $\boldsymbol{R}=\{\boldsymbol{\alpha}_1, \boldsymbol{\alpha}_2, \cdots, \boldsymbol{\alpha}_m\}$.

设 $\boldsymbol{A}$ 是一个 $m\times n$ 的矩阵，将 $\boldsymbol{A}$ 按行分块可得一个 n 维行向量组：

$$\boldsymbol{\alpha}_i=(a_{i1}, a_{i2}, \cdots, a_{in})(i=1, 2, \cdots, m)$$

称之为 $\boldsymbol{A}$ 的行向量组，此时 $\boldsymbol{A}=\begin{pmatrix}\boldsymbol{\alpha}_1\\ \boldsymbol{\alpha}_2\\ \vdots\\ \boldsymbol{\alpha}_m\end{pmatrix}$.

同理，如果将 $\boldsymbol{A}$ 按列分块，可得一个 m 维的列向量组：

$$\boldsymbol{\beta}_j=\begin{pmatrix}a_{1j}\\ a_{2j}\\ \vdots\\ a_{mj}\end{pmatrix}\quad(j=1, 2, \cdots, n)$$

称之为 $\boldsymbol{A}$ 的列向量组，此时 $\boldsymbol{A}=(\boldsymbol{\beta}_1, \boldsymbol{\beta}_2, \cdots, \boldsymbol{\beta}_n)$.

定义 3-6 设有 n 维向量组 $\boldsymbol{R}$：$\boldsymbol{\alpha}_1$，$\boldsymbol{\alpha}_2$，…，$\boldsymbol{\alpha}_m$ 和 n 维向量 $\boldsymbol{\beta}$，如果存在一组数 k_1，k_2，…，k_n，使得 $\boldsymbol{\beta}=k_1\boldsymbol{\alpha}_1+k_2\boldsymbol{\alpha}_2+\cdots+k_m\boldsymbol{\alpha}_m$，则称向量 $\boldsymbol{\beta}$ 可以由向量组 $\boldsymbol{R}$ 线性表示，或称 $\boldsymbol{\beta}$ 是向量组 $\boldsymbol{\alpha}_1$，$\boldsymbol{\alpha}_2$，…，$\boldsymbol{\alpha}_m$ 的线性组合，常数 k_1，k_2，…，k_m 称为该线性组合的组合系数.（注：这里 k_1，k_2，…，k_n 可以是任意数，甚至可以全部为 0）

显然，由于 $\boldsymbol{O}=0\cdot\boldsymbol{\alpha}_1+0\cdot\boldsymbol{\alpha}_2+\cdots+0\cdot\boldsymbol{\alpha}_m$，故零向量可以由任意一组同维数的向量线性表示.

下面的 n 维向量组称为 n 维标准单位向量组：

$$\boldsymbol{e}_i=(0, \cdots, 0, 1, 0, \cdots, 0)\quad(i=1, 2, \cdots, n)$$

$\boldsymbol{e}_i$ 中第 i 个分量为 1，其余分量都是 0.

很显然，任意一个 n 维向量 $\boldsymbol{\alpha}=(a_1, a_2, \cdots, a_n)$ 都可以由标准单位向量组线性表示，且表示方法唯一：

$$\boldsymbol{\alpha}=(a_1, a_n, \cdots, a_n)=a_1\boldsymbol{e}_1+a_2\boldsymbol{e}_2+\cdots+a_n\boldsymbol{e}_n$$

3.3.2 线性表示与线性方程组的联系

对于 m 维向量组 $\boldsymbol{R}$：$\boldsymbol{\alpha}_1=(a_{11}, a_{21}, \cdots, a_{m1})^{\mathrm{T}}$，…，$\boldsymbol{\alpha}_n=(a_{1n}, a_{2n}, \cdots, a_{mn})^{\mathrm{T}}$ 以及 m 维向量 $\boldsymbol{\beta}=(b_1, b_2, \cdots, b_m)^{\mathrm{T}}$，如果 $\boldsymbol{\beta}$ 可以由向量组 $\boldsymbol{R}$ 线性表示，则存在 n 个数 x_1，x_2，…，x_n，使得

$$\boldsymbol{\beta}=x_1\boldsymbol{\alpha}_1+x_2\boldsymbol{\alpha}_2+\cdots+x_n\boldsymbol{\alpha}_n$$

即得方程组：

$$\begin{cases} a_{11}x_1+a_{12}x_2+\cdots+a_{1n}x_n=b_1 \\ a_{21}x_1+a_{22}x_2+\cdots+a_{2n}x_n=b_2 \\ \quad\vdots \\ a_{m1}x_1+a_{m2}x_2+\cdots+a_{mn}x_n=b_m \end{cases} \tag{1}$$

于是，有如下结论：

(1) 向量 $\boldsymbol{\beta}$ 可以由向量组 $\boldsymbol{R}$ 线性表示$\Leftrightarrow$方程组(1)有解；

(2) 向量 $\boldsymbol{\beta}$ 可以由向量组 $\boldsymbol{R}$ 线性表示且表示法唯一$\Leftrightarrow$方程组(1)有唯一解；

(3) 向量 $\boldsymbol{\beta}$ 可以由向量组 $\boldsymbol{R}$ 线性表示且表示法不唯一$\Leftrightarrow$方程组(1)有无穷多解；

(4) 向量 $\boldsymbol{\beta}$ 不能由向量组 $\boldsymbol{R}$ 线性表示$\Leftrightarrow$方程组(1)无解.

进一步，向量 $\boldsymbol{\beta}$ 可以由向量组 $\boldsymbol{\alpha}_1, \boldsymbol{\alpha}_2, \cdots, \boldsymbol{\alpha}_m$ 线性表示的充分必要条件是：矩阵的秩 $r(\boldsymbol{\alpha}_1, \boldsymbol{\alpha}_2, \cdots, \boldsymbol{\alpha}_m)=r(\boldsymbol{\alpha}_1, \boldsymbol{\alpha}_2, \cdots, \boldsymbol{\alpha}_m, \boldsymbol{\beta})$.

【例3-3】 已知 $\boldsymbol{\alpha}_1=(1, 1, 1, 1)^{\mathrm{T}}$，$\boldsymbol{\alpha}_2=(1, 1, -1, -1)^{\mathrm{T}}$，$\boldsymbol{\alpha}_3=(1, -1, 1, -1)^{\mathrm{T}}$，$\boldsymbol{\alpha}_4=(1, -1, -1, 1)^{\mathrm{T}}$，$\boldsymbol{\beta}=(1, 2, 1, 1)^{\mathrm{T}}$，试判断 $\boldsymbol{\beta}$ 能否由 $\boldsymbol{\alpha}_1, \boldsymbol{\alpha}_2, \boldsymbol{\alpha}_3, \boldsymbol{\alpha}_4$ 线性表示，若能，写出一种表示方法.

解 设 $\boldsymbol{\beta}=x_1\boldsymbol{\alpha}_1+x_2\boldsymbol{\alpha}_2+x_3\boldsymbol{\alpha}_3+x_4\boldsymbol{\alpha}_4$，则有 $\begin{cases} x_1+x_2+x_3+x_4=1 \\ x_1+x_2-x_3-x_4=2 \\ x_1-x_2+x_3-x_3=1 \\ x_1-x_2-x_3+x_4=1 \end{cases}$，对其增广矩阵作初等行变换得

$$\boldsymbol{B}=\begin{pmatrix} 1 & 1 & 1 & 1 & 1 \\ 1 & 1 & -1 & -1 & 2 \\ 1 & -1 & 1 & -1 & 1 \\ 1 & -1 & -1 & 1 & 1 \end{pmatrix} \to \begin{pmatrix} 1 & 1 & 1 & 1 & 1 \\ 0 & 0 & -2 & -2 & 1 \\ 0 & -2 & 0 & -2 & 0 \\ 0 & -2 & -2 & 0 & 0 \end{pmatrix} \to \begin{pmatrix} 1 & 1 & 1 & 1 & 1 \\ 0 & -2 & 0 & -2 & 0 \\ 0 & 0 & -2 & -2 & 1 \\ 0 & -2 & -2 & 0 & 0 \end{pmatrix}$$

$$\to \begin{pmatrix} 1 & 1 & 1 & 1 & 1 \\ 0 & 1 & 0 & 1 & 0 \\ 0 & 0 & -2 & -2 & 1 \\ 0 & 0 & 1 & -1 & 0 \end{pmatrix} \to \begin{pmatrix} 1 & 1 & 1 & 1 & 1 \\ 0 & 1 & 0 & 1 & 0 \\ 0 & 0 & 1 & -1 & 0 \\ 0 & 0 & 0 & -4 & 1 \end{pmatrix} \to \begin{pmatrix} 1 & 0 & 0 & 0 & \frac{5}{4} \\ 0 & 1 & 0 & 0 & \frac{1}{4} \\ 0 & 0 & 1 & 0 & -\frac{1}{4} \\ 0 & 0 & 0 & 1 & -\frac{1}{4} \end{pmatrix}$$

可知该方程组有唯一解：$x_1=\frac{5}{4}$，$x_2=\frac{1}{4}$，$x_3=-\frac{1}{4}$，$x_4=-\frac{1}{4}$，所以 $\boldsymbol{\beta}$ 能由 $\boldsymbol{\alpha}_1, \boldsymbol{\alpha}_2, \boldsymbol{\alpha}_3, \boldsymbol{\alpha}_4$ 线性表示，且 $\boldsymbol{\beta}=\frac{5}{4}\boldsymbol{\alpha}_1+\frac{1}{4}\boldsymbol{\alpha}_2-\frac{1}{4}\boldsymbol{\alpha}_3-\frac{1}{4}\boldsymbol{\alpha}_4$.

【例3-4】 设向量 $\boldsymbol{\alpha}_1=(1, 4, 0, 2)^{\mathrm{T}}$，$\boldsymbol{\alpha}_2=(2, 7, 1, 3)^{\mathrm{T}}$，$\boldsymbol{\alpha}_3=(0, 1, -1, m)^{\mathrm{T}}$，$\boldsymbol{\beta}=(3, 10, n, 4)^{\mathrm{T}}$.

(1) 当 m，n 取何值时，$\boldsymbol{\beta}$ 能不能由 $\boldsymbol{\alpha}_1, \boldsymbol{\alpha}_2, \boldsymbol{\alpha}_3$，线性表示？

(2) 当 m，n 取何值时，$\boldsymbol{\beta}$ 是否可由 $\boldsymbol{\alpha}_1, \boldsymbol{\alpha}_2, \boldsymbol{\alpha}_3$ 线性表示？写出表达式.

解 设$\boldsymbol{\beta}=x_1\boldsymbol{\alpha}_1+x_2\boldsymbol{\alpha}_2+x_3\boldsymbol{\alpha}_3$……①，对其增广矩阵$(\boldsymbol{\alpha}_1,\boldsymbol{\alpha}_2,\boldsymbol{\alpha}_3,\boldsymbol{\beta})$施以初等行变换：

$$(\boldsymbol{\alpha}_1,\boldsymbol{\alpha}_2,\boldsymbol{\alpha}_3,\boldsymbol{\beta})=\begin{pmatrix}1&2&0&3\\4&7&1&10\\0&1&-1&n\\2&3&m&4\end{pmatrix}\to\begin{pmatrix}1&2&0&3\\0&-1&1&-2\\0&0&0&n-2\\0&0&m-1&n-2\end{pmatrix}\to\begin{pmatrix}1&2&0&3\\0&-1&1&-2\\0&0&m-1&0\\0&0&0&n-2\end{pmatrix}$$

所以：

(1) 当m为任意实数而且$n\neq2$时，由于$\mathrm{r}(\boldsymbol{\alpha}_1,\boldsymbol{\alpha}_2,\boldsymbol{\alpha}_3)\neq\mathrm{r}(\boldsymbol{\alpha}_1,\boldsymbol{\alpha}_2,\boldsymbol{\alpha}_3,\boldsymbol{\beta})$，线性方程组①无解，此时向量$\boldsymbol{\beta}$不能由向量组$\boldsymbol{\alpha}_1$，$\boldsymbol{\alpha}_2$，$\boldsymbol{\alpha}_3$线性表示；

(2) 当$n=2$而$m\neq1$时，线性方程组①有唯一解：$x_1=-1$，$x_2=2$，$x_3=0$，于是，$\boldsymbol{\beta}$可由$\boldsymbol{\alpha}_1$，$\boldsymbol{\alpha}_2$，$\boldsymbol{\alpha}_3$唯一表示为$\boldsymbol{\beta}=-\boldsymbol{\alpha}_1+2\boldsymbol{\alpha}_2$；

(3) 当$n=2$且$m=1$时，线性方程组①有无穷多解，其通解为$\begin{cases}x_1=-2k-1\\x_2=k+2\\x_3=k\end{cases}$ (k为任意常数)，这时，$\boldsymbol{\beta}$可由$\boldsymbol{\alpha}_1$，$\boldsymbol{\alpha}_2$，$\boldsymbol{\alpha}_3$线性表示为$\boldsymbol{\beta}=-(2k+1)\boldsymbol{\alpha}_1+(k+2)\boldsymbol{\alpha}_2+k\boldsymbol{\alpha}_3$，其中$k$为任意常数.

3.4 向量组的线性相关性

当我们了解了n维向量的相关概念后，要想深入研究单个向量与向量组之间的线性关系，就需要研究向量组的线性相关性.

定义 3-7 设$\boldsymbol{\alpha}_1$，$\boldsymbol{\alpha}_2$，…，$\boldsymbol{\alpha}_m$是一个n维向量组，如果存在一组不全为零的数k_1，k_2，…，k_n，使得$k_1\boldsymbol{\alpha}_1+k_2\boldsymbol{\alpha}_2+\cdots+k_m\boldsymbol{\alpha}_n=\boldsymbol{O}$，则称向量组$\boldsymbol{\alpha}_1$，$\boldsymbol{\alpha}_2$，…，$\boldsymbol{\alpha}_m$线性相关(linear dependent)，并称k_1，k_2，…，k_m为相关系数.

定义 3-8 如果向量组$\boldsymbol{\alpha}_1$，$\boldsymbol{\alpha}_2$，…，$\boldsymbol{\alpha}_m$不是线性相关的，就称其为线性无关的.

也就是说，如果等式$k_1\boldsymbol{\alpha}_1+k_2\boldsymbol{\alpha}_2+\cdots+k_m\boldsymbol{\alpha}_m=\boldsymbol{O}$只有当$k_1=k_2=\cdots=k_m=0$时才成立，则称向量组$\boldsymbol{\alpha}_1$，$\boldsymbol{\alpha}_2$，…，$\boldsymbol{\alpha}_m$为线性无关的，因此有如下结论：

定理 3-1 设$\boldsymbol{\alpha}_1=(a_{11},a_{21},\cdots,a_{m1})^{\mathrm{T}}$，$\boldsymbol{\alpha}_2=(a_{12},a_{22},\cdots,a_{m2})^{\mathrm{T}}$，…，$\boldsymbol{\alpha}_n=(a_{1n},a_{2n},\cdots,a_{mn})^{\mathrm{T}}$，则$\boldsymbol{\alpha}_1$，$\boldsymbol{\alpha}_2$，…，$\boldsymbol{\alpha}_n$线性相关的充分必要条件是齐次线性方程组

$$\begin{cases}a_{11}x_1+a_{12}x_2+\cdots+a_{1n}x_n=0\\a_{21}x_1+a_{22}x_2+\cdots+a_{2n}x_n=0\\\quad\vdots\\a_{m1}x_1+a_{m2}x_2+\cdots+a_{mn}x_n=0\end{cases}$$

有非零解.

显然，如果该齐次线性方程组只有零解，则$\boldsymbol{\alpha}_1$，$\boldsymbol{\alpha}_2$，…，$\boldsymbol{\alpha}_n$线性无关.

由上述定理及定义容易验证：n维标准单位向量组$\boldsymbol{e}_1$，$\boldsymbol{e}_2$，…，$\boldsymbol{e}_n$是线性无关的.

对于单个向量$\boldsymbol{\alpha}$，其线性相关性有如下结论：

单个向量$\boldsymbol{\alpha}$线性相关$\Leftrightarrow\boldsymbol{\alpha}=\boldsymbol{O}$；单个向量$\boldsymbol{\alpha}$线性无关$\Leftrightarrow\boldsymbol{\alpha}\neq\boldsymbol{O}$.

事实上，若 $\boldsymbol{\alpha}=\boldsymbol{O}$，则由 $1\cdot\boldsymbol{O}=\boldsymbol{O}$ 可知 $\boldsymbol{\alpha}$ 线性相关，反之若 $\boldsymbol{\alpha}$ 线性相关，则存在数 $k\neq0$，使得 $k\boldsymbol{\alpha}=\boldsymbol{O}$，即 $k(a_1,a_2,\cdots,a_n)=(ka_1,ka_2,\cdots,ka_n)=(0,0,\cdots,0)=\boldsymbol{O}$，则 $ka_1=0$，$ka_2=0$，…，$ka_n=0$，由于 $k\neq0$，从而 $a_1=0$，$a_2=0$，…，$a_n=0$，即 $\boldsymbol{\alpha}$ 是零向量.

【例 3-5】 判断下列向量组是否线性相关，并说明理由.

(1) $\boldsymbol{\alpha}_1=(3,2,-5,4)^{\mathrm{T}}$，$\boldsymbol{\alpha}_2=(3,-1,3,-3)^{\mathrm{T}}$，$\boldsymbol{\alpha}_3=(3,5,-13,11)^{\mathrm{T}}$；

(2) $\boldsymbol{\alpha}_1=(2,2,7,-1)^{\mathrm{T}}$，$\boldsymbol{\alpha}_2=(3,-1,2,4)^{\mathrm{T}}$，$\boldsymbol{\alpha}_3=(1,1,3,1)^{\mathrm{T}}$.

解 (1) 设 $k_1\boldsymbol{\alpha}_1+k_2\boldsymbol{\alpha}_2+k_3\boldsymbol{\alpha}_3=\boldsymbol{O}$，即有方程组

$$\begin{cases}3k_1+3k_2+3k_3=0\\2k_1-k_2+5k_3=0\\-5k_1+3k_2-13k_3=0\\4k_1-3k_2+11k_3=0\end{cases}$$

其系数矩阵

$$\boldsymbol{A}=\begin{pmatrix}3&3&3\\2&-1&5\\-5&3&-13\\4&-3&11\end{pmatrix}\to\begin{pmatrix}1&1&1\\0&-3&3\\0&8&-8\\0&-7&7\end{pmatrix}\to\begin{pmatrix}1&1&1\\0&1&-1\\0&0&0\\0&0&0\end{pmatrix}$$

$r(\boldsymbol{A})=2<3$，则线性方程组有非零解，从而 $\boldsymbol{\alpha}_1$，$\boldsymbol{\alpha}_2$，$\boldsymbol{\alpha}_3$ 线性相关.

(2) 设 $k_1\boldsymbol{\alpha}_1+k_2\boldsymbol{\alpha}_2+k_3\boldsymbol{\alpha}_3=\boldsymbol{O}$，即有方程组 $\begin{cases}2k_1+3k_2+k_3=0\\2k_1-k_2+k_3=0\\7k_1+2k_2+3k_3=0\\-k_1+4k_2+1k_3=0\end{cases}$，易求得其系数矩阵

$\boldsymbol{A}=\begin{pmatrix}2&3&1\\2&-1&1\\7&2&3\\-1&4&1\end{pmatrix}$ 的秩 $r(\boldsymbol{A})=3$，与方程组的未知量个数相同，故该齐次线性方程组只有零解，从而 $\boldsymbol{\alpha}_1$，$\boldsymbol{\alpha}_2$，$\boldsymbol{\alpha}_3$ 线性无关.

定理 3-2 向量组 $\boldsymbol{\alpha}_1$，$\boldsymbol{\alpha}_2$，…，$\boldsymbol{\alpha}_m(m\geqslant2)$ 线性相关的充分必要条件是该向量组中有某个向量可由其余向量线性表示.

证明 (必要性)设 $\boldsymbol{\alpha}_1$，$\boldsymbol{\alpha}_2$，…，$\boldsymbol{\alpha}_m$ 线性相关，则存在不全为零的数 k_1，k_2，…，k_m，使得 $k_1\boldsymbol{\alpha}_1+k_2\boldsymbol{\alpha}_2+\cdots+k_m\boldsymbol{\alpha}_m=\boldsymbol{O}$. 不妨假设 $k_m\neq0$，则 $\boldsymbol{\alpha}_m=-\dfrac{k_1}{k_m}\boldsymbol{\alpha}_1-\dfrac{k_2}{k_m}\boldsymbol{\alpha}_2-\cdots-\dfrac{\boldsymbol{\alpha}_{m-1}}{k_m}\boldsymbol{\alpha}_{m-1}$. 也就是说，$\boldsymbol{\alpha}_m$ 可由 $\boldsymbol{\alpha}_1$，$\boldsymbol{\alpha}_2$，…，$\boldsymbol{\alpha}_{m-1}$ 线性表示.

(充分性)设 $\boldsymbol{\alpha}_1$，$\boldsymbol{\alpha}_2$，…，$\boldsymbol{\alpha}_m$ 中的某个向量，不妨设为 $\boldsymbol{\alpha}_m$，可由其余向量线性表示，即 $\boldsymbol{\alpha}_m=k_1\boldsymbol{\alpha}_1+k_2\boldsymbol{\alpha}_2+\cdots+k_{m-1}\boldsymbol{\alpha}_{m-1}$，则 $k_1\boldsymbol{\alpha}_1+k_2\boldsymbol{\alpha}_2+\cdots+k_{m-1}\boldsymbol{\alpha}_{m-1}+(-1)\boldsymbol{\alpha}_m=\boldsymbol{O}$. 由于 $\boldsymbol{\alpha}_m$ 的系数 $-1\neq0$，所以 $\boldsymbol{\alpha}_1$，$\boldsymbol{\alpha}_2$，…，$\boldsymbol{\alpha}_m$ 线性相关.

注 $\boldsymbol{\alpha}_1$，$\boldsymbol{\alpha}_2$，…，$\boldsymbol{\alpha}_m$ 线性相关，并不意味着其中任意一个 $\boldsymbol{\alpha}_i(1\leqslant i\leqslant m)$ 都可以用其余向量线性表示，例如 $\boldsymbol{\alpha}_1=(1,2)$，$\boldsymbol{\alpha}_2=(0,0)$，由于 $0\boldsymbol{\alpha}_1+1\boldsymbol{\alpha}_2=\boldsymbol{O}$，所以 $\boldsymbol{\alpha}_1$、$\boldsymbol{\alpha}_2$ 线性相关，$\boldsymbol{\alpha}_2$ 可以由 $\boldsymbol{\alpha}_1$ 线性表示，即 $\boldsymbol{\alpha}_2=0\boldsymbol{\alpha}_1$，但 $\boldsymbol{\alpha}_1$ 不能用 $\boldsymbol{\alpha}_2$ 线性表示.

定理 3-3 设 $\boldsymbol{\alpha}_1$，$\boldsymbol{\alpha}_2$，…，$\boldsymbol{\alpha}_s$ 和 $\boldsymbol{\beta}_1$，$\boldsymbol{\beta}_2$，…，$\boldsymbol{\beta}_t$ 是两个向量组，如果满足条件：

(1) 向量组 $\boldsymbol{\alpha}_1$，$\boldsymbol{\alpha}_2$，…，$\boldsymbol{\alpha}_s$ 可由向量组 $\boldsymbol{\beta}_1$，$\boldsymbol{\beta}_2$，…，$\boldsymbol{\beta}_t$ 线性表示；

(2) $s>t$；

则向量组 $\boldsymbol{\alpha}_1$，$\boldsymbol{\alpha}_2$，…，$\boldsymbol{\alpha}_s$ 一定线性相关.

证明 设 $\boldsymbol{\alpha}_i=a_{1i}\boldsymbol{\beta}_1+a_{2i}\boldsymbol{\beta}_2+\cdots+a_{ti}\boldsymbol{\beta}(i=1, 2, \cdots, s)$，令 $x_1\boldsymbol{\alpha}_1+x_2\boldsymbol{\alpha}_2+\cdots+x_s\boldsymbol{\alpha}_s=\boldsymbol{O}$，得齐次线性方程组

$$\begin{cases}a_{11}x_1+a_{12}x_2+\cdots+a_{1s}x_s=0\\ a_{21}x_1+a_{22}x_2+\cdots+a_{2s}x_s=0\\ \qquad\vdots\\ a_{t1}x_1+a_{t2}x_2+\cdots+a_{ts}x_s=0\end{cases}$$

这是一个含有 t 个方程、s 个未知量的齐次线性方程组，由于 $s>t$，故该齐次线性方程组有非零解，即知 $\boldsymbol{\alpha}_1$，$\boldsymbol{\alpha}_2$，…，$\boldsymbol{\alpha}_s$ 线性相关.

推论 如果向量组 $\boldsymbol{\alpha}_1$，$\boldsymbol{\alpha}_2$，…，$\boldsymbol{\alpha}_s$ 可以由向量组 $\boldsymbol{\beta}_1$，$\boldsymbol{\beta}_2$，…，$\boldsymbol{\beta}_t$ 线性表示，且 $\boldsymbol{\alpha}_1$，$\boldsymbol{\alpha}_2$，…，$\boldsymbol{\alpha}_s$ 线性无关，则 $s\leqslant t$.

关于向量组的线性相关性的一些常用结论如下：

(1) 含有零向量的向量组必线性相关.

(2) 若向量组 $\boldsymbol{\alpha}_1$，$\boldsymbol{\alpha}_2$，…，$\boldsymbol{\alpha}_m$ 线性相关，则向量组 $\boldsymbol{\alpha}_1$，$\boldsymbol{\alpha}_2$，…，$\boldsymbol{\alpha}_m$，$\boldsymbol{\alpha}_{m+1}$，…，$\boldsymbol{\alpha}_{m+s}$ 也线性相关；反之，若向量组 $\boldsymbol{\alpha}_1$，$\boldsymbol{\alpha}_2$，…，$\boldsymbol{\alpha}_m$，$\boldsymbol{\alpha}_{m+1}$，…，$\boldsymbol{\alpha}_{m+s}$ 线性无关，则向量组 $\boldsymbol{\alpha}_1$，$\boldsymbol{\alpha}_2$，…，$\boldsymbol{\alpha}_m$ 也线性无关.

也就是说，部分向量组线性相关，则向量组整体也线性相关，若向量组整体线性无关，则其部分向量组也线性无关.

(3) 如果向量组中有两个向量成比例，则该向量组必线性相关.

(4) m 个 n 维向量组成的向量组，当维数 n 小于向量个数 m 时，一定线性相关，特别地，$n+1$ 个 n 维向量一定线性相关.

(5) 设向量组 $\boldsymbol{\alpha}_1$，$\boldsymbol{\alpha}_2$，…，$\boldsymbol{\alpha}_m$ 线性无关，而向量组 $\boldsymbol{\alpha}_1$，$\boldsymbol{\alpha}_2$，…，$\boldsymbol{\alpha}_m$，$\boldsymbol{\beta}$ 线性相关，则向量 $\boldsymbol{\beta}$ 一定能由 $\boldsymbol{\alpha}_1$，$\boldsymbol{\alpha}_2$，…，$\boldsymbol{\alpha}_m$ 线性表示，且表示方法唯一.

(6) m 个 m 维向量线性相关⇔行列式 $|(\boldsymbol{\alpha}_1, \boldsymbol{\alpha}_2, \cdots, \boldsymbol{\alpha}_m)|=0$.

对以上结论的简短证明或提示如下：

(1) 设有向量组 $\boldsymbol{\alpha}_1$，$\boldsymbol{\alpha}_2$，…，$\boldsymbol{\alpha}_m$，不妨设 $\boldsymbol{\alpha}_1=\boldsymbol{O}$，则 $1\boldsymbol{\alpha}_1+0\boldsymbol{\alpha}_2+0\boldsymbol{\alpha}_3+\cdots+0\boldsymbol{\alpha}_m=\boldsymbol{O}$，即知 $\boldsymbol{\alpha}_1$，$\boldsymbol{\alpha}_2$，…，$\boldsymbol{\alpha}_m$ 线性相关.

(2) 设向量组 $\boldsymbol{\alpha}_1$，$\boldsymbol{\alpha}_2$，…，$\boldsymbol{\alpha}_m$ 线性相关，则存在不全为零的数 k_1，k_2，…，k_m，使得 $k_1\boldsymbol{\alpha}_1+k_2\boldsymbol{\alpha}_2+\cdots+k_m\boldsymbol{\alpha}_m=\boldsymbol{O}$，从而 $k_1\boldsymbol{\alpha}_1+k_2\boldsymbol{\alpha}_2+\cdots+k_m\boldsymbol{\alpha}_m+0\boldsymbol{\alpha}_m+\cdots+0\boldsymbol{\alpha}_{m+r}=\boldsymbol{O}$，从而 $\boldsymbol{\alpha}_1$，$\boldsymbol{\alpha}_2$，…，$\boldsymbol{\alpha}_m$，$\boldsymbol{\alpha}_{m+1}$，…，$\boldsymbol{\alpha}_{m+s}$ 线性相关.

(3) 如果两个向量成比例，易得这两个向量线性相关，再由(2)立得结论.

(4) 设 $\boldsymbol{\alpha}_1$，$\boldsymbol{\alpha}_2$，…，$\boldsymbol{\alpha}_m$ 是 s 维向量组，其中 $s<m$，令 $x_1\boldsymbol{\alpha}_1+x_2\boldsymbol{\alpha}_2+\cdots+x_m\boldsymbol{\alpha}_m=\boldsymbol{O}$，该齐次线性方程组有 m 个未知量，有 s 个方程，而 $s<m$，即方程个数少于未知量个数，方程组有非零解，从而可知 $\boldsymbol{\alpha}_1$，$\boldsymbol{\alpha}_2$，…，$\boldsymbol{\alpha}_m$ 线性相关.

(5) 由向量组 $\boldsymbol{\alpha}_1$，$\boldsymbol{\alpha}_2$，…，$\boldsymbol{\alpha}_m$，$\boldsymbol{\beta}$ 线性相关，存在不全为零的数 k_1，k_2，…，k_m，k_{m+1}，使得 $k_1\boldsymbol{\alpha}_1+k_2\boldsymbol{\alpha}_2+\cdots+k_m\boldsymbol{\alpha}_m+k_{m+1}\boldsymbol{\beta}=\boldsymbol{O}$，若 $k_{m+1}=0$，则上式变为 $k_1\boldsymbol{\alpha}_1+k_2\boldsymbol{\alpha}_2+\cdots+k_m\boldsymbol{\alpha}_m=\boldsymbol{O}$ 且 k_1，k_2，…，k_m 不全为零，从而 $\boldsymbol{\alpha}_1$，$\boldsymbol{\alpha}_2$，…，$\boldsymbol{\alpha}_m$ 线性相关，与已知矛盾，故

$k_{m+1}\neq 0$，从而 $\boldsymbol{\beta}=-\frac{k_1}{k_{m+1}}\boldsymbol{\alpha}_1-\frac{k_2}{k_{m+1}}\boldsymbol{\alpha}_2-\cdots-\frac{k_m}{k_{m+1}}\boldsymbol{\alpha}_m$，即 $\boldsymbol{\beta}$ 可由 $\boldsymbol{\alpha}_1,\boldsymbol{\alpha}_2,\cdots,\boldsymbol{\alpha}_m$ 线性表示.

下面证唯一性.

设 $\boldsymbol{\beta}=x_1\boldsymbol{\alpha}_1+x_2\boldsymbol{\alpha}_2+\cdots+x_m\boldsymbol{\alpha}_m$，且 $\boldsymbol{\beta}=y_1\boldsymbol{\alpha}_1+y_2\boldsymbol{\alpha}_2+\cdots+y_m\boldsymbol{\alpha}_m$，则 $x_1\boldsymbol{\alpha}_1+x_2\boldsymbol{\alpha}_2+\cdots+x_m\boldsymbol{\alpha}_m=y_1\boldsymbol{\alpha}_1+y_2\boldsymbol{\alpha}_2+\cdots+y_m\boldsymbol{\alpha}_m$，从而 $(x_1-y_1)\boldsymbol{\alpha}_1+(x_2-y_2)\boldsymbol{\alpha}_2+\cdots+(x_m-y_m)\boldsymbol{\alpha}_m=\boldsymbol{O}$，又由于 $\boldsymbol{\alpha}_1,\boldsymbol{\alpha}_2,\cdots,\boldsymbol{\alpha}_m$ 线性无关，故 $x_1-y_1=0$，$x_2-y_2=0$，$\cdots$，$x_m-y_m=0$，即 $x_1=y_1$，$x_2=y_2$，$\cdots$，$x_m=y_m$，唯一性得证.

(6) $\boldsymbol{\alpha}_1,\boldsymbol{\alpha}_2,\cdots,\boldsymbol{\alpha}_m$ 线性相关$\Leftrightarrow$ 齐次线性方程组 $x_1\boldsymbol{\alpha}_1+x_2\boldsymbol{\alpha}_2+\cdots+x_m\boldsymbol{\alpha}_m=\boldsymbol{O}$ 有非零解$\Leftrightarrow$ 行列式 $|(\boldsymbol{\alpha}_1,\boldsymbol{\alpha}_2,\cdots,\boldsymbol{\alpha}_m)|=0$.

【例 3-6】 已知向量组 $\boldsymbol{\alpha}_1,\boldsymbol{\alpha}_2,\cdots,\boldsymbol{\alpha}_m$，令 $\boldsymbol{\beta}_1=\boldsymbol{\alpha}_1+\boldsymbol{\alpha}_2$，$\boldsymbol{\beta}_2=\boldsymbol{\alpha}_2+\boldsymbol{\alpha}_3$，$\cdots$，$\boldsymbol{\beta}_{m-1}=\boldsymbol{\alpha}_{m-1}+\boldsymbol{\alpha}_m$，$\boldsymbol{\beta}_m=\boldsymbol{\alpha}_m+\boldsymbol{\alpha}_1$，向量组 $\boldsymbol{\beta}_1,\boldsymbol{\beta}_2,\cdots,\boldsymbol{\beta}_m$ 是否线性相关?

解　令 $k_1\boldsymbol{\beta}_1+k_2\boldsymbol{\beta}_2+\cdots+k_m\boldsymbol{\beta}_m=\boldsymbol{O}$，得齐次线性方程组

$$\begin{cases}k_1+k_m=0\\k_1+k_2=0\\\quad\vdots\\k_{m-1}+k_m=0\end{cases}\tag{1}$$

易求得其系数行列式

$$|D_m|=\begin{vmatrix}1&0&\cdots&0&1\\1&1&\cdots&0&0\\0&1&\cdots&0&0\\\vdots&\vdots&&\vdots&\vdots\\0&0&\cdots&1&1\end{vmatrix}=1+(-1)^{m+1}$$

当 m 为偶数时，$|D_m|=0$，方程组(1)有非零解，故 $\boldsymbol{\beta}_1,\boldsymbol{\beta}_2,\cdots,\boldsymbol{\beta}_m$ 线性相关；当 m 为奇数时，$|D_m|=2\neq 0$，方程组(1)只有零解，故 $\boldsymbol{\beta}_1,\boldsymbol{\beta}_2,\cdots,\boldsymbol{\beta}_m$ 线性无关.

【例 3-7】 判断下列向量的线性相关性：

(1) $\boldsymbol{\alpha}_1=(1,1,-1,1)$，$\boldsymbol{\alpha}_2=(1,-1,2,-1)$，$\boldsymbol{\alpha}_3=(3,1,0,1)$；

(2) $\boldsymbol{\alpha}_1=(1,0,-1,2)$，$\boldsymbol{\alpha}_2=(-1,-1,2,-4)$，$\boldsymbol{\alpha}_3=(2,3,-4,8)$；

(3) $\boldsymbol{\alpha}_1=(1,0,-1)$，$\boldsymbol{\alpha}_2=(-3,1,2)$；$\boldsymbol{\alpha}_3=(-1,3,2)$，$\boldsymbol{\alpha}_4=(0,1,1)$.

解　(1) 设 $k_1\boldsymbol{\alpha}_1+k_2\boldsymbol{\alpha}_2+k_3\boldsymbol{\alpha}_3=\boldsymbol{O}$，得齐次线性方程组 $\begin{cases}k_1+k_2+3k_3=0\\k_1-k_2+k_3=0\\-k_1+2k_2=0\\k_1-k_2+k_3=0\end{cases}$，对其系数矩阵施以初等行变换，化为阶梯型矩阵：

$$\boldsymbol{A}=\begin{pmatrix}1&1&3\\1&-1&1\\-1&2&0\\1&-1&1\end{pmatrix}\rightarrow\begin{pmatrix}1&1&3\\0&-2&-2\\0&3&3\\0&-2&-2\end{pmatrix}\rightarrow\begin{pmatrix}1&1&3\\0&1&1\\0&0&0\\0&0&0\end{pmatrix}$$

$r(A)=2<3$，所以该齐次线性方程组有非零解，从而 $\boldsymbol{\alpha}_1,\boldsymbol{\alpha}_2,\boldsymbol{\alpha}_3$ 线性相关.

(2) 设 $k_1\boldsymbol{\alpha}_1+k_2\boldsymbol{\alpha}_2+k_3\boldsymbol{\alpha}_3=\boldsymbol{O}$，得齐次线性方程组$\begin{cases}k_1-k_2+2k_3=0\\-k_2+3k_3=0\\-k_1+2k_2-4k_3=0\\2k_1-4k_2+8k_3=0\end{cases}$，其系数矩阵

$$\boldsymbol{A}=\begin{pmatrix}1&-1&2\\0&-1&3\\-1&2&-4\\2&-4&8\end{pmatrix}\rightarrow\begin{pmatrix}1&-1&2\\0&-1&3\\0&1&-2\\0&-2&4\end{pmatrix}\rightarrow\begin{pmatrix}1&-1&2\\0&-1&3\\0&0&1\\0&0&0\end{pmatrix}$$

由于 $r(\boldsymbol{A})=3$，与未知量个数相同，故原齐次线性方程组只有零解，从而 $\boldsymbol{\alpha}_1$，$\boldsymbol{\alpha}_2$，$\boldsymbol{\alpha}_3$ 线性无关.

(3) 向量个数 4 大于维数 3，所以，$\boldsymbol{\alpha}_1$，$\boldsymbol{\alpha}_2$，$\boldsymbol{\alpha}_3$，$\boldsymbol{\alpha}_4$ 必线性相关.

【例 3-8】 已知向量组 $\boldsymbol{\alpha}_1=(2,\ -1,\ 7)^{\mathrm{T}}$，$\boldsymbol{\alpha}_2=(1,\ 4,\ 11)^{\mathrm{T}}$，$\boldsymbol{\alpha}_3=(1,\ -2,\ 1)^{\mathrm{T}}$，$\boldsymbol{\alpha}_1$，$\boldsymbol{\alpha}_2$，$\boldsymbol{\alpha}_3$ 是否线性相关？若线性相关，则求出一组不全为零的数 x_1，x_2，x_3，使得 $x_1\boldsymbol{\alpha}_1+x_2\boldsymbol{\alpha}_2+x_3\boldsymbol{\alpha}_3=\boldsymbol{O}$.

解 由 $x_1\boldsymbol{\alpha}_1+x_2\boldsymbol{\alpha}_2+x_3\boldsymbol{\alpha}_3=\boldsymbol{O}$，得齐次线性方程组$\begin{cases}2x_1+x_2+x_3=0\\-x_1+4x_2-2x_3=0\\7x_1+11x_2+x_3=0\end{cases}$，对其系数矩阵 $\boldsymbol{A}$ 施以行初等变换：

$$\boldsymbol{A}=\begin{pmatrix}2&1&1\\-1&4&-2\\7&11&1\end{pmatrix}\rightarrow\begin{pmatrix}1&-4&2\\2&1&1\\7&11&1\end{pmatrix}\rightarrow\begin{pmatrix}1&-4&2\\0&9&-3\\0&39&-13\end{pmatrix}\rightarrow\begin{pmatrix}1&-4&2\\0&1&-\frac{1}{3}\\0&0&0\end{pmatrix}\rightarrow\begin{pmatrix}1&0&\frac{2}{3}\\0&1&-\frac{1}{3}\\0&0&0\end{pmatrix}$$

$$r(\boldsymbol{A})=2<3$$

故原方程组有非零解，从而 $\boldsymbol{\alpha}_1$，$\boldsymbol{\alpha}_2$，$\boldsymbol{\alpha}_3$ 线性相关.

由以上变换过程知，方程组$\begin{cases}2x_1+x_2+x_3=0\\-x_1+4x_2-2x_3=0\\7x_1+11x_2+x_3=0\end{cases}$的同解方程组为$\begin{cases}x_1+\dfrac{2}{3}x_3=0\\x_2-\dfrac{1}{3}x_3=0\end{cases}$，令 $x_3=3$，得 $x_1=-2$，$x_2=1$，从而 $-2\boldsymbol{\alpha}_1+\boldsymbol{\alpha}_2+3\boldsymbol{\alpha}_3=\boldsymbol{O}$.

【例 3-9】 设向量 $\boldsymbol{\alpha}_1$，$\boldsymbol{\alpha}_2$，$\boldsymbol{\alpha}_3$ 线性无关，则 $\boldsymbol{\beta}_1$，$\boldsymbol{\beta}_2$，$\boldsymbol{\beta}_3$ 是否也线性无关？其中 $\boldsymbol{\beta}_1=\boldsymbol{\alpha}_1+2\boldsymbol{\alpha}_2+3\boldsymbol{\alpha}_3$，$\boldsymbol{\beta}_2=3\boldsymbol{\alpha}_1-\boldsymbol{\alpha}_2+4\boldsymbol{\alpha}_3$，$\boldsymbol{\beta}_3=\boldsymbol{\alpha}_2+\boldsymbol{\alpha}_3$.

解 令 $k_1\boldsymbol{\beta}_1+k_2\boldsymbol{\beta}_2+k_3\boldsymbol{\beta}_3=\boldsymbol{O}$. 即 $k_1(\boldsymbol{\alpha}_1+2\boldsymbol{\alpha}_2+3\boldsymbol{\alpha}_3)+k_2(3\boldsymbol{\alpha}_1-\boldsymbol{\alpha}_2+4\boldsymbol{\alpha}_3)+k_3(\boldsymbol{\alpha}_2+\boldsymbol{\alpha}_3)=\boldsymbol{O}$，整理得 $(k_1+3k_2)\boldsymbol{\alpha}_1+(2k_1-k_2+k_3)\boldsymbol{\alpha}_2+(3k_1+4k_2+k_3)\boldsymbol{\alpha}_3=\boldsymbol{O}$，由于向量 $\boldsymbol{\alpha}_1$，$\boldsymbol{\alpha}_2$，$\boldsymbol{\alpha}_3$ 线性无关，从而得齐次线性方程组：

$$\begin{cases}k_1+3k_2=0\\2k_1-k_2+k_3=0\\3k_1+4k_2+k_3=0\end{cases}$$

其系数行列式

$$D=\begin{vmatrix}1&3&0\\2&-1&1\\3&4&1\end{vmatrix}=-2\neq 0$$

从而齐次线性方程组只有零解，即 $k_1=k_2=k_3=0$，从而 $\boldsymbol{\beta}_1$，$\boldsymbol{\beta}_2$，$\boldsymbol{\beta}_3$ 线性无关.

3.5 向量组的极大线性无关组

由 3.4 节的内容可知，如果一个向量组线性无关，那么它的任何部分组也一定线性无关，但反之，如果一个向量组线性相关，则它的部分组却不一定都是线性相关的，其中有可能存在着线性无关的部分组.

定义 3-9 设 $\boldsymbol{A}$：$\boldsymbol{\alpha}_1$，$\boldsymbol{\alpha}_2$，…，$\boldsymbol{\alpha}_s$，和 $\boldsymbol{B}$：$\boldsymbol{\beta}_1$，$\boldsymbol{\beta}_2$，…，$\boldsymbol{\beta}_t$ 是两个向量组，若向量组 $\boldsymbol{A}$ 中的每个向量都可由向量组 $\boldsymbol{B}$ 线性表示，则称向量组 $\boldsymbol{A}$ 可以由向量组 $\boldsymbol{B}$ 线性表示. 如果向量组 $\boldsymbol{A}$ 可以由向量组 $\boldsymbol{B}$ 线性表示，同时向量组 $\boldsymbol{B}$ 可以由向量组 $\boldsymbol{A}$ 线性表示，则称向量组 $\boldsymbol{A}$ 与向量组 $\boldsymbol{B}$ 等价.

【例 3-10】 设有向量组 $\boldsymbol{A}$：$\boldsymbol{\alpha}_1=(1, -1, 1)^{\mathrm{T}}$，$\boldsymbol{\alpha}_2=(3, 1, 1)^{\mathrm{T}}$ 和向量组 $\boldsymbol{B}$：$\boldsymbol{\beta}_1=(2, 0, 1)^{\mathrm{T}}$，$\boldsymbol{\beta}_2=(1, 1, 0)^{\mathrm{T}}$，容易判断向量组 $\boldsymbol{A}$ 和向量组 $\boldsymbol{B}$ 等价，事实上：$\boldsymbol{\alpha}_1=\boldsymbol{\beta}_1-\boldsymbol{\beta}_2$，$\boldsymbol{\alpha}_2=\boldsymbol{\beta}_1+\boldsymbol{\beta}_2$；反之，$\boldsymbol{\beta}_1=\frac{1}{2}\boldsymbol{\alpha}_1+\frac{1}{2}\boldsymbol{\alpha}_2$，$\boldsymbol{\beta}_2=\frac{1}{2}\boldsymbol{\alpha}_2-\frac{1}{2}\boldsymbol{\alpha}_1$.

容易验证：向量组之间的等价关系满足下列性质：

(1) 反身性：每个向量组都与其自身等价；

(2) 对称性：若向量组 $\boldsymbol{A}$ 等价于向量组 $\boldsymbol{B}$，则向量组 $\boldsymbol{B}$ 也等价于向量组 $\boldsymbol{A}$；

(3) 传递性：向量组 $\boldsymbol{A}$ 等价于向量组 $\boldsymbol{B}$，而向量组 $\boldsymbol{B}$ 等价于向量组 $\boldsymbol{C}$，则向量组 $\boldsymbol{A}$ 等价于向量组 $\boldsymbol{C}$.

定义 3-10 设 $\boldsymbol{A}$：$\boldsymbol{\alpha}_1$，$\boldsymbol{\alpha}_2$，…，$\boldsymbol{\alpha}_m$ 是 n 维向量组成的向量组，若存在 $\boldsymbol{A}$ 的一个部分组 $\boldsymbol{\alpha}_1$，$\boldsymbol{\alpha}_2$，…，$\boldsymbol{\alpha}_r$($r\leqslant m$)，满足以下条件：

(1) $\boldsymbol{\alpha}_1$，$\boldsymbol{\alpha}_2$，…，$\boldsymbol{\alpha}_r$ 线性无关；

(2) $\boldsymbol{\alpha}_1$，$\boldsymbol{\alpha}_2$，…，$\boldsymbol{\alpha}_m$ 中的任意向量都可由 $\boldsymbol{\alpha}_1$，$\boldsymbol{\alpha}_2$，…，$\boldsymbol{\alpha}_r$ 线性表示；

则称 $\boldsymbol{\alpha}_1$，$\boldsymbol{\alpha}_2$，…，$\boldsymbol{\alpha}_r$ 是向量组 $\boldsymbol{\alpha}_1$，$\boldsymbol{\alpha}_2$，…，$\boldsymbol{\alpha}_m$ 的一个极大(最大)线性无关向量组(max linear independent vectors)，简称极大无关组.

上述定义中的条件(2) $\boldsymbol{\alpha}_1$，$\boldsymbol{\alpha}_2$，…，$\boldsymbol{\alpha}_m$ 中的任意向量都可由 $\boldsymbol{\alpha}_1$，$\boldsymbol{\alpha}_2$，…，$\boldsymbol{\alpha}_r$ 线性表示，显然与 $\boldsymbol{\alpha}_1$，$\boldsymbol{\alpha}_2$，…，$\boldsymbol{\alpha}_m$ 中的任意 $r+1$ 个向量都线性相关这种说法等价.

【例 3-11】 求证：$\boldsymbol{e}_1=(1, 0, 0)$，$\boldsymbol{e}_2=(0, 1, 0)$，$\boldsymbol{e}_3=(0, 0, 1)$是 $\mathbf{R}^3$ 中的一个极大无关组.

证明 事实上，显然 $\boldsymbol{e}_1$，$\boldsymbol{e}_2$，$\boldsymbol{e}_3$ 线性无关，又对 $\mathbf{R}^3$ 中的任一向量(x, y, z)，都有 $(x, y, z)=x(1, 0, 0)+y(0, 1, 0)+z(0, 0, 1)=x\boldsymbol{e}_1+y\boldsymbol{e}_2+z\boldsymbol{e}_3$，即 $\mathbf{R}^3$ 中的任一向量都可由 $\boldsymbol{e}_1$，$\boldsymbol{e}_2$，$\boldsymbol{e}_3$ 线性表示，于是由定义知 $\boldsymbol{e}_1$，$\boldsymbol{e}_2$，$\boldsymbol{e}_3$是 $\mathbf{R}^3$ 的一个极大无关组.

容易验证 $\boldsymbol{\alpha}_1=(1, 1, 1)$，$\boldsymbol{\alpha}_2=(1, 1, 0)$，$\boldsymbol{\alpha}_3=(1, 0, 0)$也是 $\mathbf{R}^3$ 的一个极大无关组，可见一个向量组的极大无关组往往不是只有一个.

由极大无关组的定义易得：

定理 3-4 向量组 $\boldsymbol{A}$ 与它的任意一个极大无关组等价，进而 $\boldsymbol{A}$ 的任意两个极大无关组等价.

定理 3-5 两个等价的线性无关的向量组所含的向量个数相同.

证明 设 $\boldsymbol{A}$ 是含有 s 个向量的线性无关组，$\boldsymbol{B}$ 是含有 t 个向量的线性无关组，由极大无关组的定义知 $\boldsymbol{A}$ 是其本身的极大无关组，由于 $\boldsymbol{A}$ 与 $\boldsymbol{B}$ 等价，故 $\boldsymbol{A}$ 也是 $\boldsymbol{B}$ 的极大无关组，从而 $s \leqslant t$，同理可得 $t \leqslant s$，于是 $s=t$.

推论 一个向量组的任意两个极大无关组所含向量个数相同.

3.6 向量组的秩

由 3.5 节的讨论可知，同一个向量组的极大无关组可能不唯一，但这些极大无关组中最多的线性无关的向量的个数是唯一的，这是向量组本身固有的性质.

定义 3-11 向量组 $\boldsymbol{A}$ 中任意一个极大无关组中所含向量的个数称为向量组 $\boldsymbol{A}$ 的秩(rank of vectors)，记作 $R(\boldsymbol{A})$.

只含有零向量的向量组的秩规定为零.

如果向量组 $\boldsymbol{A}$ 中含有非零向量，则必有 $R(\boldsymbol{A}) \geqslant 1$，从而任一向量组 $\boldsymbol{A}$ 必然有秩，而且由于当向量组中向量个数大于向量的维数时，向量组必线性相关，所以，对任一向量组 $\boldsymbol{A}$，总有 $0 \leqslant R(\boldsymbol{A}) \leqslant n$(其中 n 为向量组 $\boldsymbol{A}$ 中向量的维数).

显然，如果向量组 $\boldsymbol{A}$：$\boldsymbol{\alpha}_1, \boldsymbol{\alpha}_2, \cdots, \boldsymbol{\alpha}_m$ 是线性无关的向量组，则 $R(\boldsymbol{A})=m$.

如果向量组 $\boldsymbol{A}$ 的秩为 r，则 $\boldsymbol{A}$ 的任意 r 个线性无关的部分组都是它的极大无关组.

定理 3-6 如果向量组 $\boldsymbol{A}$：$\boldsymbol{\alpha}_1, \boldsymbol{\alpha}_2, \cdots, \boldsymbol{\alpha}_s$ 可以由向量组 $\boldsymbol{B}$：$\boldsymbol{\beta}_1, \boldsymbol{\beta}_2, \cdots, \boldsymbol{\beta}_t$ 线性表示，则 $R(\boldsymbol{A}) \leqslant R(\boldsymbol{B})$.

证明 若向量组 $\boldsymbol{A}$ 中只含有零向量，那么结论显然成立.

设 $\boldsymbol{\alpha}_1, \boldsymbol{\alpha}_2, \cdots, \boldsymbol{\alpha}_s$ 不全为零向量，取向量组 $\boldsymbol{\alpha}_1, \boldsymbol{\alpha}_2, \cdots, \boldsymbol{\alpha}_s$ 的一个极大无关组 $\boldsymbol{\alpha}_{i_1}, \boldsymbol{\alpha}_{i_2}, \cdots, \boldsymbol{\alpha}_{i_r}$，取向量组 $\boldsymbol{\beta}_1, \boldsymbol{\beta}_2, \cdots, \boldsymbol{\beta}_t$ 的一个极大无关组 $\boldsymbol{\beta}_{j_1}, \boldsymbol{\beta}_{j_2}, \cdots, \boldsymbol{\beta}_{j_p}$，其中 r 与 p 分别是向量组 $\boldsymbol{\alpha}_1, \boldsymbol{\alpha}_2, \cdots, \boldsymbol{\alpha}_s$ 和向量组 $\boldsymbol{\beta}_1, \boldsymbol{\beta}_2, \cdots, \boldsymbol{\beta}_t$ 的秩. 因为 $\boldsymbol{\alpha}_1, \boldsymbol{\alpha}_2, \cdots, \boldsymbol{\alpha}_s$ 可以由 $\boldsymbol{\beta}_1, \boldsymbol{\beta}_2, \cdots, \boldsymbol{\beta}_t$ 线性表示，所以 $\boldsymbol{\alpha}_{i_1}, \boldsymbol{\alpha}_{i_2}, \cdots, \boldsymbol{\alpha}_{i_r}$ 可以由 $\boldsymbol{\beta}_1, \boldsymbol{\beta}_2, \cdots, \boldsymbol{\beta}_t$ 线性表示，进而可以由 $\boldsymbol{\beta}_{j_1}, \boldsymbol{\beta}_{j_2}, \cdots, \boldsymbol{\beta}_{j_p}$ 线性表示，而 $\boldsymbol{\alpha}_{i_1}, \boldsymbol{\alpha}_{i_2}, \cdots, \boldsymbol{\alpha}_{i_r}$ 线性无关，所以由定理 3-3 的推论知 $r \leqslant p$，即 $R(\boldsymbol{A}) \leqslant R(\boldsymbol{B})$.

推论 设向量组 $\boldsymbol{A}$ 和向量组 $\boldsymbol{B}$ 等价，则 $R(\boldsymbol{A})=R(\boldsymbol{B})$.

注：该推论说明等价的向量组的秩必然相等，但其逆命题未必成立，即秩相等的向量组未必等价，因为这两个向量组之间不一定满足等价所需的线性表示关系.

下面我们讨论如何通过向量组的秩和矩阵的秩之间的关系，去求向量组的秩以及极大无关组.

设 $\boldsymbol{A}$ 是一个 $m \times n$ 的矩阵：

$$A=\begin{pmatrix} a_{11} & a_{12} & \cdots & a_{1n} \\ a_{21} & a_{22} & \cdots & a_{2n} \\ \vdots & \vdots & & \vdots \\ a_{m1} & a_{m2} & \cdots & a_{mn} \end{pmatrix}$$

将矩阵 $\boldsymbol{A}$ 分别按行和列分块，得

$$\boldsymbol{A}=\begin{pmatrix} \boldsymbol{\alpha}_1 \\ \boldsymbol{\alpha}_2 \\ \vdots \\ \boldsymbol{\alpha}_n \end{pmatrix}$$

$$\boldsymbol{\alpha}_i=(a_{i1},\ a_{i2},\ \cdots,\ a_{in})\ (i=1,\ 2,\ \cdots,\ m) \qquad ①$$

或

$$\boldsymbol{A}=(\boldsymbol{\beta}_1,\ \boldsymbol{\beta}_2,\ \cdots,\ \boldsymbol{\beta}_n),\ \boldsymbol{\beta}_j\begin{pmatrix} a_{1j} \\ a_{2j} \\ \vdots \\ a_{mj} \end{pmatrix}\ (j=1,\ 2,\ \cdots,\ n) \qquad ②$$

于是矩阵 $\boldsymbol{A}$ 对应着行向量组①和列向量组②，所以①和②也分别叫作矩阵 $\boldsymbol{A}$ 的行向量组和列向量组.

定义 3-12 矩阵 $\boldsymbol{A}$ 的行向量组①的秩称为矩阵 $\boldsymbol{A}$ 的行秩，列向量组②的秩称为 $\boldsymbol{A}$ 的列秩. 很显然，$\boldsymbol{A}$ 的行秩就是 $\boldsymbol{A}^{\mathrm{T}}$ 的列秩，$\boldsymbol{A}$ 的列秩就是 $\boldsymbol{A}^{\mathrm{T}}$ 的行秩.

关于矩阵的行秩和列秩，有如下结论：

定理 3-7 矩阵的初等变换不改变矩阵的行秩和列秩.

证明略.

定理 3-8 任一矩阵的秩等于它的行秩，也等于它的列秩.

证明 设 $\boldsymbol{A}_{m\times n}=\begin{pmatrix} a_{11} & a_{12} & \cdots & a_{1n} \\ a_{21} & a_{22} & \cdots & a_{2n} \\ \vdots & \vdots & & \vdots \\ a_{m1} & a_{m2} & \cdots & a_{mn} \end{pmatrix}=\begin{pmatrix} \boldsymbol{\alpha}_1 \\ \boldsymbol{\alpha}_2 \\ \vdots \\ \boldsymbol{\alpha}_m \end{pmatrix}$，且 $R(\boldsymbol{A})=r$. 由矩阵的秩的定义知 $\boldsymbol{A}$ 的最高阶非零子式 D_r 所在的 r 个行向量 $\boldsymbol{\alpha}_1$，$\boldsymbol{\alpha}_2$，…，$\boldsymbol{\alpha}_r$ 线性无关，而 $\boldsymbol{A}$ 任意 $r+1$ 个行向量线性相关，因此，$\boldsymbol{\alpha}_1$，$\boldsymbol{\alpha}_2$，…，$\boldsymbol{\alpha}_r$ 是 $\boldsymbol{A}$ 的行向量组 $\boldsymbol{\alpha}_1$，$\boldsymbol{\alpha}_2$，…，$\boldsymbol{\alpha}_m$ 的一个极大无关组，因此 $R(\boldsymbol{\alpha}_1,\ \boldsymbol{\alpha}_2,\ \cdots,\ \boldsymbol{\alpha}_m)=r=R(\boldsymbol{A})$. 对于列向量组的情况同理可得.

由该定理我们知道，将矩阵看成行向量组或列向量组，它们都有相同的秩.

基于以上结论，我们可以利用矩阵的秩来讨论有关向量组的秩，求向量组的极大无关组或者向量组间的线性表示等问题.

综合起来，对于求向量组的秩以及线性相关性，我们通常有如下结论：

(1) 如果向量组中向量个数大于向量的维数，那么该向量组是线性相关组；

(2) 如果向量的个数等于向量的维数，则可以将向量组构造成行列式，向量组线性相关等价于行列式的值为零；

(3) 如果向量个数小于向量维数，则可以把向量组构造成矩阵，利用矩阵的初等行变

换将其化为行阶梯型矩阵，该阶梯型矩阵中非零行的行数就等于向量组的秩；

(4) 当向量组的秩等于向量个数时，该向量组是线性无关组；当向量组的秩小于向量个数时，该向量组是线性相关组.

假设向量组 $\boldsymbol{S}$：$\boldsymbol{\alpha}_1, \boldsymbol{\alpha}_2, \cdots, \boldsymbol{\alpha}_m$ 为列向量组(如果是行向量组，我们可以先将其转置)，要求 $\boldsymbol{S}$ 的极大无关组，我们可以这样去做：

(1) 构造矩阵 $\boldsymbol{A}=(\boldsymbol{\alpha}_1, \boldsymbol{\alpha}_2, \cdots, \boldsymbol{\alpha}_m)$；

(2) 通过初等行变换将 $\boldsymbol{A}$ 化为行阶梯型矩阵(如有必要，还可以进一步化成行最简型矩阵)：$\boldsymbol{A}=(\boldsymbol{\alpha}_1, \boldsymbol{\alpha}_2, \cdots, \boldsymbol{\alpha}_m)\to(\boldsymbol{\beta}_1, \boldsymbol{\beta}_2, \cdots, \boldsymbol{\beta}_m)=\boldsymbol{B}$；

(3) 对于 $\boldsymbol{B}$，设其非零行行数为 r，即 $R(\boldsymbol{\beta}_1, \boldsymbol{\beta}_2, \cdots, \boldsymbol{\beta}_m)=r$，从而 $R(\boldsymbol{\alpha}_1, \boldsymbol{\alpha}_2, \cdots, \boldsymbol{\alpha}_m)=r$，$\boldsymbol{B}$ 的任意一个非零的 r 阶子式所在的列对应的向量就构成向量组 $\boldsymbol{\alpha}_1, \boldsymbol{\alpha}_2, \cdots, \boldsymbol{\alpha}_m$ 的一个极大无关组，上述过程基于初等变换不改变矩阵的秩这一结论.

【例 3-12】 求向量组 $\boldsymbol{\alpha}_1=(1, 1, -1)^{\mathrm{T}}$，$\boldsymbol{\alpha}_2=(3, 4, -2)^{\mathrm{T}}$，$\boldsymbol{\alpha}_3=(2, 4, 0)^{\mathrm{T}}$，$\boldsymbol{\alpha}_4=(0, 1, 1)^{\mathrm{T}}$ 的秩和一个极大无关组，并用极大无关组表示其他向量.

解 令 $\boldsymbol{A}=(\boldsymbol{\alpha}_1, \boldsymbol{\alpha}_2, \boldsymbol{\alpha}_3, \boldsymbol{\alpha}_4)$，对 $\boldsymbol{A}$ 施以初等行变换：

$$\boldsymbol{A}=\begin{bmatrix}1 & 3 & 2 & 0\\1 & 4 & 4 & 1\\-1 & -2 & 0 & 1\end{bmatrix}\to\begin{bmatrix}1 & 3 & 2 & 0\\0 & 1 & 2 & 1\\0 & 1 & 2 & 1\end{bmatrix}\to\begin{bmatrix}1 & 3 & 2 & 0\\0 & 1 & 2 & 1\\0 & 0 & 0 & 0\end{bmatrix}\to\begin{bmatrix}1 & 0 & -4 & -3\\0 & 1 & 2 & 1\\0 & 0 & 0 & 0\end{bmatrix}$$

$$\overset{\text{def}}{=}(\boldsymbol{\beta}_1, \boldsymbol{\beta}_2, \boldsymbol{\beta}_3, \boldsymbol{\beta}_4)=\boldsymbol{B}$$

易见 $R(\boldsymbol{B})=2$，所以 $R(\boldsymbol{\alpha}_1, \boldsymbol{\alpha}_2, \boldsymbol{\alpha}_3, \boldsymbol{\alpha}_4)=R(\boldsymbol{A})=R(\boldsymbol{B})=2$，另外，显然 $\boldsymbol{\beta}_1, \boldsymbol{\beta}_2$ 是 $\boldsymbol{B}$ 的列向量组的一个极大无关组，从而对应的 $\boldsymbol{\alpha}_1, \boldsymbol{\alpha}_2$ 是向量组 $\boldsymbol{\alpha}_1, \boldsymbol{\alpha}_2, \boldsymbol{\alpha}_3, \boldsymbol{\alpha}_4$ 的一个极大无关组，而且从 $\boldsymbol{B}$ 容易看出 $\boldsymbol{\alpha}_3=-4\boldsymbol{\alpha}_1+2\boldsymbol{\alpha}_2$，$\boldsymbol{\alpha}_4=-3\boldsymbol{\alpha}_1+\boldsymbol{\alpha}_2$.

【例 3-13】 设向量组 $\boldsymbol{\alpha}_1=(1, 1, 1, 3)^{\mathrm{T}}$，$\boldsymbol{\alpha}_2=(-1, -3, 5, 1)^{\mathrm{T}}$，$\boldsymbol{\alpha}_3=(3, 2, -1, k+2)^{\mathrm{T}}$，$\boldsymbol{\alpha}_4=(-2, -6, 10, k)^{\mathrm{T}}$，$k$ 为何值时，该向量组线性相关？在此时求出它的秩和一个极大无关组.

解 令矩阵 $\boldsymbol{A}=\begin{pmatrix}1 & -1 & 3 & -2\\1 & -3 & 2 & -6\\1 & 5 & -1 & 10\\3 & 1 & k+2 & k\end{pmatrix}$，对矩阵 $\boldsymbol{A}$ 施以行初等变换化为阶梯型矩阵：

$$\boldsymbol{A}=\begin{pmatrix}1 & -1 & 3 & -2\\1 & -3 & 2 & -6\\1 & 5 & -1 & 10\\3 & 1 & k+2 & k\end{pmatrix}\to\begin{pmatrix}1 & -1 & 3 & -2\\0 & -2 & -1 & -4\\0 & 6 & -4 & 12\\0 & 4 & k-1 & k+6\end{pmatrix}$$

$$\to\begin{pmatrix}1 & -1 & 3 & -2\\0 & -2 & -1 & -4\\0 & 0 & -1 & 0\\0 & 0 & k-3 & k-2\end{pmatrix}\to\begin{pmatrix}1 & -1 & 3 & -2\\0 & -2 & -1 & -4\\0 & 0 & 1 & 0\\0 & 0 & 0 & k-2\end{pmatrix}$$

所以，当 $k=2$ 时，向量组 $\boldsymbol{\alpha}_1, \boldsymbol{\alpha}_2, \boldsymbol{\alpha}_3, \boldsymbol{\alpha}_4$ 线性相关，此时，$R(\boldsymbol{\alpha}_1, \boldsymbol{\alpha}_2, \boldsymbol{\alpha}_3, \boldsymbol{\alpha}_4)=R(\boldsymbol{A})=3$，极大无关组为 $\boldsymbol{\alpha}_1, \boldsymbol{\alpha}_2, \boldsymbol{\alpha}_3$ 或者 $\boldsymbol{\alpha}_1, \boldsymbol{\alpha}_3, \boldsymbol{\alpha}_4$.

3.7 向量空间

3.7.1 向量空间的概念

定义 3-13 对于 n 维向量构成的非空集合 V，V 满足条件

(1) 对任意 $\boldsymbol{\alpha}\in V$，$\boldsymbol{\beta}\in V$，总有 $\boldsymbol{\alpha}+\boldsymbol{\beta}\in V$，

(2) 对任意 $\boldsymbol{\alpha}\in V$，$\lambda\in\mathbf{R}$，总有 $\lambda\boldsymbol{\alpha}\in V$，

即集合 V 对于向量的加法和数乘运算封闭，则称 V 为向量空间(vector space)．若 V_1 是 V 的一个非空子集，如果 V_1 中的向量也满足上述条件，则称 V_1 是 V 的子空间．

注：(1) 由向量空间的定义知，判断一个向量构成的集合是否为向量空间时，只要证明该集合非空，而且该集合中的向量对于向量的加法和数乘运算封闭即可．

(2) 向量空间中必含有零向量．实际上，设 V 是向量空间，则对任意 $\boldsymbol{\alpha}\in V$，$(-1)\cdot\boldsymbol{\alpha}=-\boldsymbol{\alpha}\in V$，从而 $\boldsymbol{\alpha}+(-\boldsymbol{\alpha})=\boldsymbol{\alpha}-\boldsymbol{\alpha}=\mathbf{0}\in V$．

【例 3-14】 对于任意三维实向量 $\boldsymbol{\alpha}=(a_1, a_2, a_3)$，$\boldsymbol{\beta}=(b_1, b_2, b_3)$ 以及实数 λ，总有

$$\boldsymbol{\alpha}+\boldsymbol{\beta}=(a_1, a_2, a_3)+(b_1, b_2, b_3)=(a_1+b_1, a_2+b_2, a_3+b_3)\in\mathbf{R}^3,$$

$$\lambda\boldsymbol{\alpha}=\lambda(a_1, a_2, a_3)=(\lambda a_1, \lambda a_2, \lambda a_3)\in\mathbf{R}^3$$

又显然 $\mathbf{R}^3$ 非空，所以，三维向量的全体 $\mathbf{R}^3$ 可以构成向量空间．

事实上，若把所有 n 维实向量的集合记为 $\mathbf{R}^n$，则 $\mathbf{R}^n$ 构成向量空间，易见 $\mathbf{R}^3$ 是 $\mathbf{R}^n$ 的一个子空间．

【例 3-15】 判断下列集合是否构成向量空间并说明理由．

(1) $V=\{(x_1, x_2, \cdots, x_n\}\mid x_1+x_2+\cdots+x_n=0, x_i\in\mathbf{R}, i=1, 2, \cdots, n\}$

(2) $V=\{(x_1, x_2, \cdots, x_n)\mid x_1+2x_2+\cdots+nx_n=0, x_i\in\mathbf{R}, i=1, 2, \cdots, n\}$

(3) $V=\{(x_1, x_2, \cdots, x_n)\mid x_2+x_2+\cdots+x_n=1, x_i\in\mathbf{R}, i=1, 2, \cdots, n\}$

解 (1) 显然当 $x_i=0$ 时，$(0, 0, \cdots, 0)\in V$，所以 V 非空，又设 $\boldsymbol{\alpha}=(x_1, x_2, \cdots, x_n)\in V$，则 $x_1+x_2+\cdots+x_n=0$，$\boldsymbol{\beta}=(y_1, y_2, \cdots, y_n)\in V$，则 $y_1+y_2+\cdots+y_n=0$，则 $\boldsymbol{\alpha}+\boldsymbol{\beta}=(x_1, x_2, \cdots, x_n)+(y_1, y_2, \cdots, y_n)=(x_1+y_1, x_2+y_2, \cdots, x_n+y_n)$．

由 $(x_1+y_1)+(x_2+y_2)+\cdots+(x_n+y_n)=(x_1+x_2+\cdots+x_n)+(y_1+y_2+\cdots+y_n)=0$，可知 $\boldsymbol{\alpha}+\boldsymbol{\beta}\in V$．

又设 $\lambda\in\mathbf{R}$，则 $\lambda\boldsymbol{\alpha}=\lambda(x_1, x_2, \cdots, x_n)=(\lambda x_1, \lambda x_2, \cdots, \lambda x_n)$，由于

$\lambda x_1+\lambda x_2+\cdots+\lambda x_n=\lambda(x_1+x_2+\cdots+x_n)=0$，故 $\lambda\boldsymbol{\alpha}\in V$．

综上所述，V 是向量空间．

(2) 与(1)同理，可知(2)中的集合 V 也是向量空间．

(3) 设 $\boldsymbol{\alpha}=(x_1, x_2, \cdots, x_n)\in V$，则 $x_1+x_2+\cdots+x_n=1$．令 $\lambda=2$，则 $\lambda\boldsymbol{\alpha}=2(x_1, x_2, \cdots, x_n)=(2x_1, 2x_2, \cdots, 2x_n)$，但 $2x_2+2x_2+\cdots 2x_n=2(x_1+x_2+\cdots+x_n)=2\times1=2\neq0$，即知 $\lambda\boldsymbol{\alpha}\notin V$，从而 V 不是向量空间．

【例 3-16】 设 $\boldsymbol{\alpha}_1, \boldsymbol{\alpha}_2, \cdots, \boldsymbol{\alpha}_m$ 是一组 n 维实向量，$\lambda_1, \lambda_2, \cdots, \lambda_m$ 是实数，则容易验证由它们的线性组合构成的集合 $V=\{\boldsymbol{\alpha} \mid \boldsymbol{\alpha}=\lambda_1\boldsymbol{\alpha}_1+\lambda_2\boldsymbol{\alpha}_2+\cdots+\lambda_m\boldsymbol{\alpha}_m\}$ 是 $\mathbf{R}^n$ 的一个子空间，我们称之为由向量组 $\boldsymbol{\alpha}_1, \boldsymbol{\alpha}_2, \cdots, \boldsymbol{\alpha}_m$ 生成的子空间，记作 $V=L(\boldsymbol{\alpha}_1, \boldsymbol{\alpha}_2, \cdots, \boldsymbol{\alpha}_m)$.

3.7.2 向量空间的基与维数

定义 3-14 设 V 是向量空间，$\boldsymbol{\alpha}_1, \boldsymbol{\alpha}_2, \cdots, \boldsymbol{\alpha}_r \in V$，若 $\boldsymbol{\alpha}_1, \boldsymbol{\alpha}_2, \cdots, \boldsymbol{\alpha}_r$ 满足

(1) $\boldsymbol{\alpha}_1, \boldsymbol{\alpha}_2, \cdots, \boldsymbol{\alpha}_r$ 线性无关；

(2) V 中任一向量 $\boldsymbol{\alpha}$ 都可由 $\boldsymbol{\alpha}_1, \boldsymbol{\alpha}_2, \cdots, \boldsymbol{\alpha}_r$ 线性表示，

则称向量组 $\boldsymbol{\alpha}_1, \boldsymbol{\alpha}_2, \cdots, \boldsymbol{\alpha}_r$ 是向量空间 V 的一个基(basis)，r 称为向量空间 V 的维数(dimension)，记作 $\dim V=r$，此时，我们也称 V 为 r 维向量空间.

由以上基的定义可知，向量空间 V 的一个基，实际上就是向量组 V 的一个极大无关组，而 V 的维数就是极大无关组中向量的个数，也就是 V 的秩.

显然，若向量空间中只含有零向量，则其维数为零.

注：(1) 向量的维数和向量空间的维数是两个不同的概念. 向量的维数指的是向量中分量的个数，而向量空间的维数指的是向量空间中任一基中向量的个数；

(2) 设 V 是向量空间且 $\dim V=r$，则 V 中的 r 个向量 $\boldsymbol{\alpha}_1, \boldsymbol{\alpha}_2, \cdots, \boldsymbol{\alpha}_r$ 构成 V 的一个基的充要条件为 $\boldsymbol{\alpha}_1, \boldsymbol{\alpha}_2, \cdots, \boldsymbol{\alpha}_r$ 线性无关. 由此可知，r 维向量空间中任意 r 个线性无关的向量都是 V 的基.

定义 3-15 设 $\boldsymbol{\alpha}_1, \boldsymbol{\alpha}_2, \cdots, \boldsymbol{\alpha}_r$ 是 r 维向量空间 V 的一个基，V 中的任一向量 $\boldsymbol{x}$ 都可由 $\boldsymbol{\alpha}_1, \boldsymbol{\alpha}_2, \cdots, \boldsymbol{\alpha}_r$ 唯一地表示为 $\boldsymbol{x}=x_1\boldsymbol{\alpha}_1+x_2\boldsymbol{\alpha}_2+\cdots+x_r\boldsymbol{\alpha}_r$，数组 $x_1, x_2, \cdots, x_r$ 称为向量 $\boldsymbol{x}$ 在基 $\boldsymbol{\alpha}_1, \boldsymbol{\alpha}_2, \cdots, \boldsymbol{\alpha}_r$ 下的坐标.

一般地，在 $\mathbf{R}^n$ 中取标准单位向量组 $\boldsymbol{e}_1, \boldsymbol{e}_2, \cdots, \boldsymbol{e}_n$ 为基，则 $\mathbf{R}^n$ 中任一向量($\boldsymbol{x}=(x_1, x_2, \cdots, x_n)=x_1\boldsymbol{e}_1+x_2\boldsymbol{e}_2+\cdots+x_n\boldsymbol{e}_n$).

【例 3-17】 设 $\mathbf{R}^3$ 中的向量组 $\boldsymbol{\alpha}_1=(1, 0, 1)$，$\boldsymbol{\alpha}_2=(1, -1, 3)$，$\boldsymbol{\alpha}_3=(0, 2, -4)$，$\boldsymbol{\alpha}_4=(2, -1, 4)$，求 $L(\boldsymbol{\alpha}_1, \boldsymbol{\alpha}_2, \boldsymbol{\alpha}_3, \boldsymbol{\alpha}_4)$的维数和一个基.

解 $$(\boldsymbol{\alpha}_1^{\mathrm{T}}, \boldsymbol{\alpha}_2^{\mathrm{T}}, \boldsymbol{\alpha}_3^{\mathrm{T}}, \boldsymbol{\alpha}_4^{\mathrm{T}})=\begin{pmatrix}1 & 1 & 0 & 2\\ 0 & -1 & 2 & -1\\ 1 & 3 & -4 & 4\end{pmatrix} \to \begin{pmatrix}1 & 1 & 0 & 2\\ 0 & -1 & 2 & -1\\ 0 & 2 & -4 & 2\end{pmatrix} \to \begin{pmatrix}1 & 1 & 0 & 2\\ 0 & 1 & -2 & 1\\ 0 & 0 & 0 & 0\end{pmatrix}$$

从而 $R(\boldsymbol{\alpha}_1^{\mathrm{T}}, \boldsymbol{\alpha}_2^{\mathrm{T}}, \boldsymbol{\alpha}_3^{\mathrm{T}}, \boldsymbol{\alpha}_4^{\mathrm{T}})=2$，即 $\dim L(\boldsymbol{\alpha}_1, \boldsymbol{\alpha}_2, \boldsymbol{\alpha}_3, \boldsymbol{\alpha}_3)=2$，$\boldsymbol{\alpha}_1, \boldsymbol{\alpha}_2$ 是 $L(\boldsymbol{\alpha}_1, \boldsymbol{\alpha}_2, \boldsymbol{\alpha}_3, \boldsymbol{\alpha}_3)$的一个基(显然 $\boldsymbol{\alpha}_1, \boldsymbol{\alpha}_3$ 以及 $\boldsymbol{\alpha}_1, \boldsymbol{\alpha}_4$ 也都是 $L(\boldsymbol{\alpha}_1, \boldsymbol{\alpha}_2, \boldsymbol{\alpha}_3, \boldsymbol{\alpha}_3)$的基).

【例 3-18】 已知三维向量空间 $\mathbf{R}^3$ 的一个基为 $\boldsymbol{\alpha}_1=(1, 1, 0)$，$\boldsymbol{\alpha}_2=(1, 0, 1)$，$\boldsymbol{\alpha}_3=(0, 1, 1)$，求向量 $\boldsymbol{\beta}=(-3, 3, 4)$在基 $\boldsymbol{\alpha}_1, \boldsymbol{\alpha}_2, \boldsymbol{\alpha}_3$ 下的坐标.

解 设 $\boldsymbol{\beta}=(2, 3, 4)$在基 $\boldsymbol{\alpha}_1, \boldsymbol{\alpha}_2, \boldsymbol{\alpha}_3$ 下的坐标为 x_1, x_2, x_3，则 $\boldsymbol{\beta}^{\mathrm{T}}=x_1\boldsymbol{\alpha}_1^{\mathrm{T}}+x_2\boldsymbol{\alpha}_2^{\mathrm{T}}+x_3\boldsymbol{\alpha}_3^{\mathrm{T}}$，即

$$\begin{pmatrix}-3\\ 3\\ 4\end{pmatrix}=x_1\begin{pmatrix}1\\ 1\\ 0\end{pmatrix}+x_2\begin{pmatrix}1\\ 0\\ 1\end{pmatrix}+x_3\begin{pmatrix}0\\ 1\\ 1\end{pmatrix}$$

得线性方程组$\begin{cases}x_1+x_2=-3\\x_1+x_3=3\\x_2+x_3=4\end{cases}$，对其增广矩阵施以初等行变换：

$$\begin{pmatrix}1&1&0&-3\\1&0&1&3\\0&1&1&4\end{pmatrix}\to\begin{pmatrix}1&1&0&-3\\0&-1&1&6\\0&0&2&10\end{pmatrix}\to\begin{pmatrix}1&0&0&-2\\0&1&0&-1\\0&0&1&5\end{pmatrix}$$

从而解得$\begin{cases}x_1=-2\\x_2=-1\\x_3=5\end{cases}$，即向量$\boldsymbol{\beta}=(-3, 3, 4)$在基$\boldsymbol{\alpha}_1$，$\boldsymbol{\alpha}_2$，$\boldsymbol{\alpha}_3$下的坐标为$x_1=-2$，$x_2=-1$，$x_3=5$.

3.8 应用实例

【例3-19】 市场上曾一度流行一种名为“细胞营养粉”的减肥产品，售价不菲. 该种产品说明书上标明每100克该产品含有蛋白质40克，碳水化合物52克，脂肪3.2克. 现有该种细胞营养粉、脱脂奶粉、大豆粉以及乳清等几种营养食品与减肥要求每日的营养量对比情况如表3.1所示.

表3.1 营养成分含量表

营养成分	减肥建议每日营养量/g	每100克营养食品营养含量/g			
		细胞营养粉	脱脂奶粉	大豆粉	乳清
蛋白质	35	40	50	45	15
碳水化合物	50	52	36	30	70
脂肪	5	3.2	1	7	2

能否用脱脂奶粉、大豆粉和乳清三种营养食品混合来替代细胞营养粉？若能替代，这三种食品所占比例大概各是多少？

解 将脱脂奶粉、大豆粉和乳清和细胞营养粉所含营养分别用三维列向量$\boldsymbol{\alpha}_1$，$\boldsymbol{\alpha}_2$，$\boldsymbol{\alpha}_3$，$\boldsymbol{\alpha}_4$表示，则有$\boldsymbol{\alpha}_1=\begin{pmatrix}50\\36\\1\end{pmatrix}$，$\boldsymbol{\alpha}_2=\begin{pmatrix}45\\30\\7\end{pmatrix}$，$\boldsymbol{\alpha}_3=\begin{pmatrix}15\\70\\2\end{pmatrix}$，$\boldsymbol{\alpha}_4=\begin{pmatrix}40\\52\\3.2\end{pmatrix}$，考虑该向量组的线性相关性，若$\boldsymbol{\alpha}_1$，$\boldsymbol{\alpha}_2$，$\boldsymbol{\alpha}_3$，$\boldsymbol{\alpha}_4$线性无关，则不能用脱脂奶粉、大豆粉和乳清三种营养食品混合来替代细胞营养粉，若$\boldsymbol{\alpha}_1$，$\boldsymbol{\alpha}_2$，$\boldsymbol{\alpha}_3$，$\boldsymbol{\alpha}_4$线性相关而$\boldsymbol{\alpha}_1$，$\boldsymbol{\alpha}_2$，$\boldsymbol{\alpha}_3$线性无关，则可以用脱脂奶粉、大豆粉和乳清三种营养食品混合来替代细胞营养粉.

令$\boldsymbol{A}=\begin{pmatrix}50&45&15&40\\36&30&70&52\\1&7&2&3.2\end{pmatrix}$，对$\boldsymbol{A}$施以行初等变换：

$$A=\begin{pmatrix}50 & 45 & 15 & 40\\36 & 30 & 70 & 52\\1 & 7 & 2 & 3.2\end{pmatrix}\to\begin{pmatrix}1 & 7 & 2 & 3.2\\0 & 222 & 2 & 63.2\\0 & 305 & 85 & 120\end{pmatrix}\to\begin{pmatrix}1 & 0 & 0 & 0.430\\0 & 1 & 0 & 0.281\\0 & 0 & 1 & 0.400\end{pmatrix}$$

易见 $\boldsymbol{\alpha}_1$，$\boldsymbol{\alpha}_2$，$\boldsymbol{\alpha}_3$，$\boldsymbol{\alpha}_4$ 线性相关，而 $\boldsymbol{\alpha}_1$，$\boldsymbol{\alpha}_2$，$\boldsymbol{\alpha}_3$ 线性无关，所以，可以用三种营养食品混合来替代细胞营养粉，且 $\boldsymbol{\alpha}_4=0.430\boldsymbol{\alpha}_1+0.281\boldsymbol{\alpha}_2+0.400\boldsymbol{\alpha}_3$.

拓展阅读

赫尔曼·格拉斯曼

赫尔曼·格拉斯曼(Hermann Grassmann)是十九世纪德国的具有革命性思想的数学家，他在数学领域的贡献具有深远影响。

他在其著作《线性代数的外延》中，首次引入并推广了向量的概念，进一步将几何对象中的有向线段抽象化为一种更为广泛适用的数学工具. 他认为，向量不仅仅可以用来表示几何图形中的有向线段，还可以应用于描述各种各样的现象，如力、速度、温度等，这种方法超越了传统的欧几里得几何学的限制，为后来的数学家们提供了一种全新的视角来理解空间和数学对象的结构，这种抽象的视角为数学的发展开辟了新的道路。

此外，他提出了向量分析中的外积概念，推动了多元微积分和线性代数的发展。他引入的外积概念极大地简化了向量计算的过程，为数学家和物理学家提供了更方便的研究和解决实际问题的方法。

除了数学，格拉斯曼的兴趣还涉及语言学和物理学。他对语言结构和语法进行了深入研究并探索语言与数学之间的奥秘。此外，他对科学的好奇心还驱使他在光学和电磁理论等领域进行研究，其研究为这些领域的发展提供了数学基础。

格拉斯曼的生涯开端并不起眼，他曾在柏林大学学习神学、古典语言、哲学和文学，但并未学习数学或物理课程。然而，他凭借自己的天赋和努力，最终成为了一位重要的数学家，并因其在向量空间理论的开创性贡献而受到赞誉。尽管他的数学工作在他的一生中并未得到充分的承认，但他的思想和理论对后世产生了深远的影响，他的贡献在数学史上具有重要地位。

课堂随练

1. 设 $\boldsymbol{\alpha}_1=(1,-2,3,-1)^{\mathrm{T}}$，$\boldsymbol{\alpha}_2=(0,2,-1,1)^{\mathrm{T}}$，$\boldsymbol{\alpha}_3=(-3,0,2,0)^{\mathrm{T}}$，求：

(1) $\boldsymbol{\alpha}_1+2\boldsymbol{\alpha}_2-\boldsymbol{\alpha}_3$.

(2) $-\boldsymbol{\alpha}_1+2\boldsymbol{\alpha}_2-3\boldsymbol{\alpha}_3$.

2. 设 $\boldsymbol{\alpha}=(1,1,1)$，$\boldsymbol{\beta}=(-2,3,5)$，求向量 $\boldsymbol{\gamma}$，使 $4\boldsymbol{\alpha}+2\boldsymbol{\gamma}=3\boldsymbol{\beta}$.

3. 设向量 $\boldsymbol{\alpha}_1=(1,0,-1)$，$\boldsymbol{\alpha}_2=(2,1,3)$，$\boldsymbol{\alpha}_3=(5,1,0)$，且 $m\boldsymbol{\alpha}_1+n\boldsymbol{\alpha}_2-\boldsymbol{\alpha}_3=\boldsymbol{O}$，求 m，n 的值.

4. 将向量 $\boldsymbol{\beta}$ 表示为其余向量的线性组合.

(1) $\boldsymbol{\beta}=(2,-3,7)$，

$\boldsymbol{\alpha}_1=(1, 0, 1)$, $\boldsymbol{\alpha}_2=(0, 1, 0)$, $\boldsymbol{\alpha}_3=(0, 0, 1)$.

(2) $\boldsymbol{\beta}=(0, 3, 0, -2)$,

$\boldsymbol{\alpha}_1=(1, 1, 1, 1)$, $\boldsymbol{\alpha}_2=(1, 1, 1, 0)$, $\boldsymbol{\alpha}_3=(1, 1, 0, 0)$, $\boldsymbol{\alpha}_4=(1, 0, 0, 0)$.

5. 已知向量组 $\boldsymbol{\alpha}_1=(1, 1, 0)$, $\boldsymbol{\alpha}_2=(1, k, 1)$, $\boldsymbol{\alpha}_3=(0, 1, 1)$线性相关，求 k 的值.

6. 设矩阵 $\boldsymbol{A}=\begin{pmatrix}1 & 2 & -2\\ 2 & 1 & 2\\ 3 & 0 & 4\end{pmatrix}$，向量 $\boldsymbol{\alpha}=(m, 1, 1)^{\mathrm{T}}$，若 $\boldsymbol{A\alpha}$ 与 $\boldsymbol{\alpha}$ 线性相关，求 m 的值.

7. x, y, z 满足什么关系时，向量组 $\boldsymbol{\alpha}_1=(x, y, 0)$, $\boldsymbol{\alpha}_2=(x, 0, z)$, $\boldsymbol{\alpha}_3=(0, y, z)$ 线性无关？

8. 求下列向量组的秩及其一个极大无关组，并将其余向量用该极大无关组线性表示：

(1) $\boldsymbol{\alpha}_1=(3, -1, 1)^{\mathrm{T}}$, $\boldsymbol{\alpha}_2=(3, -4, -5)^{\mathrm{T}}$, $\boldsymbol{\alpha}_3=(0, 3, 6)^{\mathrm{T}}$, $\boldsymbol{\alpha}_4=(-2, 0, -2)^{\mathrm{T}}$.

(2) $\boldsymbol{\alpha}_1=(1, -1, 2, 4)$, $\boldsymbol{\alpha}_2=(0, 3, 1, 2)$, $\boldsymbol{\alpha}_3=(3, 0, 7, 14)$, $\boldsymbol{\alpha}_4=(1, -1, 2, 0)$, $\boldsymbol{\alpha}_5=(2, 1, 5, 6)$.

9. 设有向量组 A：$\boldsymbol{\alpha}_1=(1, 2, -3)^{\mathrm{T}}$, $\boldsymbol{\alpha}_2=(3, 0, 1)^{\mathrm{T}}$, $\boldsymbol{\alpha}_3=(9, 6, -7)^{\mathrm{T}}$ 和向量组 B：$\boldsymbol{\beta}_1=(0, 1, -1)^{\mathrm{T}}$, $\boldsymbol{\beta}_2=(m, 2, 1)^{\mathrm{T}}$, $\boldsymbol{\beta}_3=(n, 1, 0)^{\mathrm{T}}$，若 A 与 B 有相同的秩且 $\boldsymbol{\beta}_3$ 可由 $\boldsymbol{\alpha}_1$, $\boldsymbol{\alpha}_2$, $\boldsymbol{\alpha}_3$ 线性表示，求 m, n 的值.

*10. (1) 设有矩阵 $\boldsymbol{A}_{m\times r}$ 和矩阵 $\boldsymbol{B}_{r\times n}$，求证 $R(\boldsymbol{AB})\leqslant\min\{R(\boldsymbol{A}), R(\boldsymbol{B})\}$.

(2) 设 $\boldsymbol{A}$ 为 $m\times n$ 矩阵，$\boldsymbol{B}$ 为 $n\times m$ 矩阵且 $m>n$，求证 $|\boldsymbol{AB}|=0$.

11. 设有向量组：$\boldsymbol{\alpha}_1=(1, 0, 1)^{\mathrm{T}}$, $\boldsymbol{\alpha}_2=(3, 1, 2)^{\mathrm{T}}$, $\boldsymbol{\alpha}_3=(2, m, 0)^{\mathrm{T}}$, $\boldsymbol{\alpha}_4=(1, -m, 3)^{\mathrm{T}}$，求该向量组生成的向量空间 $L(\boldsymbol{\alpha}_1, \boldsymbol{\alpha}_2, \boldsymbol{\alpha}_3, \boldsymbol{\alpha}_4)$的维数及一个基.

进阶训练

1. 向量组 $\boldsymbol{\alpha}_1=(1, 2, 0, 1)$, $\boldsymbol{\alpha}_2=(1, 3, 0, -1)$, $\boldsymbol{\alpha}_3=(-1, -1, 1, 0)$的秩为(　　).

2. 设向量 $\boldsymbol{\alpha}_1=(a_1, b_1)$, $\boldsymbol{\alpha}_2=(a_2, b_2)$, $\boldsymbol{\beta}_1=(a_1, b_1, c_1)$, $\boldsymbol{\beta}_2=(a_2, b_2, c_2)$，则下列命题正确的是(　　).

A. 若 $\boldsymbol{\alpha}_1$, $\boldsymbol{\alpha}_2$ 线性相关，则必有 $\boldsymbol{\beta}_1$, $\boldsymbol{\beta}_2$ 线性相关

B. 若 $\boldsymbol{\alpha}_1$, $\boldsymbol{\alpha}_2$ 线性无关，则必有 $\boldsymbol{\beta}_1$, $\boldsymbol{\beta}_2$ 线性无关

C. 若 $\boldsymbol{\alpha}_1$, $\boldsymbol{\alpha}_2$ 线性相关，则必有 $\boldsymbol{\beta}_1$, $\boldsymbol{\beta}_2$ 线性无关

D. 若 $\boldsymbol{\alpha}_1$, $\boldsymbol{\alpha}_2$ 线性无关，则必有 $\boldsymbol{\beta}_1$, $\boldsymbol{\beta}_2$ 线性相关

3. 设向量组 $\boldsymbol{\alpha}_1$, $\boldsymbol{\alpha}_2$, $\cdots$, $\boldsymbol{\alpha}_r$ 线性相关，则下列选项正确的是(　　).

A. 向量组中存在某个向量可由其他向量线性表示

B. 向量组中只有一个向量可由其他向量线性表示

C. 向量组中任何一个向量都可由其他向量线性表示

D. 向量组中任何一个向量都不可由其他向量线性表示

4. 设向量 $\boldsymbol{\alpha}=(2, 0, 0)$, $\boldsymbol{\beta}=(0, 5, 0)$, $\boldsymbol{\gamma}=(4, 7, 0)$，则下列说法正确的是(　　).

A. 向量组 $\boldsymbol{\alpha}$, $\boldsymbol{\beta}$ 线性相关　　　　B. 向量组 $\boldsymbol{\alpha}$, $\boldsymbol{\gamma}$ 线性相关

C. 向量组$\boldsymbol{\beta}$，$\boldsymbol{\gamma}$线性相关　　D. 向量组$\boldsymbol{\alpha}$，$\boldsymbol{\beta}$，$\boldsymbol{\gamma}$线性相关

5. 设$\boldsymbol{\alpha}_1$，$\boldsymbol{\alpha}_2$，$\boldsymbol{\alpha}_3$，$\boldsymbol{\alpha}_4$四个三维向量，则下列说法正确的是(　　).

A. $\boldsymbol{\alpha}_1$，$\boldsymbol{\alpha}_2$，$\boldsymbol{\alpha}_3$，$\boldsymbol{\alpha}_4$中任意一个向量都可由其余向量线性表示

B. $\boldsymbol{\alpha}_1$，$\boldsymbol{\alpha}_2$，$\boldsymbol{\alpha}_3$，$\boldsymbol{\alpha}_4$的秩$\leqslant 3$

C. $\boldsymbol{\alpha}_1$，$\boldsymbol{\alpha}_2$，$\boldsymbol{\alpha}_3$，$\boldsymbol{\alpha}_4$的秩$=3$

D. $\boldsymbol{\alpha}_1$，$\boldsymbol{\alpha}_2$，$\boldsymbol{\alpha}_3$，$\boldsymbol{\alpha}_4$中恰有三个向量可由其余向量线性表示

6. 若n维向量组$\boldsymbol{\alpha}_1$，$\boldsymbol{\alpha}_2$，…，$\boldsymbol{\alpha}_m$线性无关，则下列说法正确的是(　　).

A. 该向量组中增加一个向量后也线性无关

B. 该向量组中去掉一个向量后仍然线性无关

C. 该向量组中只有一个向量不能由其余向量线性表示

D. $m>n$

7. 设向量组$\boldsymbol{\alpha}_1$，$\boldsymbol{\alpha}_2$，…，$\boldsymbol{\alpha}_n$线性无关，若$\boldsymbol{\beta}_1=\boldsymbol{\alpha}_1+\boldsymbol{\alpha}_2$，$\boldsymbol{\beta}_2=\boldsymbol{\alpha}_2+\boldsymbol{\alpha}_3$，…，$\boldsymbol{\beta}_n=\boldsymbol{\alpha}_n+\boldsymbol{\alpha}_1$，则关于$\boldsymbol{\beta}_1$，$\boldsymbol{\beta}_2$，…，$\boldsymbol{\beta}_n$，下列说法正确的是(　　).

A. 一定线性相关

B. 一定线性无关

C. 线性相关性与向量个数n的奇偶性有关

D. 无法判断是否线性相关

8. 若向量组$\boldsymbol{\alpha}_1=(1, 1+k, 0)$，$\boldsymbol{\alpha}_2=(1, 2, 0)$，$\boldsymbol{\alpha}_3=(0, 0, k^2+1)$线性相关，则$k=$(　　).

A. -1　　B. 0　　C. 1　　D. 2

9. 设$\boldsymbol{\alpha}_1=(1, 2, 3, 4)^{\mathrm{T}}$，$\boldsymbol{\alpha}_2=(1, -1, 6, -5)^{\mathrm{T}}$，$\boldsymbol{\alpha}_3=(-2, -1, -9, 1)^{\mathrm{T}}$，$\boldsymbol{\alpha}_4=(1, 2, 7, 2)^{\mathrm{T}}$，

(1) 求向量组$\boldsymbol{\alpha}_1$，$\boldsymbol{\alpha}_2$，$\boldsymbol{\alpha}_3$，$\boldsymbol{\alpha}_4$的秩和一个极大无关组.

(2) 把不属于极大无关组的向量用极大无关组线性表示.

第3章答案

第4章 线性方程组解的结构

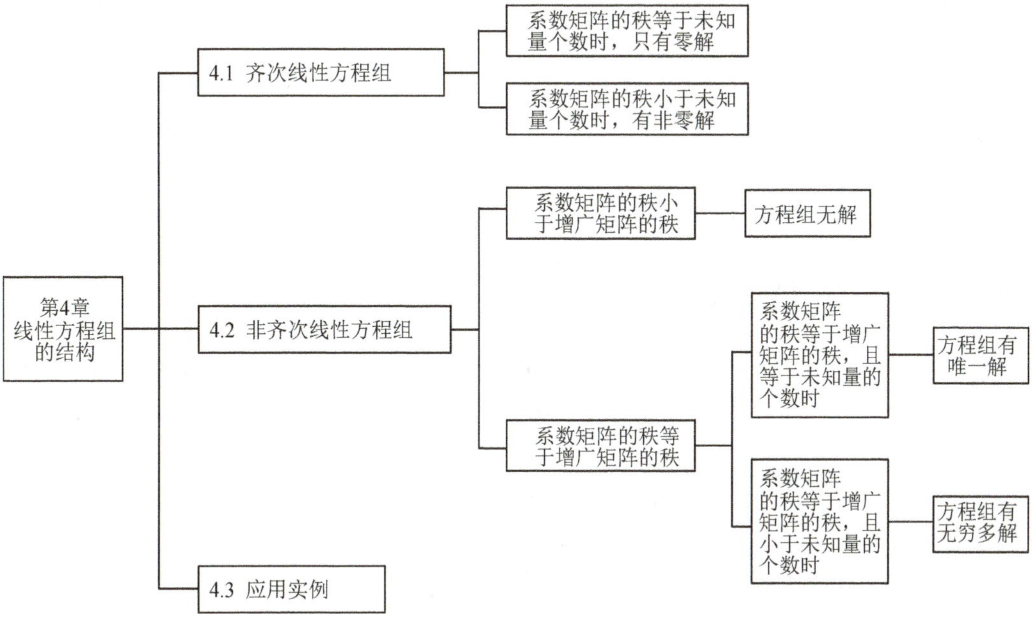

线性方程组(System of Linear Equations)是各个方程的未知量均为一次的方程组. 二元一次方程组就是结构最为简单的线性方程组. 线性方程组的解的理论和求解方法是线性代数学的核心内容.

在前面的章节中，我们介绍了克拉默法则：当方程组的系数行列式不为零时，线性方程组有唯一解，且线性方程组的解可以用行列式之比表示；对齐次线性方程组，若系数行列式为零，则该线性方程组有无数解. 显然，克拉默法则在应用中有其局限性，只适用于讨论方程个数与未知量个数相同的线性方程组. 因此，在这一章，我们要讨论如何求解一般的线性方程组.

设一个有 n 个未知数，m 个方程的线性方程组 $\begin{cases} a_{11}x_1+a_{12}x_2+\cdots+a_{1n}x_n=0 \\ a_{21}x_1+a_{22}x_2+\cdots+a_{2n}x_n=0 \\ \quad\vdots \\ a_{m1}x_1+a_{m2}x_2+\cdots+a_{mn}x_n=0 \end{cases}$，其形

式为 $\boldsymbol{A}\cdot\boldsymbol{X}=\boldsymbol{b}$. 其中，$\boldsymbol{A}=\begin{pmatrix} a_{11} & a_{12} & \cdots & a_{1n} \\ a_{21} & a_{22} & \cdots & a_{2n} \\ \vdots & \vdots & & \vdots \\ a_{m1} & a_{m2} & \cdots & a_{mn} \end{pmatrix}$称为线性方程组的系数矩阵，常数项阵 $\boldsymbol{b}=\begin{pmatrix} b_1 \\ b_2 \\ \vdots \\ b_m \end{pmatrix}$，$n$ 元未知量矩阵 $\boldsymbol{X}=\begin{pmatrix} x_1 \\ x_2 \\ \vdots \\ x_n \end{pmatrix}$，矩阵 $\boldsymbol{B}=(\boldsymbol{A}, \boldsymbol{b})=\begin{pmatrix} a_{11} & a_{12} & \cdots & a_{1n} & b_1 \\ a_{21} & a_{22} & \cdots & a_{2n} & b_2 \\ \vdots & \vdots & & \vdots & \vdots \\ a_{m1} & a_{m2} & \cdots & a_{mn} & b_m \end{pmatrix}$称为线性方程组的增广矩阵.

当 $\boldsymbol{b}\neq\boldsymbol{O}$ 时，方程组称为非齐次线性方程组；当 $\boldsymbol{b}=\boldsymbol{O}$ 时，方程组称为齐次线性方程组.

4.1 齐次线性方程组

4.1.1 齐次线性方程组的解

我们把含有 m 个方程，n 个未知量的齐次线性方程组简写成矩阵形式 $\boldsymbol{AX}=\boldsymbol{O}$，其中

$$\boldsymbol{A}=\begin{pmatrix} a_{11} & a_{12} & \cdots & a_{1n} \\ a_{21} & a_{22} & \cdots & a_{2n} \\ \vdots & \vdots & & \vdots \\ a_{m1} & a_{m2} & \cdots & a_{mn} \end{pmatrix}, \boldsymbol{x}=\begin{pmatrix} x_1 \\ x_2 \\ \vdots \\ x_3 \end{pmatrix}, \boldsymbol{O}=\begin{pmatrix} 0 \\ 0 \\ \vdots \\ 0 \end{pmatrix}$$

把 $\boldsymbol{AX}=\boldsymbol{O}$ 中的 $\boldsymbol{A}$ 称为系数矩阵，$\boldsymbol{X}$ 为 n 维未知列向量，$\boldsymbol{O}$ 为 m 维元素都为 0 的列向量.

所谓 $\boldsymbol{AX}=\boldsymbol{O}$ 的解，指的是满足 $\boldsymbol{A\xi}=\boldsymbol{O}$ 的 n 维列向量.

n 维零向量 $\boldsymbol{O}$ 显然是 $\boldsymbol{AX}=\boldsymbol{O}$ 的解，称为零解.

$\boldsymbol{AX}=\boldsymbol{O}$ 的不是零向量 $\boldsymbol{O}$ 的解称为非零解，其中至少有一个分量不是零.

由 $\boldsymbol{AX}=\boldsymbol{O}$ 的解的全体所组成的向量集合记为 $V=\{|\xi|A\xi=\boldsymbol{O}|\}$.

可以证得，V 有以下性质：

性质 1 若 $\boldsymbol{\xi}_1$，$\boldsymbol{\xi}_2$ 是齐次线性方程组 $\boldsymbol{AX}=\boldsymbol{O}$ 的解，则 $\boldsymbol{\xi}_1+\boldsymbol{\xi}_2$ 也是 $\boldsymbol{AX}=\boldsymbol{O}$ 的解.

证明 因为 $\boldsymbol{\xi}_1$，$\boldsymbol{\xi}_2$ 都是 $\boldsymbol{AX}=\boldsymbol{O}$ 的解，则有 $\boldsymbol{A\xi}_1=\boldsymbol{O}$ 和 $\boldsymbol{A\xi}_2=\boldsymbol{O}$，所以必有 $\boldsymbol{A}(\boldsymbol{\xi}_1+\boldsymbol{\xi}_2)=\boldsymbol{A\xi}_1+\boldsymbol{A\xi}_2=\boldsymbol{O}$，因此 $\boldsymbol{\xi}_1+\boldsymbol{\xi}_2$ 是 $\boldsymbol{AX}=\boldsymbol{O}$ 的解.

性质 2 若 $\boldsymbol{\xi}$ 是齐次线性方程组 $\boldsymbol{AX}=\boldsymbol{O}$ 的解，k 是任意常数，则 $k\boldsymbol{\xi}$ 也是 $\boldsymbol{AX}=\boldsymbol{O}$ 的解.

证明 因为 $\boldsymbol{\xi}$ 是 $\boldsymbol{AX}=\boldsymbol{O}$ 的解，则有 $\boldsymbol{A\xi}=\boldsymbol{O}$，所以对于任意常数 k，必有 $\boldsymbol{A}(k\boldsymbol{\xi})=k\cdot(\boldsymbol{A\xi})=k\cdot\boldsymbol{O}=\boldsymbol{O}$，因此 $k\boldsymbol{\xi}$ 也是 $\boldsymbol{AX}=\boldsymbol{O}$ 的解.

这两个性质合并起来即：对于任何实数 k_1 和 k_2，当 $\boldsymbol{A\xi}_1=\boldsymbol{O}$ 和 $\boldsymbol{A\xi}=\boldsymbol{O}$ 时，必有 $\boldsymbol{A}(k_1\boldsymbol{\xi}_1+k_2\boldsymbol{\xi}_2)=k_1\cdot(\boldsymbol{A\xi}_1)+k_2\cdot(\boldsymbol{A\xi}_1)=\boldsymbol{O}$. 这就是说，$\boldsymbol{AX}=\boldsymbol{O}$ 的任意一个解与任意一个实数的乘积仍然是它的解；$\boldsymbol{AX}=\boldsymbol{O}$ 的任意两个解的和与差仍然是它的解. 因此，$\boldsymbol{AX}=\boldsymbol{O}$

的任意多个解的任意线性组合仍然是它的解.

n 维零向量 $\boldsymbol{O}$ 一定是 $\boldsymbol{AX}=\boldsymbol{O}$ 的解，这说明由 $\boldsymbol{AX}=\boldsymbol{O}$ 的解的全体所组成的向量集合 $V=\{\boldsymbol{\xi}\,|\,\boldsymbol{A\xi}=\boldsymbol{O}\}$ 不是空集，因此 V 是 n 维列向量空间 R^n 中的一个子空间，我们称 V 为 $\boldsymbol{AX}=\boldsymbol{O}$ 的解空间.

在之前的学习中，我们知道：当且仅当它的系数矩阵的秩小于它的未知量的个数时，齐次线性方程组有非零解. 那么，当齐次线性方程组有非零解时，有多少个解？当齐次线性方程组有无穷多个解时，它的所有的解能否用一个简单的表达式表示出来？

【例 4-1】 讨论齐次线性方程组 $\begin{cases}x_1+2x_2+3x_3=0\\2x_1+3x_3+5x_3=0\end{cases}$ 的解.

解 用矩阵的初等行变换化简齐次线性方程组的系数矩阵：

$$\boldsymbol{A}=\begin{pmatrix}1&2&3\\2&3&5\end{pmatrix}\xrightarrow{r_1\times(-2)+r_2}\begin{pmatrix}1&2&3\\0&-1&-1\end{pmatrix}\xrightarrow{r_2\times(-1)}\begin{pmatrix}1&2&3\\0&1&1\end{pmatrix}\xrightarrow{r_2\times(-2)+r_1}\begin{pmatrix}1&0&1\\0&1&1\end{pmatrix}$$

可得同解方程组 $x_1+x_3=0$，$x_2+x_3=0$，即 $x_1=-x_3$，$x_2=-x_3$，由此可得，它的一般解：$\boldsymbol{\xi}=\begin{pmatrix}x_1\\x_2\\x_3\end{pmatrix}=\begin{pmatrix}-x_3\\-x_3\\x_3\end{pmatrix}$. 如果取自由未知量 $x_3=1$，就得到一个特殊的解 $\boldsymbol{\xi}_1=\begin{pmatrix}-1\\-1\\1\end{pmatrix}$，那么，

它的一般解可以写成 $\boldsymbol{\xi}=\begin{pmatrix}-x_3\\-x_3\\x_3\end{pmatrix}=x_3\cdot\begin{pmatrix}-1\\-1\\1\end{pmatrix}=k\cdot\boldsymbol{\xi}_1$，$k$ 是任意实数.

在例 4-1 中，我们发现：线性方程组有无穷多个解；存在一个特殊的解，使得它的一般解可以用该特殊解线性表示.

系数矩阵 $\boldsymbol{A}=\begin{pmatrix}1&2&3\\2&3&5\end{pmatrix}$ 的秩显然为 $r=2$，而未知量个数 $n=3$，$n-r(\boldsymbol{A})=3-2=1$，它恰好是用来线性表达一般解的特殊解的个数.

对具有如此功能的那些解向量，引进如下定义：

定义 4-1 设 $\{\boldsymbol{\xi}_1,\boldsymbol{\xi}_2,\cdots,\boldsymbol{\xi}_n\}$ 为齐次线性方程组的一个解向量集，如果它满足以下两个条件：

(1) $\boldsymbol{\xi}_1,\boldsymbol{\xi}_2,\cdots,\boldsymbol{\xi}_s$ 是线性无关的向量组；

(2) $\boldsymbol{AX}=\boldsymbol{O}$ 的任意一个解 $\boldsymbol{\xi}$，都可以表示为 $\boldsymbol{\xi}_1,\boldsymbol{\xi}_2,\cdots,\boldsymbol{\xi}_s$ 的线性组合，即 $\boldsymbol{\xi}=k_1\boldsymbol{\xi}_1+k_2\boldsymbol{\xi}_2+\cdots+k_s\boldsymbol{\xi}_s$，$k_1,k_2,\cdots,k_s$ 是常数，则称 $\{\boldsymbol{\xi}_1,\boldsymbol{\xi}_2,\cdots,\boldsymbol{\xi}_s\}$ 是 $\boldsymbol{AX}=\boldsymbol{O}$ 的一个基础解系.

由定义 4-1 可知，$\boldsymbol{AX}=\boldsymbol{O}$ 的基础解系是 $\boldsymbol{AX}=\boldsymbol{O}$ 的解空间 V 中的一个基.

反之可得，$\boldsymbol{AX}=\boldsymbol{O}$ 的解空间 V 中的任意一个基，一定是 $\boldsymbol{AX}=\boldsymbol{O}$ 的一个基础解系.

当 $\boldsymbol{AX}=\boldsymbol{O}$ 没有非零解时，它没有线性无关的解，因而它没有基础解系.

当 $\boldsymbol{AX}=\boldsymbol{O}$ 有非零解时，它的解空间 V 不是零空间，也就是说，V 一定是无穷多个向量的向量组，因而 V 中一定有无穷多个基（即向量集合 V 的极大无关组），因此只要 $\boldsymbol{AX}=\boldsymbol{O}$ 有非零解，那么，它一定有无穷多个基础解系.

$\boldsymbol{AX}=\boldsymbol{O}$ 的基础解系都是 $\boldsymbol{AX}=\boldsymbol{O}$ 的解空间 V 的基，所以它们是等价的线性无关组，因而必有相同个数的向量，向量的个数就是向量空间 V 的维数，那么，组成 $\boldsymbol{AX}=\boldsymbol{O}$ 的基础解系中的解向量个数 S（也就是 $\boldsymbol{AX}=\boldsymbol{O}$ 的解空间的维数）如何确定呢？我们不加证明地给出

以下定理.

定理 4-1 设 $\boldsymbol{A}$ 是 $m\times n$ 的矩阵，$r(\boldsymbol{A})=r$，则

(1) $\boldsymbol{AX}=\boldsymbol{O}$ 的基础解系中的解向量个数为 $n-r$，

(2) $\boldsymbol{AX}=\boldsymbol{O}$ 的任意 $n-r$ 个线性无关的解向量都是它的基础解系.

由此我们可得：

推论 1 设 $\boldsymbol{A}$ 是 $m\times n$ 的矩阵，则

(1) $\boldsymbol{AX}=\boldsymbol{O}$ 只有零解$\Leftrightarrow r(\boldsymbol{A})=n$；此时，$\boldsymbol{AX}=\boldsymbol{O}$ 没有基础解系；

(2) $\boldsymbol{AX}=\boldsymbol{O}$ 有非零解$\Leftrightarrow r(\boldsymbol{A})<n$；此时，$\boldsymbol{AX}=\boldsymbol{O}$ 有无穷多个基础解系；

当 $m<n$ 时，$AX=0$ 必有非零解，因此必有无穷多个基础解系.

推论 2 当 $\boldsymbol{A}$ 是 n 阶方阵时，

(1) $\boldsymbol{AX}=\boldsymbol{O}$ 只有零解$\Leftrightarrow |A|\neq 0$；

(2) $\boldsymbol{AX}=\boldsymbol{O}$ 有非零解$\Leftrightarrow |A|=0$；

证明

(1) $\boldsymbol{AX}=\boldsymbol{O}$ 只有零解$\Leftrightarrow V=\{0\}\Leftrightarrow \dim V=n-r(\boldsymbol{A})=0\Leftrightarrow n=r(\boldsymbol{A})$，

$\boldsymbol{AX}=\boldsymbol{O}$ 有非零解$\Leftrightarrow V\neq\{0\}\Leftrightarrow \dim V=n-r(\boldsymbol{A})>0\Leftrightarrow n>r(\boldsymbol{A})$，

当 $m<n$ 时，必有 $r\{\boldsymbol{A}\}\leqslant \min\{m, n\}\leqslant m<n$，此时，$\boldsymbol{AX}=\boldsymbol{O}$ 必有非零解.

(2) 因为 $\boldsymbol{A}$ 是 n 阶方阵，所以 $r(\boldsymbol{A})=n\Leftrightarrow|\boldsymbol{A}|\neq 0$，$r(\boldsymbol{A})<n\Leftrightarrow|\boldsymbol{A}|=0$，

设$\{\boldsymbol{\xi}_1, \boldsymbol{\xi}_2, \cdots, \boldsymbol{\xi}_{n-r}\}$是 $\boldsymbol{AX}=\boldsymbol{O}$ 的任意一个基础解系，则根据基础解系的定义可知，$\boldsymbol{AX}=\boldsymbol{O}$ 的一般解为 $\boldsymbol{\xi}=k_1\boldsymbol{\xi}_1+k_2\boldsymbol{\xi}_2+\cdots+k_{n-r}\boldsymbol{\xi}_{n-r}$，此处 $k_1, k_2, \cdots, k_{n-r}$ 为任意实数，我们将这个线性表出式称为 $\boldsymbol{AX}=\boldsymbol{O}$ 的通解.

【例 4-2】 设 $\boldsymbol{\alpha}_2, \boldsymbol{\alpha}_2, \boldsymbol{\alpha}_3$ 是某个齐次线性方程组 $\boldsymbol{AX}=\boldsymbol{O}$ 的基础解系，证明 $\boldsymbol{\beta}_1=\boldsymbol{\alpha}_2+\boldsymbol{\alpha}_3$，$\boldsymbol{\beta}_2=\boldsymbol{\alpha}_1+\boldsymbol{\alpha}_3$，$\boldsymbol{\beta}_3=\boldsymbol{\alpha}_1+\boldsymbol{\alpha}_2$ 一定是 $\boldsymbol{AX}=\boldsymbol{O}$ 的基础解系.

证明 它们的个数与已给的基础解系 $\boldsymbol{\alpha}_1, \boldsymbol{\alpha}_2, \boldsymbol{\alpha}_3$ 的个数相同，都为 3，即 $n-r=3$；显然有

$$\boldsymbol{A}\cdot\boldsymbol{\beta}_1=\boldsymbol{A}(\boldsymbol{\alpha}_2+\boldsymbol{\alpha}_3)=\boldsymbol{O},\ \boldsymbol{A}\cdot\boldsymbol{\beta}_2=\boldsymbol{A}(\boldsymbol{\alpha}_1+\boldsymbol{\alpha}_3)=\boldsymbol{O},\ \boldsymbol{A}\cdot\boldsymbol{\beta}_3=A(\boldsymbol{\alpha}_1+\boldsymbol{\alpha}_2)=\boldsymbol{O}$$

根据题设条件可以写出矩阵等式$(\boldsymbol{\beta}_1, \boldsymbol{\beta}_2, \boldsymbol{\beta}_3)=(\boldsymbol{\alpha}_1, \boldsymbol{\alpha}_2, \boldsymbol{\alpha}_3)\cdot\begin{pmatrix}0&1&1\\1&0&1\\1&1&0\end{pmatrix}$，把它记做

$\boldsymbol{B}=\boldsymbol{A}\cdot\boldsymbol{P}$，因为矩阵的行列式$|\boldsymbol{P}|=\begin{pmatrix}0&1&1\\1&0&1\\1&1&0\end{pmatrix}=2\neq 0$，所以 $\boldsymbol{P}$ 是可逆矩阵.

初等列变换不改变矩阵的秩，可得 $r(\boldsymbol{B})=r(\boldsymbol{A})=3$，这说明 $\boldsymbol{\beta}_1, \boldsymbol{\beta}_2, \boldsymbol{\beta}_3$ 必线性无关. 综上，$\boldsymbol{\beta}_1, \boldsymbol{\beta}_2, \boldsymbol{\beta}_3$ 必是 $\boldsymbol{AX}=\boldsymbol{O}$ 的基础解系. 当然，我们也可以直接证明 $\boldsymbol{\beta}_1, \boldsymbol{\beta}_2, \boldsymbol{\beta}_3$ 的线性无关性.

设 $k_1\cdot\boldsymbol{\beta}_1+k_2\cdot\boldsymbol{\beta}_2+k_3\cdot\boldsymbol{\beta}_3=\boldsymbol{O}$ 即 $k_1\cdot(\boldsymbol{\alpha}_2+\boldsymbol{\alpha}_3)+k_2\cdot(\boldsymbol{\alpha}_1+\boldsymbol{\alpha}_3)+k_3\cdot(\boldsymbol{\alpha}_1+\boldsymbol{\alpha}_2)=\boldsymbol{O}$，可得

$$(k_2+k_3)\boldsymbol{\alpha}_1+(k_2+k_3)\boldsymbol{\alpha}_2+(k_1+k_2)\boldsymbol{\alpha}_3=\boldsymbol{O}$$

因 $\boldsymbol{\alpha}_1, \boldsymbol{\alpha}_2, \boldsymbol{\alpha}_3$ 线性无关，则有$(k_2+k_3)=0$，$(k_1+k_3)=0$，$(k_1+k_2)=0$，进一步可得 $k_1=k_2=k_3=0$，所以 $\boldsymbol{\beta}_1, \boldsymbol{\beta}_2, \boldsymbol{\beta}_3$ 一定线性无关.

通过如此建立的矩阵等式，并利用矩阵的秩的结论，可以更为直观地判断向量组的线性无关性.

4.1.2　齐次线性方程组的通解的求法

当需要求给定的齐次线性方程组 $\boldsymbol{AX}=\boldsymbol{O}$ 的解时，先将它的系数矩阵 $\boldsymbol{A}$ 用初等行变换化成行阶梯形矩阵 $\boldsymbol{T}$，可得 $\boldsymbol{T}=\boldsymbol{PA}$，其中，$\boldsymbol{P}$ 是若干个初等方阵的乘积. 可证 $\boldsymbol{AX}=\boldsymbol{O}$ 与 $\boldsymbol{TX}=\boldsymbol{O}$ 是同解的齐次线性方程组.

事实上，若 $\boldsymbol{\xi}$ 是 $\boldsymbol{AX}=\boldsymbol{O}$ 的解，则 $\boldsymbol{A\xi}=\boldsymbol{O}$，从而必有 $\boldsymbol{T\xi}=\boldsymbol{PA\xi}=\boldsymbol{O}$；反之，若 $\boldsymbol{\xi}$ 是 $\boldsymbol{TX}=\boldsymbol{O}$ 的解，则必有 $\boldsymbol{T\xi}=\boldsymbol{PA\xi}=\boldsymbol{O}$，而 $\boldsymbol{P}$ 为可逆矩阵，所以 $\boldsymbol{A\xi}=\boldsymbol{O}$，因此，只需要求出 $\boldsymbol{TX}=\boldsymbol{O}$ 的通解，它就是 $\boldsymbol{AX}=\boldsymbol{O}$ 的通解.

【例 4-3】 求 $\begin{cases}2x_1+x_2-2x_3+3x_4=0\\3x_1+2x_2-x_3+2x_4=0\\x_1+x_2+x_3-x_4=0\end{cases}$ 的通解.

解　先调整方程的次序使得系数矩阵的左上角的元素为 1，再用初等行变换化成简化行阶梯形矩阵.

$$\boldsymbol{A}=\begin{pmatrix}1&1&1&-1\\2&1&-2&3\\3&2&-1&2\end{pmatrix}\xrightarrow[r_1\times(-3)+r_3]{r_1\times(-2)+r_2}\begin{pmatrix}1&1&1&-1\\0&-1&-4&5\\0&-1&-4&5\end{pmatrix}\xrightarrow{r_2\times(-1)+r_3}\begin{pmatrix}1&1&1&-1\\0&-1&-4&5\\0&0&0&0\end{pmatrix}$$

$$\xrightarrow{r_2\times(-1)}\begin{pmatrix}1&1&1&-1\\0&1&4&-5\\0&0&0&0\end{pmatrix}\xrightarrow{r_2\times(-1)+r_1}\begin{pmatrix}1&0&-3&4\\0&1&4&-5\\0&0&0&0\end{pmatrix}=\boldsymbol{T}$$

根据这个简化行阶梯形矩阵 $\boldsymbol{T}$，可以写出原方程组的同解方程组

$\begin{cases}x_1=3x_3-4x_4\\x_2=-4x_3+5x_4\end{cases}$（这里是取和为两个自由未知量$(n-r)$）

当 $x_3=1$，$x_4=0$ 时，$x_1=3$，$x_2=-4$；当 $x_3=0$，$x_4=1$ 时，$x_1=-4$，$x_2=5$；

可以得到一个基础解系 $\boldsymbol{\xi}_1=\begin{bmatrix}3\\-4\\1\\0\end{bmatrix}$，$\boldsymbol{\xi}_2=\begin{bmatrix}-4\\5\\0\\1\end{bmatrix}$.

因此，所需求的同解 $\boldsymbol{\xi}=k_1\cdot\boldsymbol{\xi}_1+k_2\cdot\boldsymbol{\xi}_2$，$k_1$ 和 k_2 为任意实数.

注意：　此处用到“两个线性无关的 2 维列向量组 $\begin{pmatrix}x_3\\x_4\end{pmatrix}=\begin{pmatrix}1\\0\end{pmatrix}$，$\begin{pmatrix}x_3\\x_4\end{pmatrix}=\begin{pmatrix}0\\1\end{pmatrix}$ 的接长向量组 $\boldsymbol{\xi}_1$ 和 $\boldsymbol{\xi}_2$ 必为线性无关组”这一重要命题，故这 $n-r=4-2=2$ 个线性无关的解 $\boldsymbol{\xi}_1$ 和 $\boldsymbol{\xi}_2$ 一定是原方程组的基础解系. 向量接长的方法就是，将已经取定的自由未知量的值代入已经建立的同解方程组，再求出相应的特殊的解，作为基础解系中的一个成员，因为自由未知量是可以任意取值的，所以自由未知量取不同的值，所求出的是不同的基础解系，对应于把某个自由未知量的值取成 1，其余自由未知量的值都取成 0，代入方程组求出基础解系中的某个成员.

但必须注意的是：绝对不可以取零解，也不能取线性相关的解，因为基础解系一定是由线性无关的解向量组成的．为了不改未知量的下标，在把系数矩阵化成阶梯形矩阵的过程中，不宜而且也不必作矩阵的初等列变换，只用初等行变换完全可以把原系数矩阵化成简化行阶梯形矩阵．

4.2 非齐次线性方程组

4.2.1 非齐次线性方程组的解

我们把含有 m 个方程，n 个未知量的非齐次线性方程组

$$\begin{cases} a_{11}x_1+a_{12}x_2+\cdots+a_{1n}x_n=b_1 \\ a_{21}x_1+a_{22}x_2+\cdots+a_{2n}x_n=b_2 \\ \qquad\vdots \\ a_{m1}x_1+a_{m2}x_2+\cdots+a_{mn}x_n=b_m \end{cases}$$

简写成矩阵形式 $\boldsymbol{AX}=\boldsymbol{B}$，其中，

$$\boldsymbol{A}=\begin{pmatrix} a_{11} & a_{12} & \cdots & a_{1n} \\ a_{21} & a_{22} & \cdots & a_{2n} \\ \vdots & \vdots & & \vdots \\ a_{n1} & a_{n2} & \cdots & a_{mn} \end{pmatrix},\ \boldsymbol{X}=\begin{pmatrix} x_1 \\ x_2 \\ \vdots \\ x_n \end{pmatrix},\ \boldsymbol{B}=\begin{pmatrix} b_1 \\ b_2 \\ \vdots \\ b_n \end{pmatrix}$$

并称 $\boldsymbol{A}$ 为 $\boldsymbol{AX}=\boldsymbol{B}$ 的系数矩阵，$\boldsymbol{X}$ 为 n 维未知列向量，$\boldsymbol{B}$ 为 n 维右端常数列向量，分块矩阵 $(\boldsymbol{A},\ \boldsymbol{B})$ 称为 $\boldsymbol{AX}=\boldsymbol{B}$ 的增广矩阵，它是 $m\times(n+1)$ 矩阵，有时，就直接用 $(\boldsymbol{A},\ \boldsymbol{B})$ 代表非齐次线性方程组 $\boldsymbol{AX}=\boldsymbol{B}$．满足 $\boldsymbol{AY}=\boldsymbol{B}$ 的 n 维列向量 $\boldsymbol{Y}$ 称为 $\boldsymbol{AX}=\boldsymbol{B}$ 的解向量，可简称为它的解．

非齐次线性方程组未必有解，故首先要讨论的是它何时有解，在确定有解以后，再讨论何时有唯一解，何时有无穷多个解以及如何表达一般解．

现在我们探讨非齐次线性方程组何时有解．我们把系数矩阵 $\boldsymbol{A}$ 写成列向量表示法，

$$\boldsymbol{A}=(\boldsymbol{\beta}_1\quad \boldsymbol{\beta}_2\quad \cdots\quad \boldsymbol{\beta}_n)\text{其中，}\boldsymbol{\beta}_j=\begin{pmatrix} a_{1j} \\ a_{2j} \\ \vdots \\ a_{nj} \end{pmatrix}\ (j=1,\ 2,\ \cdots,\ n)$$

于是，非齐次线性方程组 $\boldsymbol{AX}=\boldsymbol{B}$ 可以写成列向量的线性组合形式：$x_1\boldsymbol{\beta}_1+x_2\boldsymbol{\beta}_2+\cdots+x_n\boldsymbol{\beta}_n=\boldsymbol{B}$．

实际上，它就是 $x_1\begin{pmatrix} a_{11} \\ a_{21} \\ \vdots \\ a_{m1} \end{pmatrix}+x_2\begin{pmatrix} a_{12} \\ a_{22} \\ \vdots \\ a_{m2} \end{pmatrix}+\cdots+x_n\begin{pmatrix} a_{1n} \\ a_{2n} \\ \vdots \\ a_{mn} \end{pmatrix}=\begin{pmatrix} b_1 \\ b_2 \\ \vdots \\ b_m \end{pmatrix}$．

这说明 $\boldsymbol{AX}=\boldsymbol{B}$ 有解与 $\boldsymbol{B}$ 是 $\boldsymbol{A}$ 的列向量组 $(\boldsymbol{\beta}_1,\ \boldsymbol{\beta}_2,\ \cdots,\ \boldsymbol{\beta}_n)$ 的线性组合为同一件事，据

此可以得到非齐次线性方程组有解的判别定理：

定理 4-2　$\boldsymbol{AX}=\boldsymbol{B}$ 有解$\Leftrightarrow r(\boldsymbol{A},\boldsymbol{B})=r(\boldsymbol{A})$.

证明　$\boldsymbol{AX}=\boldsymbol{B}$ 有解，那么，存在常数 $k_1, k_2, \cdots, k_n$ 使得式 $x_1\boldsymbol{\beta}_1+x_2\boldsymbol{\beta}_2+\cdots+x_n\boldsymbol{\beta}_n=\boldsymbol{B}$ 成立，即 $\boldsymbol{B}=k_1\boldsymbol{\beta}_1+k_2\boldsymbol{\beta}_2+\cdots+k_n\boldsymbol{\beta}_n$，这说明 $\boldsymbol{B}$ 是 $\boldsymbol{A}$ 的列向量组$(\boldsymbol{\beta}_1, \boldsymbol{\beta}_2, \cdots, \boldsymbol{\beta}_n)$的线性组合，因此，以下两个列向量组等价：$S_1=\{\boldsymbol{\beta}_1, \boldsymbol{\beta}_2, \cdots, \boldsymbol{\beta}_n, \boldsymbol{B}\}$，$S_2=\{\boldsymbol{\beta}_1, \boldsymbol{\beta}_2, \cdots, \boldsymbol{\beta}_n\}$.

因为 $r(\boldsymbol{A},\boldsymbol{B})=r(S_1)$，$r(\boldsymbol{A})=r(S_2)$，而等价的向量组必定同秩，所以当 S_1 与 S_2 等价时，必有 $r(\boldsymbol{A},\boldsymbol{B})=r(\boldsymbol{A})$，这说明当 $\boldsymbol{AX}=\boldsymbol{B}$ 有解时，必有 $r(\boldsymbol{A},\boldsymbol{B})=r(\boldsymbol{A})$；反之，当 $r(\boldsymbol{A},\boldsymbol{B})=r(\boldsymbol{A})$时，必有 $r(S_1)=r(S_2)$，因为 $S_2\subset S_1$，所以 $\boldsymbol{B}$ 一定是 $\boldsymbol{A}$ 的列向量组$(\boldsymbol{\beta}_1, \boldsymbol{\beta}_2, \cdots, \boldsymbol{\beta}_n)$的线性组合，这说明 $\boldsymbol{AX}=\boldsymbol{B}$ 有解.

$(\boldsymbol{A},\boldsymbol{B})$是在 $\boldsymbol{A}$ 的右边添加一个列向量 $\boldsymbol{B}$ 构成的，所以，只有以下两种可能性：

(1) $r(\boldsymbol{A},\boldsymbol{B})=r(\boldsymbol{A})$时，$\boldsymbol{AX}=\boldsymbol{B}$ 必有解.

(当 $m\leqslant n$ 时，$\left(\begin{array}{cccc:c} a_{11} & a_{12} & \cdots & a_{1n} & b_1 \\ a_{21} & a_{22} & \cdots & a_{2n} & b_2 \\ \vdots & \vdots & & \vdots & \vdots \\ a_{m1} & a_{m2} & \cdots & a_{mn} & b_m \end{array}\right) \to \left(\begin{array}{ccccc:c} * & & & & & \\ 0 & * & & & & \\ \vdots & \vdots & * & & & \\ 0 & 0 & 0 & 0 & & 0 \end{array}\right)$)

(2) $r(\boldsymbol{A},\boldsymbol{B})=r(\boldsymbol{A})+1$ 时，$\boldsymbol{AX}=\boldsymbol{B}$ 必无解.

(当 $m>n$ 时，$\left(\begin{array}{cccc:c} a_{11} & a_{12} & \cdots & a_{1n} & b_1 \\ a_{21} & a_{22} & \cdots & a_{2n} & b_2 \\ \vdots & \vdots & & \vdots & \vdots \\ a_{m1} & a_{m2} & \cdots & a_{mn} & b_m \end{array}\right) \to \left(\begin{array}{ccccc:c} * & & & & & \\ 0 & * & & & & \\ \vdots & \vdots & * & & & \\ 0 & 0 & 0 & 0 & & * \end{array}\right)$)

4.2.2　非齐次线性方程组的解的结构

当 $\boldsymbol{B}\neq\boldsymbol{O}$ 时，$\boldsymbol{AX}=\boldsymbol{B}$ 的两个解的和不再是它的解，它的一个解的倍数也不再是它的解了. 若 $\boldsymbol{Ay}_1=\boldsymbol{B}$，$\boldsymbol{Ay}_2=\boldsymbol{B}$ 则 $\boldsymbol{A}(\boldsymbol{y}_1+\boldsymbol{y}_2)=\boldsymbol{Ay}_1+\boldsymbol{Ay}_2=2\boldsymbol{B}\neq\boldsymbol{O} \Rightarrow \boldsymbol{A}(k\boldsymbol{y}_1)=k\cdot(\boldsymbol{Ay}_1)=k\boldsymbol{B}\neq\boldsymbol{O}$，$k\neq1$. 也就是说，$\boldsymbol{AX}=\boldsymbol{B}$ 的若干个解的线性组合不再是它的解了，所以对于非齐次线性方程组 $\boldsymbol{AX}=\boldsymbol{B}$ 来说，根本不存在解空间和基础解系等概念.

对于任意一个非齐次线性方程组 $\boldsymbol{AX}=\boldsymbol{B}$，一定对应有一个齐次线性方程组 $\boldsymbol{AX}=\boldsymbol{O}$，则称 $\boldsymbol{AX}=\boldsymbol{O}$ 为 $\boldsymbol{AX}=\boldsymbol{B}$ 的导出组(又称为相伴方程组)，这样就在 $\boldsymbol{AX}=\boldsymbol{B}$ 与 $\boldsymbol{AX}=\boldsymbol{O}$ 之间架设了一座桥梁，它们有相同的系数矩阵，希望借助于 $\boldsymbol{AX}=\boldsymbol{O}$ 的基础解系求出 $\boldsymbol{AX}=\boldsymbol{B}$ 的通解.

设齐次线性方程组是非齐次线性方程组的导出组，则它们的解之间具有以下性质：

性质 1　如果 $\boldsymbol{\eta}_1$，$\boldsymbol{\eta}_2$ 是非齐次线性方程组 $\boldsymbol{AX}=\boldsymbol{B}$ 的解，则 $\boldsymbol{\xi}=\boldsymbol{\eta}_1-\boldsymbol{\eta}_2$ 是它的导出组的解.

证明　因为 $\boldsymbol{\eta}_1$，$\boldsymbol{\eta}_2$ 是 $\boldsymbol{AX}=\boldsymbol{B}$ 的解，必有 $\boldsymbol{A\eta}=\boldsymbol{B}$ 和 $\boldsymbol{A\eta}_2=\boldsymbol{B}$，所以必有

$\boldsymbol{A\xi}=\boldsymbol{A}(\boldsymbol{\eta}_1-\boldsymbol{\eta}_2)=\boldsymbol{B}-\boldsymbol{B}=\boldsymbol{O}$，因此 $\boldsymbol{\xi}=\boldsymbol{\eta}_1-\boldsymbol{\eta}_2$ 是它的导出组 $\boldsymbol{AX}=\boldsymbol{O}$ 的解.

性质 2　如果 $\boldsymbol{\eta}$ 是非齐次线性方程组 $\boldsymbol{AX}=\boldsymbol{B}$ 的解，$\boldsymbol{\xi}=\boldsymbol{\eta}_1-\boldsymbol{\eta}_2$ 是它的导出组的解，则 $\boldsymbol{\xi}+\boldsymbol{\eta}$ 必是 $\boldsymbol{AX}=\boldsymbol{B}$ 的解.

证明　因为 $\boldsymbol{\eta}$ 是 $\boldsymbol{AX}=\boldsymbol{B}$ 的解，$\boldsymbol{\xi}$ 是 $\boldsymbol{AX}=\boldsymbol{O}$ 的解，必有 $\boldsymbol{A\xi}=\boldsymbol{O}$ 和 $\boldsymbol{A\eta}=\boldsymbol{B}$，所以必有

$A(\boldsymbol{\xi}+\boldsymbol{\eta})=A\boldsymbol{\xi}+A\boldsymbol{\eta}=\boldsymbol{B}$，这说明 $\boldsymbol{\xi}+\boldsymbol{\eta}$ 是 $AX=B$ 的解.

由此可知，非齐次线性方程组的任意两个解的差必是其导出组的解，非齐次线性方程组的任意一个解与其导出组的任意一个解的和仍是非齐次线性方程组的解.

任取 $AX=B$ 的两个解 $\boldsymbol{\eta}$ 和 $\boldsymbol{\eta}^*$，令 $\boldsymbol{\xi}=\boldsymbol{\eta}-\boldsymbol{\eta}^*$，由 $A\boldsymbol{\eta}=B$ 和 $A\boldsymbol{\eta}^*=B$，可知必有 $A\boldsymbol{\xi}=A(\boldsymbol{\eta}-\boldsymbol{\eta}^*)=B-B=O$，这说明 $\boldsymbol{\xi}=\boldsymbol{\eta}-\boldsymbol{\eta}^*$ 必是导出组的解. 由 $\xi=\boldsymbol{\eta}-\boldsymbol{\eta}^*$ 可知 $\boldsymbol{\eta}=\xi+\boldsymbol{\eta}^*$，这说明 $AX=B$ 的任意一个解 $\boldsymbol{\eta}$ 一定可以写成 $AX=B$ 的任意一个特解 $\boldsymbol{\eta}^*$ 和其导出组 $AX=O$ 的某个解 $\boldsymbol{\xi}$ 之和，而 $AX=O$ 的这个解 $\boldsymbol{\xi}$ 又可表示成 $AX=O$ 的任意一个基础解系的线性组合，于是可以得到 $AX=B$ 的解的结构定理：

定理 4-3 设 A 是 $m\times n$ 的矩阵，且 $r(A, B)=r(A)=r$，则 $AX=B$ 的一般解为：

$$\boldsymbol{\eta}=\boldsymbol{\eta}^*+k_1\cdot\boldsymbol{\xi}_1+k_2\cdot\boldsymbol{\xi}_2+\cdots+k_{n-r}\cdot\boldsymbol{\xi}_{n-r}$$

其中，$\boldsymbol{\eta}^*$ 为 $AX=B$ 的任意一个解，$\{\boldsymbol{\xi}_1, \boldsymbol{\xi}_2, \cdots, \boldsymbol{\xi}_{n-r}\}$ 为 $AX=O$ 的任意一个基础解系. $\boldsymbol{\eta}=\boldsymbol{\eta}^*+k_1\cdot\boldsymbol{\xi}_1+k_2\cdot\boldsymbol{\xi}_2+\cdots+k_{n-r}\cdot\boldsymbol{\xi}_{n-r}$ 式称为非齐次线性方程组 $AX=B$ 的通解，其中 $\boldsymbol{\eta}^*$ 称为 $AX=B$ 的一个特解.

定理 4-4 设 A 是 $m\times n$ 的矩阵，且 $r(A, B)=r(A)=r$，则有以下结论：

(1) 当 $r=n$ 时，$AX=B$ 有唯一解；(2) 当 $r<n$ 时，$AX=B$ 有无穷多个解.

因此，当 $r(A, B)=r(A)$ 时，$AX=B$ 的解是唯一的 $\Leftrightarrow r(A)=n$

证明 因为 $r(A, B)=r(A)$，所以 $AX=B$ 必有解；

当 $r=n$ 时，$AX=O$ 只有零解，如果 $A\boldsymbol{\eta}_1=B$，$A\boldsymbol{\eta}_2=B$，则 $A(\boldsymbol{\eta}_1-\boldsymbol{\eta}_2)=O$，这说明 $\boldsymbol{\xi}=\boldsymbol{\eta}_1-\boldsymbol{\eta}_2$ 为 $AX=O$ 的解，必有 $\boldsymbol{\xi}=O$，所以必有 $\boldsymbol{\eta}_1=\boldsymbol{\eta}_2$，这说明当 $r=n$ 时，$AX=B$ 有唯一解.

当 $r<n$ 时，$AX=O$ 有基础解系，由通解表达式 $\boldsymbol{\eta}=\boldsymbol{\eta}^*+k_1\cdot\boldsymbol{\xi}_1+k_2\cdot\boldsymbol{\xi}_2+\cdots+k_{n-r}\cdot\boldsymbol{\xi}_{n-r}$ 可知，$AX=B$ 必有无穷多个解.

注意：当 $r(A)=n$ 时，$AX=B$ 或者无解，或者有唯一解；

当 $r(A)<n$ 时，$AX=B$ 或者无解，或者有无穷多个解.

定理 4-5 设 A 是 n 阶方阵，则有以下结论：

(1) 当 $|A|\neq 0$ 时，$AX=B$ 必有唯一解 $X=A^{-1}\cdot B$；

(2) 当 $|A|=0$ 时，如果 $r(A, B)=r(A)$，则 $AX=B$ 有无穷多个解；如果 $r(A, B)=r(A)+1$ 则 $AX=B$ 无解.

证明 当 $|A|\neq 0$ 时，A 为可逆矩阵，$AX=B$ 必有唯一解 $X=A^{-1}\cdot B$；

当 $|A|=0$ 时，必有 $r(A)<n$，$AX=O$ 有无穷多个解，

如果 $r(A, B)=r(A)$，则 $AX=B$ 有无穷多个解；

如果 $r(A, B)=r(A)+1$，则 $AX=B$ 无解.

4.2.3 非齐次线性方程组的求通解方法

求已给的非齐次线性方程组 $AX=B$ 的通解的方法是：用初等行变换把它的增广矩阵 (A, B) 化成简化行阶梯形矩阵 (T, d). 我们已证明了 $AX=B$ 与 $TX=d$ 是同解的非齐次线性方程组，于是 $TX=d$ 的通解就是 $AX=B$ 的通解.

【例 4-4】 求$\begin{cases}x_1+2x_2-x_3+3x_4+x_5=2\\-x_1-2x_2+x_3-x_4+3x_5=4\\2x_1+4x_2-2x_3+6x_4+3x_5=6\end{cases}$的通解.

解

$$(\boldsymbol{A},\boldsymbol{b})=\left(\begin{array}{ccccc:c}1&2&-1&3&1&2\\-1&-2&1&-1&3&4\\2&4&-2&6&3&6\end{array}\right)\xrightarrow[r_1\times(-2)+r_3]{r_1\times1+r_2}\left(\begin{array}{ccccc:c}1&2&-1&3&1&2\\0&0&0&2&4&6\\0&0&0&0&1&2\end{array}\right)$$

$$\xrightarrow{r_2\times\frac{1}{2}}\left(\begin{array}{ccccc:c}1&2&-1&3&1&2\\0&0&0&1&2&3\\0&0&0&0&1&2\end{array}\right)$$

$$\xrightarrow[r_3\times5+r_1]{\substack{r_2\times(-3)+r_1\\r_3\times(-2)+r_2}}\left(\begin{array}{ccccc:c}1&2&-1&0&0&3\\0&0&0&1&0&-1\\0&0&0&0&1&2\end{array}\right)=(\boldsymbol{T},\boldsymbol{d})$$

$(\boldsymbol{T},\boldsymbol{d})$就是简化行阶梯形矩阵，据此得到原方程组的同解方程组，

$$\begin{cases}x_1=3-2x_2+x_3\\x_4=-1\\x_5=2\end{cases}\quad 常取\ x_2=x_3=0，得到一个特解\ \boldsymbol{\eta}^*=\begin{pmatrix}3\\0\\0\\-1\\2\end{pmatrix},$$

原方程的导出组的同解方程组为$\begin{cases}x_1=-2x_2+x_3\\x_4=0\\x_5=0\end{cases}$,

当 $x_3=0$，$x_4=1$ 和 $x_3=1$，$x_4=0$ 时的基础解系为 $\boldsymbol{\xi}_1=\begin{pmatrix}-2\\1\\0\\0\\0\end{pmatrix}$，$\boldsymbol{\xi}_2=\begin{pmatrix}1\\0\\1\\0\\0\end{pmatrix}$，

于是得原方程的通解 $\boldsymbol{\eta}=\boldsymbol{\eta}^*+k_1\boldsymbol{\xi}_1+k_2\boldsymbol{\xi}_2$，其中 k_1，k_2 为任意实数.

求非齐次线性方程组的特解的方法是任意的，最方便的方法是把自由未知量的值都取为 0.

【例 4-5】 以下非齐次线性方程组是否有解？若有解，求出其通解.

$$\begin{cases}x_1+2x_2-x_3+3x_4+x_5=2\\-x_1-2x_2+x_3-x_4+3x_5=4\\2x_1+4x_2-2x_3+6x_4+3x_5=6\end{cases}$$

解 $(\boldsymbol{A},\boldsymbol{b})=\left(\begin{array}{cccc:c}1&2&-3&4&0\\2&-3&1&0&0\\1&9&-10&12&11\end{array}\right)$

$\xrightarrow[r_1\times(-1)+r_3]{r_1\times(-2)+r_2}\left(\begin{array}{cccc:c}1&2&-3&4&0\\0&-7&7&-8&0\\0&7&-7&8&11\end{array}\right)$

$\xrightarrow{r_2\times1+r_3}\left(\begin{array}{cccc:c}1&2&-3&4&0\\0&-7&7&-8&0\\0&0&0&0&11\end{array}\right)$

由于 $r(\boldsymbol{A},\boldsymbol{B})=r(\boldsymbol{A})+1$ 或由第 3 个方程是矛盾方程得，原方程组无解.

【例 4-6】 以下非齐次线性方程组是否有解？若有解，求出其通解.

$$\begin{cases}x_1+2x_2-x_3-x_4=0\\x_1+2x_2+x_4=4\\-x_1-2x_2+2x_3+4x_4=5\end{cases}$$

解 $(\boldsymbol{A},\boldsymbol{b})=\left(\begin{array}{cccc:c}1&2&-1&-1&0\\1&2&0&1&4\\-1&-2&2&4&5\end{array}\right)$

$\xrightarrow[r_1\times1+r_3]{r_1\times(-1)+r_2}\left(\begin{array}{cccc:c}1&2&-1&-1&0\\0&0&1&2&4\\0&0&1&3&5\end{array}\right)$

$\xrightarrow{r_2\times(-1)+r_3}\left(\begin{array}{cccc:c}1&2&-1&-1&0\\0&0&1&2&4\\0&0&0&1&1\end{array}\right)$

$=(\boldsymbol{T},\boldsymbol{d})$,

$(\boldsymbol{T},\boldsymbol{d})$就是$(\boldsymbol{A},\boldsymbol{b})$的简化行阶梯形矩阵，据此得到原方程组的同解方程组.

$\begin{cases}x_1=3-2x_2\\x_3=2\\x_4=1\end{cases}$ 令 $x_2=0$，则原方程组的特解 $\boldsymbol{\eta}^*=\begin{pmatrix}3\\0\\2\\1\end{pmatrix}$，原方程组的导出方程组的同解方程组为$\begin{cases}x_1=-2x_2\\x_3=0\\x_4=0\end{cases}$，所以导出组的通解为 $\boldsymbol{\eta}=k\cdot\begin{pmatrix}-2\\1\\0\\0\end{pmatrix}$ $(k\in R)$，从而原方程的通解为 $\boldsymbol{\eta}=\begin{pmatrix}3\\0\\2\\1\end{pmatrix}+k\cdot\begin{pmatrix}-2\\1\\0\\0\end{pmatrix}$ $(k\in\mathbf{R})$.

【例 4－7】　以下非齐次线性方程组是否有解？若有解，求出其通解.

$$\begin{cases}x_2+2x_3=7\\x_1-2x_2-6x_3=-18\\x_1-x_2-2x_3=-5\\2x_1-5x_2-15x_3=-46\end{cases}$$

解

$$(\boldsymbol{A},\boldsymbol{b})=\left(\begin{array}{ccc:c}0&1&2&7\\1&-2&-6&-18\\1&-1&-2&-5\\2&-5&-15&-46\end{array}\right)\xrightarrow{r_1\leftrightarrow r_2}\left(\begin{array}{ccc:c}1&-2&-6&-18\\0&1&2&7\\1&-1&-2&-5\\2&-5&-15&-46\end{array}\right)$$

$$\xrightarrow[r_1\times(-2)+r_4]{r_1\times(-1)+r_3}\left(\begin{array}{ccc:c}1&-2&-6&-18\\0&1&2&7\\0&1&4&13\\0&-1&-3&-10\end{array}\right)$$

$$\xrightarrow[\substack{r_2\times(-1)+r_3\\r_2\times1+r_4}]{r_2\times2+r_1}\left(\begin{array}{ccc:c}1&0&-2&-4\\0&1&2&7\\0&0&2&6\\0&0&-1&-3\end{array}\right)$$

$$\xrightarrow{r_4\times(-1)}\left(\begin{array}{ccc:c}1&0&-2&-4\\0&1&2&7\\0&0&2&6\\0&0&1&3\end{array}\right)\xrightarrow[\substack{r_4\times2+r_1\\r_4\times(-2)+r_3}]{r_4\times(-2)+r_2}\left(\begin{array}{ccc:c}1&0&0&2\\0&1&0&1\\0&0&0&0\\0&0&1&3\end{array}\right)$$

$$\xrightarrow{r_3\leftrightarrow r_4}\left(\begin{array}{ccc:c}1&0&0&2\\0&1&0&1\\0&0&1&3\\0&0&0&0\end{array}\right)=(\boldsymbol{T},\boldsymbol{d})$$

由于 $r(\boldsymbol{A},\boldsymbol{b})=r(\boldsymbol{A})=3=n$，有唯一解，与 $(\boldsymbol{A},\boldsymbol{d})$ 等价的通解方程为 $\begin{cases}x_1=2\\x_2=1\\x_3=3\end{cases}$，则 $\boldsymbol{\eta}^*=\begin{pmatrix}2\\1\\3\end{pmatrix}$，此时，$\boldsymbol{\eta}^*$ 为所求唯一解.

【例 4－8】　以下非齐次线性方程组是否有解？若有解，求出其通解.

$$\begin{cases}x_1+x_2+x_3+x_4+x_5=7\\3x_1+2x_2+x_3+x_4-3x_5=-2\\x_2+2x_3+2x_4+6x_5=23\\5x_1+4x_2-3x_3+3x_4-x_5=12\end{cases}$$

解 $$(\boldsymbol{A},\boldsymbol{b})=\left(\begin{array}{ccccc:c}1&1&1&1&1&7\\3&2&1&1&-3&-2\\0&1&2&2&6&23\\5&4&-3&3&-1&12\end{array}\right)$$

$$\xrightarrow[r_1\times(-5)+r_4]{r_1\times(-3)+r_2}\left(\begin{array}{ccccc:c}1&1&1&1&1&7\\0&-1&-2&-2&-6&-23\\0&1&2&2&6&23\\0&-1&-8&-2&-6&-23\end{array}\right)$$

$$\xrightarrow{r_2\leftrightarrow r_3}\left(\begin{array}{ccccc:c}1&1&1&1&1&7\\0&1&2&2&6&23\\0&-1&-2&-2&-6&-23\\0&-1&-8&-2&-6&-23\end{array}\right)$$

$$\xrightarrow[r_2\times1+r_4]{r_2\times1+r_3}\left(\begin{array}{ccccc:c}1&1&1&1&1&7\\0&1&2&2&6&23\\0&0&0&0&0&0\\0&0&-6&0&0&0\end{array}\right)$$

$$=\xrightarrow[\left(-\frac{1}{6}\right)\times r_3]{r_2\times(-1)+r_1}\begin{pmatrix}1&0&-1&-1&-5&-16\\0&1&2&2&6&23\\0&0&1&0&0&0\\0&0&0&0&0&0\end{pmatrix}$$

$$\xrightarrow[r_3+r_1]{r_3\times(-2)+r_2}\begin{pmatrix}1&0&0&-1&-5&-16\\0&1&0&2&6&23\\0&0&1&0&0&0\\0&0&0&0&0&0\end{pmatrix}$$

$$=(\boldsymbol{T},\boldsymbol{d})$$

与原方程等价的方程组为$\begin{cases}x_1=-16+x_4+5x_5\\x_2=23-2x_4-6x_5\\x_3=0\end{cases}$，

当 $x_4=x_5=0$ 时，原方程的特解为 $\boldsymbol{\eta}^*=\begin{pmatrix}-16\\23\\0\\0\\0\end{pmatrix}$；

当 $x_4=1$，$x_5=0$ 和 $x_4=0$，$x_5=1$ 时，导出组$\begin{cases}x_1=x_4+5x_5\\x_2=-2x_4-6x_5\\x_3=0\end{cases}$的基础解系为 $\boldsymbol{\xi}_1=\begin{pmatrix}1\\-2\\0\\1\\0\end{pmatrix}$，

$$\xi_2=\begin{pmatrix}5\\-6\\0\\0\\1\end{pmatrix}，原方程组的通解为\ \eta=\begin{pmatrix}-16\\23\\0\\0\\0\end{pmatrix}+k_1\cdot\begin{pmatrix}1\\-2\\0\\1\\0\end{pmatrix}+k_2\cdot\begin{pmatrix}5\\-6\\0\\0\\1\end{pmatrix}\quad(k_1,k_2\in R).$$

4.3 应用实例

【例 4-9】 一个城镇有三个主要企业：煤矿、电厂和地方铁路. 生产价值 1 元的煤，需消耗 0.25 元的电费和 0.35 元的运输费；生产价值 1 元的电，需消耗 0.40 元的煤费、0.05 元的电费和 0.10 元的运输费；提供价值 1 元的铁路运输服务，则需消耗 0.45 元的煤、0.10 元的电费和 0.10 元的运输费. 在某一个星期内，除了这三个企业间的彼此需求，煤矿得到 50 000 元的订单，电厂得到 25 000 元的电量供应要求，而地方铁路得到价值 30 000 元的运输需求. 这三个企业在这星期各应生产多少产值才能满足内外需求？

解 假设不考虑其他因素，设煤矿产出 x_1 元，电厂产出 x_2 元，铁路产出 x_3 元可满足需求，则

$$\begin{cases}x_1=0x_1+0.4x_2+0.45x_3+50\ 000\\x_2=0.25x_1+0.05x_2+0.1x_3+25\ 000\\x_3=0.35x_1+0.1x_2+0.1x_3+30\ 000\end{cases}$$

将上述方程组写为矩阵形式为

$$\boldsymbol{X}=\boldsymbol{AX}+\boldsymbol{Y}$$

其中

$$\boldsymbol{A}=\begin{bmatrix}0&0.4&0.45\\0.25&0.05&0.1\\0.35&0.1&0.1\end{bmatrix},\ \boldsymbol{X}=\begin{bmatrix}x_1\\x_2\\x_3\end{bmatrix},\ \boldsymbol{y}=\begin{bmatrix}50000\\25000\\30000\end{bmatrix}$$

求解可得：

$$\boldsymbol{X}=\begin{bmatrix}x_1\\x_2\\x_3\end{bmatrix}=\begin{bmatrix}114458\\65395\\85111\end{bmatrix}$$

拓展阅读

对线性方程组的研究，中国比欧洲至少早 1500 年，记载在公元初《九章算术》方程章中.《九章算术》方程章第一问便是：

今有上禾三秉，中禾二秉，下禾一秉，实三十九斗；上禾二秉，中禾三秉，下禾一秉，

实三十四斗；上禾一秉，中禾二秉，下禾三秉，实二十六斗．问：上、中、下禾实一秉各几何？

《九章算术》给出答案之后，提出了方程术．方程术曰：

置上禾三秉，中禾二秉，下禾一秉，实三十九斗于右方．中、左禾列如右方．以右行上禾遍乘中行，而以直除．又乘其次，亦以直除．然以中行中禾不尽者遍乘左行，而以直除．左方下禾不尽者，上为法．下为实．实即下禾之实．求中禾，以法乘中行下实，而除下禾之实．余，如中禾秉数而一，即中禾之实．求上禾，亦以法乘右行下实，而除下禾、中禾之实．余，如上禾乘数而一，即上禾之类．实皆如法，各得一斗．

这就是线性方程组的普遍解法．此后，刘徽对这一解法进行了改进．

在西方，线性方程组的研究是在 17 世纪后期由莱布尼茨开创的．他曾研究含两个未知量的三个线性方程组成的方程组，证明了当方程组的结式等于零时方程有解．马克劳林在 18 世纪上半叶研究了具有二、三、四个未知量的线性方程组，得到了现在称为克拉默法则的结果，克拉默不久也发表了这个法则．18 世纪 60 年代以后，法国数学家贝祖对线性方程组理论进行了一系列研究，证明了 n 元齐次线性方程组(n 个方程)有非零解的条件是系数行列式等于零．他还利用消元法将高次方程问题与线性方程组联系起来，提供了某些 n 次方程的解法．

到了 19 世纪，英国数学家 H. J. S. 史密斯和道奇森继续研究线性方程组理论，前者引进了方程组的增广矩阵和非增广矩阵的术语，后者证明了 n 个未知数 m 个方程的方程组相容的充要条件是非增广矩阵和增广矩阵中的最高阶非零行列式是同阶的，即两个矩阵的秩相同，这正是现代解方程组的条件．

课堂随练

1. 求非齐次线性方程组的通解 $\begin{cases}x_1+2x_2-x_3+2x_4=0\\2x_1+4x_2+x_3+x_4=0\\-x_1-2x_2-2x_3+x_4=0\end{cases}$.

2. 求非齐次线性方程组的通解 $\begin{cases}2x_1+x_2-x_3+x_4=1\\4x_1+2x_2-2x_3+x_4=2\\2x_1+x_2-x_3-x_3=1\end{cases}$.

3. a，b 取何值时，下列线性方程组无解？何时有解？有无穷多解时求其通解.

$$\begin{cases}x_1+2x_2+3x_3=6\\2x_1+3x_2+x_3=-1\\x_1+x_2+ax_3=-7\\3x_1+5x_2+4x_3=b\end{cases}$$

进阶训练

1. 求线性方程组的通解 $\begin{cases}2x_1-3x_2+x_3-x_4=1\\-x_1+2x_2+x_3-x_4=2\\3x_1-6x_2+3x_3-3x_4=4\end{cases}$.

2. 已知线性方程组：$\begin{cases}x_1+x_2+x_3+x_4+x_5=1\\3x_1+2x_2+x_3+x_4-3x_5=a\\x_2+3x_3+2x_4+6x_5=3\\5x_1+4x_2+3x_3+3x_4-x_5=b\end{cases}$ a，b 取何值时，方程组有解？并求出通解.

第 4 章答案

第 5 章
特征值和特征向量

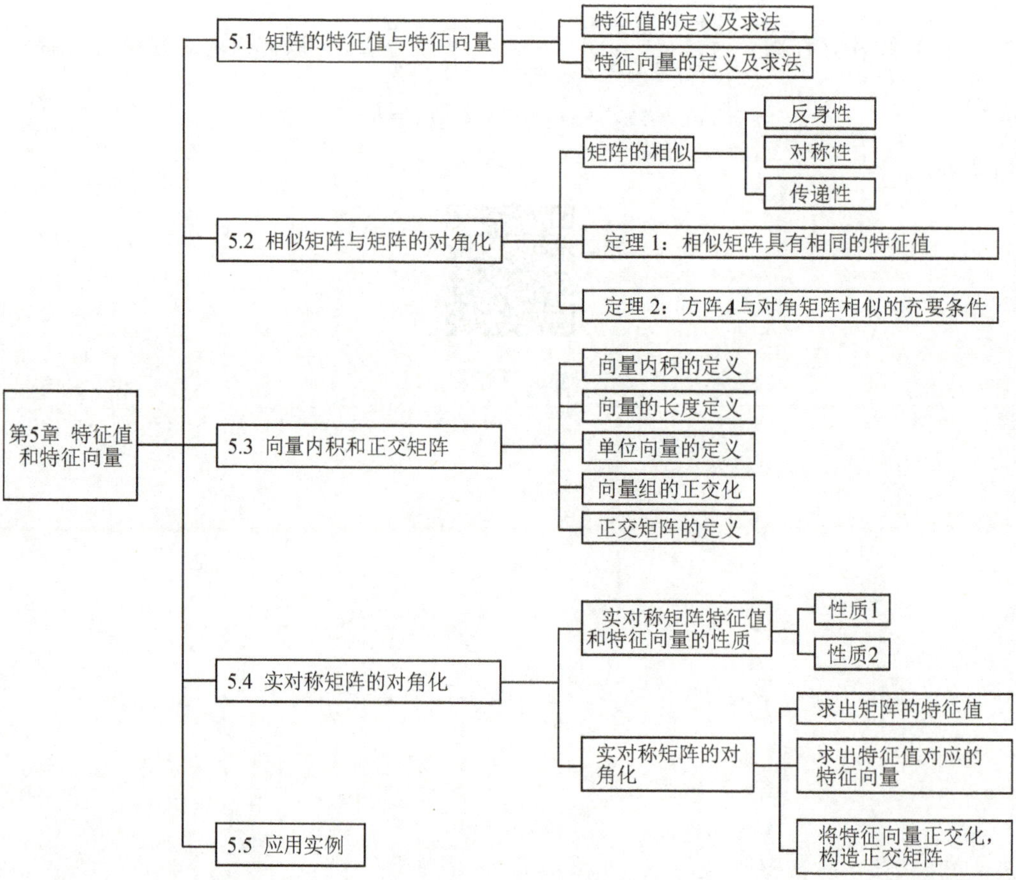

矩阵的特征值和特征向量是矩阵理论中最基本的概念之一，它刻画了方阵的一些本质特征，是矩阵的变换简化过程中保持不变的性质之一，在自然科学、工程技术以及经济等领域都有着广泛的应用.

5.1 矩阵的特征值与特征向量

定义 5-1 设 $\boldsymbol{A}=(a_{ij})$ 为 n 阶矩阵，如果存在数 λ 和某个 n 维非零列向量 $\boldsymbol{x}$，满足 $\boldsymbol{A}\boldsymbol{x}=\lambda\boldsymbol{x}$，则称数 λ 是矩阵 $\boldsymbol{A}$ 的一个特征值(eigenvalue)，称非零向量 $\boldsymbol{x}$ 是 $\boldsymbol{A}$ 的属于(或对应

于)这个特征值的一个特征向量(eigenvector).

例如：设 $A=\begin{pmatrix}1 & -1\\ 2 & 4\end{pmatrix}$，$\lambda=2$，$x=\begin{pmatrix}-1\\ 1\end{pmatrix}$，则 $Ax=\begin{pmatrix}1 & -1\\ 2 & 4\end{pmatrix}\begin{pmatrix}-1\\ 1\end{pmatrix}=\begin{pmatrix}-2\\ 2\end{pmatrix}=\lambda x$，因而 $\lambda=2$ 是矩阵 $A=\begin{pmatrix}1 & -1\\ 2 & 4\end{pmatrix}$ 的特征值，而向量 $x=\begin{pmatrix}-1\\ 1\end{pmatrix}$ 就是矩阵 $A=\begin{pmatrix}1 & -1\\ 2 & 4\end{pmatrix}$ 对应于特征值 $\lambda=2$ 的特征向量.

又如：设 E 是 n 阶单位矩阵，则对于任意 n 维非零列向量 x，都有 $E\cdot x=1\cdot x$，从而 1 是单位矩阵的一个特征值，任意一个非零列向量都是 n 阶单位矩阵的属于特征值 1 的特征向量.

下面我们讨论如何求出给定方阵的特征值和特征向量. 由 $Ax=\lambda x$ 得 $(\lambda E-A)x=O$，显然 x 就是齐次线性方程组 $(\lambda E-A)x=O$ 的任意一个非零解. 该齐次线性方程组有非零解当且仅当它的系数行列式等于零，即 $|\lambda E-A|=0$.

定义 5-2　设矩阵 $A=\begin{pmatrix}a_{11} & a_{12} & \cdots & a_{1n}\\ a_{21} & a_{22} & \cdots & a_{2n}\\ \vdots & \vdots & & \vdots\\ a_{n1} & a_{n2} & \cdots & a_{nn}\end{pmatrix}$，则称矩阵 $\lambda E-A$ 为方阵 A 的特征矩阵(characteristic matrix)，其行列式 $|\lambda E-A|$ 是一个关于 λ 的一元 n 次多项式，称为 A 的特征多项式(characteristic polynomial)，而方程 $|\lambda E-A|=0$ 称为矩阵 A 的特征方程(characteristic equation).

由于矩阵的特征方程是关于 λ 的 n 次方程，根据代数基本定理，这个方程在复数域上有且仅有 n 个根，于是，n 阶矩阵 A 在复数范围内有且仅有 n 个特征值. 如果 λ 是特征方程的 k 重根，则称 λ 是 A 的 k 重特征根. 齐次线性方程组 $(\lambda E-A)x=O$ 的每个非零解向量都是矩阵 A 对应于特征值 λ 的特征向量.

矩阵的特征值有如下性质：

定理 5-1　设 λ_1，λ_2，…，λ_n 是 n 阶方阵 $A=(a_{ij})_{n\times n}$ 的全部特征值，则必有

(1) $\sum\limits_{i=1}^{n}\lambda_i=\sum\limits_{i=1}^{n}a_{ii}=tr(A)$，即 $\lambda_1+\lambda_2+\cdots+\lambda_n=a_{11}+a_{22}+\cdots+a_{nn}$.

(2) $\prod\limits_{i=1}^{n}\lambda_i=|A|$，即 $\lambda_1\lambda_2\cdots\lambda_n=|A|$.

其中 $tr(A)$ 为 $A=(a_{ij})_{n\times n}$ 中的 n 个对角元之和，称为 A 的迹(trace).

证明　由于 λ_1，λ_2，…，λ_n 是方阵 $A=(a_{ij})_{n\times n}$ 的全部特征值，所以有

$$\begin{aligned}|\lambda E-A|&=(\lambda-\lambda_1)(\lambda-\lambda_2)\cdots(\lambda-\lambda_n)\\&=\lambda^n-(\lambda_1+\lambda_2+\cdots+\lambda_n)\lambda^{n-1}+\cdots+(-1)^n\lambda_1\lambda_2\cdots\lambda_n\end{aligned}\qquad①$$

令 $\lambda=0$，即得 $|-A|=(-1)^n\lambda_1\lambda_2\cdots\lambda_n$，即 $(-1)^n|A|=(-1)^n\lambda_1\lambda_2\cdots\lambda_n$，于是 $\lambda_1\lambda_2\cdots\lambda_n=|A|$，另一方面，由于 $|\lambda E-A|=\begin{vmatrix}\lambda-a_{11} & -a_{12} & \cdots & -a_{1n}\\ -a_{21} & \lambda-a_{22} & \cdots & -a_{2n}\\ \vdots & \vdots & \vdots & \vdots\\ -a_{n1} & -a_{n2} & \cdots & \lambda-a_{nn}\end{vmatrix}$，主对角线上元素的乘积 $(\lambda-a_{11})(\lambda-a_{22})\cdots(\lambda-a_{nn})$ 是该行列式展开式中一项，而展开式中其余各项中至多含有

$n-2$ 个主对角线上的元素，所以$|\lambda\boldsymbol{E}-\boldsymbol{A}|$中 λ 的 n 次项与 $n-1$ 次项只可能出现在主对角线上的 n 个元素的乘积中，于是

$$|\lambda\boldsymbol{E}-\boldsymbol{A}|=\lambda^n-(a_{11}+a_{22}+\cdots+a_{nn})\lambda^{n-1}+g(\lambda) \qquad ②$$

其中 $g(\lambda)$的次数不超过 $n-2$，比较①、②两式中 λ^{n-1} 的系数，得

$$\lambda_1+\lambda_2+\cdots+\lambda_n=a_{11}+a_{22}+\cdots+a_{nn}$$

推论 方阵 $\boldsymbol{A}$ 可逆$\Leftrightarrow\boldsymbol{A}$ 的所有特征值均不为零.

除上述性质外，关于矩阵特征值的运算，还有如下结论：

设 λ 是矩阵 $\boldsymbol{A}$ 的特征值，则：

(1) $k\boldsymbol{\lambda}$ 的特征值为 $k\lambda$；

证明 $\boldsymbol{Ax}=\lambda\boldsymbol{x}$，则$(k\boldsymbol{A})\boldsymbol{x}=k(\boldsymbol{Ax})=k(\lambda\boldsymbol{x})=(k\lambda)\boldsymbol{x}$，即 $k\boldsymbol{A}$ 的特征值为 $k\lambda$.

(2) $\boldsymbol{A}^m$ 的特征值为 λ^m；

证明 $\boldsymbol{A}^m\boldsymbol{x}=\boldsymbol{A}^{m-1}A\boldsymbol{x}=\boldsymbol{A}^{m-1}\lambda\boldsymbol{x}=\lambda\boldsymbol{A}^{m-1}\boldsymbol{x}=\cdots=\lambda^m\boldsymbol{x}$，即 $\boldsymbol{A}^m$ 的特征值为 λ^m.

(3) $f(\boldsymbol{A})=a_0\boldsymbol{E}+a_1\boldsymbol{A}^1+\cdots+a_m\boldsymbol{A}^m$ 的特征值为 $f(\lambda)=a_0\lambda+a_1\lambda^1+\cdots+a_m\lambda^m$；

证明
$$\begin{aligned}f(\boldsymbol{A})\boldsymbol{x}&=(a_0\boldsymbol{E}+a_1\boldsymbol{A}^1+\cdots+a_m\boldsymbol{A}^m)\boldsymbol{x}=a_0\boldsymbol{Ex}+a_1\boldsymbol{A}^1\boldsymbol{x}+\cdots+a_m\boldsymbol{A}^m\boldsymbol{x}\\&=(a_0\lambda+a_1\lambda^1+\cdots+a_m\lambda^m)\boldsymbol{x}=f(\lambda)\boldsymbol{x}\end{aligned}$$

即 $f(\lambda)$是 $f(\boldsymbol{A})$的特征值.

(4) $\boldsymbol{A}^{-1}$ 的特征值为$\dfrac{1}{\lambda}(\lambda\neq0)$；

证明 $\boldsymbol{Ax}=\lambda\boldsymbol{x}$，两端同时左乘 $\boldsymbol{A}^*$，得 $\boldsymbol{A}^*\boldsymbol{Ax}=\lambda\boldsymbol{A}^*\boldsymbol{x}$，从而$|\boldsymbol{A}|\boldsymbol{x}=\lambda\boldsymbol{A}^*\boldsymbol{x}$，从而$\dfrac{\boldsymbol{A}^*}{|\boldsymbol{A}|}\boldsymbol{x}=\dfrac{1}{\lambda}\boldsymbol{x}$，即 $\boldsymbol{A}^{-1}\boldsymbol{x}=\dfrac{1}{\lambda}\boldsymbol{x}$，也就是说 $\boldsymbol{A}^{-1}$ 的特征值为$\dfrac{1}{\lambda}(\lambda\neq0)$.

(5) $\boldsymbol{A}^*$ 的特征值为$\dfrac{|\boldsymbol{A}|}{\lambda}$；

证明 $\boldsymbol{Ax}=\lambda\boldsymbol{x}$，两端同时左乘 $\boldsymbol{A}^*$，得 $\boldsymbol{A}^*\boldsymbol{Ax}=\lambda\boldsymbol{A}^*\boldsymbol{x}$，即有$|\boldsymbol{A}|\boldsymbol{x}=\lambda\boldsymbol{A}^*\boldsymbol{x}$，从而 $\boldsymbol{A}^*\boldsymbol{x}=\dfrac{|\boldsymbol{A}|}{\lambda}\boldsymbol{x}$，即 $\boldsymbol{A}^*$ 的特征值为$\dfrac{|\boldsymbol{A}|}{\lambda}$.

(6) $\boldsymbol{A}$ 与 $\boldsymbol{A}^{\mathrm{T}}$ 特征值相同；

证明 $|\lambda\boldsymbol{E}-\boldsymbol{A}^{\mathrm{T}}|=|(\lambda\boldsymbol{E}-\boldsymbol{A})^{\mathrm{T}}|=|\lambda\boldsymbol{E}-\boldsymbol{A}|$，于是 $\boldsymbol{A}^{\mathrm{T}}$ 与 $\boldsymbol{A}$ 有相同的特征多项式，因而有相同的特征值.

(7) $\boldsymbol{AB}$ 与 $\boldsymbol{BA}$ 特征值相同；

证明 设 $\boldsymbol{AB}$ 的特征值为 λ，则 $\boldsymbol{ABx}=\lambda\boldsymbol{x}$，两端同时左乘 $\boldsymbol{B}$，得 $\boldsymbol{BABx}=\lambda\boldsymbol{Bx}$，即有 $\boldsymbol{BA}(\boldsymbol{Bx})=\lambda(\boldsymbol{Bx})$，即 $\boldsymbol{BA}$ 的特征值也为 λ，其对应的特征向量为 $\boldsymbol{Bx}$.

(8) 0 是 $\boldsymbol{A}$ 的特征值$\Leftrightarrow|\boldsymbol{A}|=0$；

证明 0 是 $\boldsymbol{A}$ 的特征值$\Leftrightarrow\boldsymbol{Ax}=0\boldsymbol{x}\Leftrightarrow|(0\boldsymbol{E}-\boldsymbol{A})|=0\Leftrightarrow|-\boldsymbol{A}|=0\Leftrightarrow|\boldsymbol{A}|=0$

关于特征向量，有如下性质：

(1) 若 $\boldsymbol{x}$ 是 $\boldsymbol{A}$ 的属于特征值 λ 的特征向量，则 $\boldsymbol{x}$ 一定是非零向量，且对任意非零常数 k，$k\boldsymbol{x}$ 也是属于 λ 的特征向量.

证明 $\boldsymbol{x}$ 是 $\boldsymbol{A}$ 的属于特征值 λ 的特征向量，则 $\boldsymbol{Ax}=\lambda\boldsymbol{x}$，两边同乘 k，则 $\boldsymbol{A}(k\boldsymbol{x})=\lambda(k\boldsymbol{x})$，这就说明 $k\boldsymbol{x}$ 也是属于 λ 的特征向量.

(2) 设 λ 是矩阵 $\boldsymbol{A}$ 的一个特征值，$\boldsymbol{x}_1$，$\boldsymbol{x}_2$ 都是属于该特征值的特征向量，则对于任意使得 $k_1\boldsymbol{x}_1+k_2\boldsymbol{x}_2\neq\boldsymbol{O}$ 的常数 k_1，k_2，$k_1\boldsymbol{x}_1+k_2\boldsymbol{x}_2$ 也是矩阵 $\boldsymbol{A}$ 的属于特征值 λ 的特征向量.

证明　$\boldsymbol{A}(k_1\boldsymbol{x}_1+k_2\boldsymbol{x}_2)=k_1\boldsymbol{A}\boldsymbol{x}_1+k_2\boldsymbol{A}\boldsymbol{x}_2=\lambda(k_1\boldsymbol{x}_1+k_2\boldsymbol{x}_2)$

(3) 设 λ_1，λ_2，…，λ_s 是矩阵 $\boldsymbol{A}$ 的互不相同的特征值，$\boldsymbol{x}_1$，$\boldsymbol{x}_2$，…，$\boldsymbol{x}_s$ 分别是属于 λ_1，λ_2，…，λ_s 的特征向量，则 $\boldsymbol{x}_1$，$\boldsymbol{x}_2$，…，$\boldsymbol{x}_s$ 线性无关.

证明　当 $s=1$ 时，由于 $\boldsymbol{x}_1$ 是特征向量，故 $\boldsymbol{x}_1$ 非零，从而线性无关，

设对 $s-1$ 个互不相同的特征值，上述结论成立，令

$$k_1\boldsymbol{x}_1+k_2\boldsymbol{x}_2+\cdots+k_s\boldsymbol{x}_s=\boldsymbol{O}\cdots\cdots(*)$$

由于 $\boldsymbol{A}\boldsymbol{x}_i=\lambda\boldsymbol{x}_i(i=1, 2, \cdots, s)$，用 $\boldsymbol{A}$ 左乘$(*)$两端，得

$$k_1\lambda_1\boldsymbol{x}_1+k_2\lambda_2\boldsymbol{x}_2+\cdots+k_s\lambda_s\boldsymbol{x}_s=\boldsymbol{O}\cdots\cdots(**)$$

$(**)-(*)\cdot\lambda_s$ 得 $k_1(\lambda_1-\lambda_s)\boldsymbol{x}_1+k_2(\lambda_2-\lambda_s)\boldsymbol{x}_2+\cdots+k_{s-1}(\lambda_{s-1}-\lambda_s)\boldsymbol{x}_{s-1}=\boldsymbol{O}$，由归纳假设 $\boldsymbol{x}_1$，$\boldsymbol{x}_2$，…，$\boldsymbol{x}_{s-1}$ 线性无关，从而 $k_i(\lambda_i-\lambda_s)=0(i=1, 2, \cdots, s-1)$，又由于 λ_1，λ_2，…，λ_s 互不相同，故 $\lambda_i-\lambda_s\neq0(i=1, 2, \cdots, s-1)$，所以 $k_1=k_2=\cdots=k_{s-1}=0$，再代入$(*)$得 $k_s=0$，故 $\boldsymbol{x}_1$，$\boldsymbol{x}_2$，…，$\boldsymbol{x}_s$ 线性无关.

(4) 设 λ_1，λ_2 是 $\boldsymbol{A}$ 的两个不同特征值，$\boldsymbol{x}_1$，$\boldsymbol{x}_2$ 是 $\boldsymbol{A}$ 的分别属于 λ_1，λ_2 的特征向量，k_1，k_2 是非零常数，则 $k_1\boldsymbol{x}_1+k_2\boldsymbol{x}_2$ 不是 $\boldsymbol{A}$ 的特征向量.

证明　假设 $k_1\boldsymbol{x}_1+k_2\boldsymbol{x}_2$ 是 $\boldsymbol{A}$ 的特征向量，则有 $A(k_1\boldsymbol{x}_1+k_2\boldsymbol{x}_2)=\lambda(k_1\boldsymbol{x}_1+k_2\boldsymbol{x}_2)$，整理得 $k_1(\lambda_1-\lambda)\boldsymbol{x}_1+k_2(\lambda_2-\lambda)\boldsymbol{x}_2=\boldsymbol{O}$，由(3)知 $\boldsymbol{x}_1$，$\boldsymbol{x}_2$ 线性无关，又 $k_1\neq0$，$k_2\neq0$，得 $\lambda=\lambda_1=\lambda_2$，这与已知 λ_1，λ_2 是 $\boldsymbol{A}$ 的两个不同特征值矛盾，故假设不成立，从而 $k_1\boldsymbol{x}_1+k_2\boldsymbol{x}_2$ 不是 A 的特征向量.

由特征值及特征向量的定义，易得求矩阵 $\boldsymbol{A}$ 的特征值及特征向量的方法：

(1) 计算特征多项式 $|\lambda\boldsymbol{E}-\boldsymbol{A}|$；

(2) 求特征方程 $|\lambda\boldsymbol{E}-\boldsymbol{A}|=0$ 的所有根 λ_1，λ_2，…，λ_n，即为 $\boldsymbol{A}$ 的全部特征值(求完后，可用矩阵的迹检查所求是否正确)；

(3) 对每个特征值 $\lambda_i(i=1, 2, \cdots, n)$，解齐次线性方程组 $(\lambda_i\boldsymbol{E}-\boldsymbol{A})\boldsymbol{x}=\boldsymbol{O}$，求出基础解系 $\boldsymbol{\xi}_1$，$\boldsymbol{\xi}_2$，…，$\boldsymbol{\xi}_{n-s}$，则 $\boldsymbol{A}$ 的属于 λ_i 的所有特征向量为 $k_1\boldsymbol{\xi}_1+k_2\boldsymbol{\xi}_2+\cdots+k_{n-s}\boldsymbol{\xi}_{n-s}$，其中 $s=R(\lambda_i\boldsymbol{E}-\boldsymbol{A})$，$k_i\in R(i=1, 2, \cdots, n-s)$且不全为零.

【例 5-1】　求下列矩阵的特征值和特征向量.

(1) $\boldsymbol{A}=\begin{bmatrix}0&1&1\\1&0&1\\1&1&0\end{bmatrix}$　　(2) $\boldsymbol{A}=\begin{bmatrix}3&1&0\\-4&-1&0\\4&-8&-2\end{bmatrix}$

解　(1) 令 $|\lambda\boldsymbol{E}-\boldsymbol{A}|=0$，得 $\begin{vmatrix}\lambda&-1&-1\\-1&\lambda&-1\\-1&-1&\lambda\end{vmatrix}=(\lambda-2)(\lambda+1)^2=0$，解得 $\lambda_1=2$，$\lambda_2=\lambda_3=-1$，所以矩阵 $\boldsymbol{A}$ 的特征值为 $\lambda_1=2$，$\lambda_2=\lambda_3=-1$. 下求特征向量：

当 $\lambda_1=2$ 时，齐次线性方程组 $(\lambda\boldsymbol{E}-\boldsymbol{A})\boldsymbol{x}=\boldsymbol{O}$ 为 $\begin{bmatrix}2&-1&-1\\-1&2&-1\\-1&-1&2\end{bmatrix}\begin{bmatrix}x_1\\x_2\\x_3\end{bmatrix}=\begin{bmatrix}0\\0\\0\end{bmatrix}$，即

$\begin{cases}2x_1-x_2-x_3=0\\-x_1+2x_2-x_3=0\\-x_1-x_2+2x_3=0\end{cases}$，对其系数矩阵施以初等行变换 $\begin{bmatrix}2&-1&-1\\-1&2&-1\\-1&-1&2\end{bmatrix}\rightarrow\begin{bmatrix}1&0&-1\\0&1&-1\\0&0&0\end{bmatrix}$，从而得方程组的同解方程组为 $\begin{cases}x_1-x_3=0\\x_2-x_3=0\end{cases}$，易求得其基础解系为 $\boldsymbol{\xi}_1=\begin{bmatrix}1\\1\\1\end{bmatrix}$，从而，对应于特征值 $\lambda_1=2$ 的全部特征向量为 $k_1\boldsymbol{\xi}_1=\begin{bmatrix}k_1\\k_1\\k_1\end{bmatrix}$，其中 k_1 为任意非零常数.

当 $\lambda_2=\lambda_3=-1$ 时，齐次线性方程组 $(\lambda\boldsymbol{E}-\boldsymbol{A})\boldsymbol{x}=\boldsymbol{O}$ 为 $\begin{bmatrix}-1&-1&-1\\-1&-1&-1\\-1&-1&-1\end{bmatrix}\begin{bmatrix}x_1\\x_2\\x_3\end{bmatrix}=\begin{bmatrix}0\\0\\0\end{bmatrix}$，

即 $\begin{cases}-x_1-x_2-x_3=0\\-x_1-x_2-x_3=0\\-x_1-x_2-x_3=0\end{cases}$，易求得其基础解系为 $\boldsymbol{\xi}_2=\begin{bmatrix}1\\-1\\0\end{bmatrix}$，$\boldsymbol{\xi}_3=\begin{bmatrix}1\\0\\-1\end{bmatrix}$，

所以属于特征值 $\lambda_2=\lambda_3=-1$ 的全部特征向量为 $k_2\boldsymbol{\xi}_2+k_3\boldsymbol{\xi}_3=k_2\begin{bmatrix}1\\-1\\0\end{bmatrix}+k_3\begin{bmatrix}1\\0\\-1\end{bmatrix}$，其中 k_2，k_3 为任意实数且 k_2，k_3 不全为零.

(2) 令 $|\lambda\boldsymbol{E}-\boldsymbol{A}|=0$，即 $\begin{vmatrix}\lambda-3&-1&0\\4&\lambda+1&0\\-4&8&\lambda+2\end{vmatrix}=(\lambda+2)(\lambda-1)^2=0$，解得 $\lambda_1=-2$，$\lambda_2=\lambda_3=1$，所以 $\boldsymbol{A}$ 的特征值为 $\lambda_1=-2$，$\lambda_2=\lambda_3=1$.

当 $\lambda_1=-2$ 时，齐次线性方程组 $(\lambda\boldsymbol{E}-\boldsymbol{A})\boldsymbol{x}=\boldsymbol{O}$ 为 $\begin{bmatrix}-5&-1&0\\4&-1&0\\-4&8&0\end{bmatrix}\begin{bmatrix}x_1\\x_2\\x_3\end{bmatrix}=\begin{bmatrix}0\\0\\0\end{bmatrix}$，求得其基础解系为 $\boldsymbol{\xi}_1=\begin{bmatrix}0\\0\\1\end{bmatrix}$，故对应于特征值 $\lambda_1=-2$ 的全部特征向量为 $k_1\boldsymbol{\xi}_1=\begin{bmatrix}0\\0\\k_1\end{bmatrix}$，其中 k_1 为任意非零常数.

当 $\lambda_2=\lambda_3=1$ 时，齐次线性方程组 $(\lambda\boldsymbol{E}-\boldsymbol{A})\boldsymbol{x}=\boldsymbol{O}$ 为 $\begin{bmatrix}-2&-1&0\\4&2&0\\-4&8&3\end{bmatrix}\begin{bmatrix}x_1\\x_2\\x_3\end{bmatrix}=\begin{bmatrix}0\\0\\0\end{bmatrix}$，可求得其基础解系为 $\boldsymbol{\xi}_2=\begin{bmatrix}-3\\6\\-20\end{bmatrix}$，故对应于特征值 $\lambda_2=\lambda_3=1$ 的全部特征向量为 $k_2\boldsymbol{\xi}_2=\begin{bmatrix}-3k_2\\6k_2\\-20k_2\end{bmatrix}$，其中 k_2 为任意非零常数.

【例 5-2】 设 A 为幂等矩阵(满足 $A^2=A$)，求证：A 的互异的特征值只能是 0 或 1.

证明　设 $Ax=\lambda x$，其中 $x\neq O$ 是 A 的对应于特征值 λ 的特征向量，则有 $\lambda x=Ax=A^2x=\lambda^2 x$，从而有 $(\lambda-\lambda^2)x=O$，但 $x\neq O$，于是 $\lambda-\lambda^2=0$，解得 $\lambda=0$ 或 $\lambda=1$.

【例 5-3】 已知向量 $x=(1, k, 1)^T$ 是矩阵 $A=\begin{bmatrix}2&1&1\\1&2&1\\1&1&2\end{bmatrix}$ 的逆矩阵 A^{-1} 的特征向量，求常数 k 的值.

解　由特征值的性质(4)的证明过程可知，若 x 是 A^{-1} 的特征向量，则 x 也是 A 的特征向量.

令 $|\lambda E-A|=0$，即 $\begin{vmatrix}\lambda-2&-1&-1\\-1&\lambda-2&-1\\-1&-1&\lambda-2\end{vmatrix}=(\lambda-4)(\lambda-1)^2=0$，解得 $\lambda_1=4$，$\lambda_2=\lambda_3=1$，即 A 的特征值为 $\lambda_1=4$，$\lambda_2=\lambda_3=1$.

当 $\lambda_1=4$ 时，由 $Ax=4x$ 得 $\begin{bmatrix}2&1&1\\1&2&1\\1&1&2\end{bmatrix}\begin{bmatrix}1\\k\\1\end{bmatrix}=4\begin{bmatrix}1\\k\\1\end{bmatrix}$，解得 $k=1$；

当 $\lambda_2=\lambda_3=1$ 时，由 $Ax=1\cdot x$ 得 $\begin{bmatrix}2&1&1\\1&2&1\\1&1&2\end{bmatrix}\begin{bmatrix}1\\k\\1\end{bmatrix}=\begin{bmatrix}1\\k\\1\end{bmatrix}$，解得 $k=-2$.

综上所述，$k=1$ 或 $k=-2$.

【例 5-4】 对于方阵 $A=\begin{bmatrix}0&0&1\\m&1&n\\1&0&0\end{bmatrix}$，当 m，n 满足什么条件时，A 有三个线性无关的特征向量？

解　令 $|\lambda E-A|=0$，得 $\begin{vmatrix}\lambda&0&-1\\-m&\lambda-1&-n\\-1&0&\lambda\end{vmatrix}=(\lambda-1)^2(\lambda+1)=0$，从而解得矩阵 A 的特征值为 $\lambda_1=\lambda_2=1$，$\lambda_3=-1$. 由特征向量的性质(3)知于不同的特征值对应的特征向量线性无关，所以，A 要想有三个线性无关的特征向量，那么对应于 $\lambda_1=\lambda_2=1$ 的线性无关的特征向量应该有两个，又由于 A 为三阶方阵，故矩阵 $1\cdot E-A$ 的秩应为 1.

$1\cdot E-A=\begin{bmatrix}1&0&-1\\-m&0&-n\\-1&0&1\end{bmatrix}\to\begin{bmatrix}1&0&-1\\0&0&-m-n\\0&0&0\end{bmatrix}$，易见当 $-m-n=0$ 即 $m+n=0$ 时 $R(1\cdot E-A)=1$，此时 A 有三个线性无关的特征向量.

【例 5-5】 已知三阶矩阵 A 的三个特征值为 $\lambda_1=\lambda_2=1$，$\lambda_3=-2$，试求出以下行列式的值(其中 E 为三阶单位矩阵)：

(1) $|A-E|$　　(2) $|A+2E|$　　(3) $|A^2+3A-4E|$

解　由 $\lambda_1=\lambda_2=1$ 是 A 的特征值得 $|1\cdot E-A|=|E-A|=0$，由 $\lambda_3=-2$ 是 A 的特征

值得$|-2\cdot \boldsymbol{E}-\boldsymbol{A}|=|-(2\boldsymbol{E}+\boldsymbol{A})|=(-1)^3|2\boldsymbol{E}+\boldsymbol{A}|=0$，从而得$|2\boldsymbol{E}+\boldsymbol{A}|=0$，于是

(1) $|\boldsymbol{A}-\boldsymbol{E}|=|-(\boldsymbol{E}-\boldsymbol{A})|=(-1)^3|\boldsymbol{E}-\boldsymbol{A}|=0$；

(2) $|\boldsymbol{A}+2\boldsymbol{E}|=|2\boldsymbol{E}+\boldsymbol{A}|=0$；

(3) $|\boldsymbol{A}^2+3\boldsymbol{A}-4\boldsymbol{E}|=|(\boldsymbol{A}+4\boldsymbol{E})(\boldsymbol{A}-\boldsymbol{E})|=|\boldsymbol{A}+4\boldsymbol{E}||\boldsymbol{A}-\boldsymbol{E}|=0$.

注：①：实方阵的特征值不一定是实数，特征向量也未必是实向量.

如方阵$\boldsymbol{A}=\begin{pmatrix}0&-2\\1&0\end{pmatrix}$，令$|\lambda\boldsymbol{E}-\boldsymbol{A}|=0$，即有$\begin{vmatrix}\lambda&2\\-1&\lambda\end{vmatrix}=\lambda^2+2=0$，解得$\lambda_1=-\sqrt{2}\mathrm{i}$，$\lambda_2=\sqrt{2}\mathrm{i}$，其中i是虚数单位，$\mathrm{i}^2=-1$.

当$\lambda_1=-\sqrt{2}\mathrm{i}$时，由$\begin{pmatrix}-\sqrt{2}\mathrm{i}&2\\-1&-\sqrt{2}\mathrm{i}\end{pmatrix}\begin{pmatrix}x_1\\x_2\end{pmatrix}=\begin{pmatrix}0\\0\end{pmatrix}$解得属于$\lambda_1=-\sqrt{2}\mathrm{i}$的特征向量为$\boldsymbol{\xi}_1=\begin{pmatrix}-\sqrt{2}\mathrm{i}\\1\end{pmatrix}$，当$\lambda_2=\sqrt{2}\mathrm{i}$时，由$\begin{pmatrix}\sqrt{2}\mathrm{i}&2\\-1&\sqrt{2}\mathrm{i}\end{pmatrix}\begin{pmatrix}x_1\\x_2\end{pmatrix}=\begin{pmatrix}0\\0\end{pmatrix}$解得属于$\lambda_2=\sqrt{2}\mathrm{i}$的特征向量为$\boldsymbol{\xi}_2=\begin{pmatrix}\sqrt{2}\mathrm{i}\\1\end{pmatrix}$，

可见，虽然$\boldsymbol{A}$是实方阵，但它的特征值和特征向量都不是实的.

② 上、下三角方阵的特征值就是其全体对角线上的元素.

③ 方阵$\boldsymbol{A}$的不同特征值所对应的特征向量不可能相同.

事实上，设λ_1和λ_2都是方阵$\boldsymbol{A}$的特征值，且$\lambda_1\neq\lambda_2$，假设$\boldsymbol{x}$既是属于λ_1的特征向量，也是属于λ_2的特征向量，则$\boldsymbol{Ax}=\lambda_1\boldsymbol{x}$且$\boldsymbol{Ax}=\lambda_2\boldsymbol{x}$，从而$\lambda_1\boldsymbol{x}=\lambda_2\boldsymbol{x}$，于是$(\lambda_1-\lambda_2)\boldsymbol{x}=\boldsymbol{O}$，但$\boldsymbol{x}\neq\boldsymbol{O}$，所以$\lambda_1-\lambda_2=0$，即$\lambda_1=\lambda_2$，与已知矛盾.

④ 我们已经知道$\boldsymbol{A}$与$\boldsymbol{A}^{\mathrm{T}}$有相同的特征值，但它们未必有相同的特征向量.

例如：令$\boldsymbol{A}=\begin{pmatrix}1&0\\1&1\end{pmatrix}$，$\boldsymbol{x}=\begin{pmatrix}0\\1\end{pmatrix}$，则显然$\lambda=1$是$\boldsymbol{A}$的一个特征值：

$\boldsymbol{Ax}=\begin{pmatrix}1&0\\1&1\end{pmatrix}\begin{pmatrix}0\\1\end{pmatrix}=\begin{pmatrix}0\\1\end{pmatrix}=1\cdot\begin{pmatrix}0\\1\end{pmatrix}=1\cdot\boldsymbol{x}$，属于1的特征向量就是$\boldsymbol{x}=\begin{pmatrix}0\\1\end{pmatrix}$，但$\boldsymbol{A}^{\mathrm{T}}\boldsymbol{x}=\begin{pmatrix}1&1\\0&1\end{pmatrix}\begin{pmatrix}0\\1\end{pmatrix}=\begin{pmatrix}1\\1\end{pmatrix}\neq1\cdot\boldsymbol{x}$，此时对应于$\lambda=1$的特征向量不是$\boldsymbol{x}=\begin{pmatrix}0\\1\end{pmatrix}$，实际上，由于$\boldsymbol{A}^{\mathrm{T}}\boldsymbol{x}=\begin{pmatrix}1&1\\0&1\end{pmatrix}\begin{pmatrix}1\\0\end{pmatrix}=\begin{pmatrix}1\\0\end{pmatrix}=1\cdot\begin{pmatrix}1\\0\end{pmatrix}=1\cdot\boldsymbol{x}$，故此时特征值$\lambda=1$对应的特征向量为$\begin{pmatrix}1\\0\end{pmatrix}$而非$\boldsymbol{x}=\begin{pmatrix}0\\1\end{pmatrix}$.

【例 5-6】 设三阶矩阵$\boldsymbol{A}$的三个特征值为$\lambda_1=1$，$\lambda_2=2$，$\lambda_3=-3$，矩阵$\boldsymbol{B}=\boldsymbol{A}^3+2\boldsymbol{A}^2$，求$|\boldsymbol{B}|$.

解 $\boldsymbol{B}=\boldsymbol{A}^3+2\boldsymbol{A}^2=\boldsymbol{A}^2(\boldsymbol{A}+2\boldsymbol{E})$（其中$\boldsymbol{E}$为三阶单位矩阵），因为$\boldsymbol{A}$的三个特征值为$\lambda_1=1$，$\lambda_2=2$，$\lambda_3=-3$，所以$|\boldsymbol{A}|=1\times2\times(-3)=-6$，又由特征值的性质(3)可得$\boldsymbol{A}+2\boldsymbol{E}$的三个特征值分别为3，4，$-1$，所以$|\boldsymbol{A}+2\boldsymbol{E}|=3\times4\times(-1)=-12$，从而

$$\begin{aligned}|\boldsymbol{B}|&=|\boldsymbol{A}^2(\boldsymbol{A}+2\boldsymbol{E})|=|\boldsymbol{A}^2||\boldsymbol{A}+2\boldsymbol{E}|\\&=|\boldsymbol{A}|^2|\boldsymbol{A}+2\boldsymbol{E}|\\&=(-6)^2\times(-12)=-432\end{aligned}$$

5.2 相似矩阵与矩阵的对角化

5.2.1　相似矩阵

由于矩阵乘法一般不满足交换律，所以对于可逆矩阵 $\boldsymbol{P}$，$\boldsymbol{B}=\boldsymbol{P}^{-1}\boldsymbol{AP}$ 不一定等于矩阵 $\boldsymbol{A}$，但矩阵 $\boldsymbol{B}$ 与矩阵 $\boldsymbol{A}$ 有许多共同的性质，如它们的行列式的值相等，它们有相同的秩，有相同的特征多项式与特征值等等．在这里，我们引入矩阵的相似的概念．

定义 5－3　设 $\boldsymbol{A}$，$\boldsymbol{B}$ 均为 n 阶矩阵，若存在可逆矩阵 $\boldsymbol{P}$，使得 $\boldsymbol{P}^{-1}\boldsymbol{AP}=\boldsymbol{B}$，则称矩阵 $\boldsymbol{A}$ 与矩阵 $\boldsymbol{B}$ 相似(similar)，记作 $\boldsymbol{A}\sim\boldsymbol{B}$．

例如，设 $\boldsymbol{A}=\begin{pmatrix}2&1\\-1&0\end{pmatrix}$，$\boldsymbol{B}=\begin{pmatrix}1&1\\0&1\end{pmatrix}$，$\boldsymbol{P}=\begin{pmatrix}1&-1\\-1&2\end{pmatrix}$，易得 $\boldsymbol{P}^{-1}=\begin{pmatrix}2&1\\1&1\end{pmatrix}$，从而 $\boldsymbol{P}^{-1}\boldsymbol{AP}=\begin{pmatrix}2&1\\1&1\end{pmatrix}\begin{pmatrix}2&1\\-1&0\end{pmatrix}\begin{pmatrix}1&-1\\-1&2\end{pmatrix}=\begin{pmatrix}1&1\\0&1\end{pmatrix}=\boldsymbol{B}$，所以 $\boldsymbol{A}\sim\boldsymbol{B}$．

相似作为矩阵间的一种等价关系，具有等价关系的一般属性：

(1) 自反性：对任意 n 阶矩阵 $\boldsymbol{A}$，$\boldsymbol{A}\sim\boldsymbol{A}$；

(2) 对称性：若 $\boldsymbol{A}\sim\boldsymbol{B}$，则 $\boldsymbol{B}\sim\boldsymbol{A}$；

(3) 传递性：若 $\boldsymbol{A}\sim\boldsymbol{B}$，$\boldsymbol{B}\sim\boldsymbol{C}$，则 $\boldsymbol{A}\sim\boldsymbol{C}$．

除此以外，容易证明，矩阵的相似还有以下性质：

(1) 若 $\boldsymbol{A}\sim\boldsymbol{B}$，则 $\boldsymbol{A}^{\mathrm{T}}\sim\boldsymbol{B}^{\mathrm{T}}$；

(2) 若 $\boldsymbol{A}$，$\boldsymbol{B}$ 均可逆且 $\boldsymbol{A}\sim\boldsymbol{B}$，则 $\boldsymbol{A}^{-1}\sim\boldsymbol{B}^{-1}$；

(3) 若 $\boldsymbol{A}\sim\boldsymbol{B}$，则 $\boldsymbol{A}^{k}\sim\boldsymbol{B}^{k}$；

事实上，对任一多项式：$f(x)=a_nx^n+a_{n-1}x^{n-1}+\cdots+a_1x+a_0$，总有 $f(\boldsymbol{A})\sim f(\boldsymbol{B})$．

(4) 若 $\boldsymbol{A}\sim\boldsymbol{B}$，则 $|\boldsymbol{A}|=|\boldsymbol{B}|$；

(5) 若 $\boldsymbol{A}\sim\boldsymbol{B}$，则 $R(\boldsymbol{A})=R(\boldsymbol{B})$；

(6) 若 $\boldsymbol{A}\sim\boldsymbol{B}$，则 $\boldsymbol{A}$ 与 $\boldsymbol{B}$ 有相同的特征多项式，进而有相同的特征值；

(7) 若 $\boldsymbol{A}\sim\boldsymbol{B}$，则 $tr(\boldsymbol{A})=tr(\boldsymbol{B})$．

下面给出(6)的证明过程，其他的证明读者可自行完成．

证明　因为 $\boldsymbol{A}\sim\boldsymbol{B}$，所以存在可逆矩阵 $\boldsymbol{P}$，使得 $\boldsymbol{P}^{-1}\boldsymbol{AP}=\boldsymbol{B}$，故

$$\begin{aligned}|\lambda\boldsymbol{E}-\boldsymbol{B}|&=|\lambda\boldsymbol{E}-\boldsymbol{P}^{-1}\boldsymbol{AP}|=|\boldsymbol{P}^{-1}\lambda\boldsymbol{EP}-\boldsymbol{P}^{-1}\boldsymbol{AP}|=|\boldsymbol{P}^{-1}(\lambda\boldsymbol{E}-\boldsymbol{A})\boldsymbol{P}\\&=|\boldsymbol{P}^{-1}|\,|\lambda\boldsymbol{E}-\boldsymbol{A}|\,|\boldsymbol{P}|=|\lambda\boldsymbol{E}-\boldsymbol{A}|\end{aligned}$$

即得 $\boldsymbol{A}$ 与 $\boldsymbol{B}$ 有相同的特征多项式，进而有相同的特征值．

需要注意的是，此命题的逆命题不一定成立，也就是具有相同特征多项式的两个矩阵不一定相似．

例如，$\boldsymbol{A}=\begin{pmatrix}1&0\\0&1\end{pmatrix}$，$\boldsymbol{B}=\begin{pmatrix}1&0\\1&1\end{pmatrix}$，$\boldsymbol{A}$ 与 $\boldsymbol{B}$ 有相同的特征多项式 $(\lambda-1)^2$，但找不到一个可逆矩阵 $\boldsymbol{P}$，使得 $\boldsymbol{P}^{-1}\boldsymbol{AP}=\boldsymbol{B}$，故 $\boldsymbol{A}$ 与 $\boldsymbol{B}$ 不相似．

【例 5-7】 已知矩阵 $\boldsymbol{A}=\begin{pmatrix}-2&0&0\\2&m&2\\3&1&1\end{pmatrix}$，$\boldsymbol{B}=\begin{pmatrix}-1&0&0\\0&2&0\\0&0&n\end{pmatrix}$，若 $\boldsymbol{A}\sim\boldsymbol{B}$，求 m 和 n 的值.

解

$$|\lambda\boldsymbol{E}-\boldsymbol{A}|=\begin{vmatrix}\lambda+2&0&0\\-2&\lambda-m&-2\\-3&-1&\lambda-1\end{vmatrix}=(\lambda+2)(\lambda^2-(m+1)\lambda+(m-2))$$

$$|\lambda\boldsymbol{E}-\boldsymbol{B}|=\begin{vmatrix}\lambda+1&0&0\\0&\lambda-2&0\\0&0&\lambda-n\end{vmatrix}=(\lambda+1)(\lambda-2)(\lambda-n)$$

因为相似矩阵有相同的特征多项式，故

$$(\lambda+2)(\lambda^2-(m+1)\lambda+(m-2))=(\lambda+1)(\lambda-2)(\lambda-n)$$

比较系数得 $m=0$，$n=-2$.

【例 5-8】 设 $\boldsymbol{A}$，$\boldsymbol{B}$ 均为 n 阶矩阵，且 $|\boldsymbol{A}|\neq 0$，求证：$\boldsymbol{AB}\sim\boldsymbol{BA}$.

证明 因为 $|\boldsymbol{A}|\neq 0$，故 $\boldsymbol{A}$ 可逆. 由于 $\boldsymbol{A}^{-1}(\boldsymbol{AB})\boldsymbol{A}=(\boldsymbol{A}^{-1}\boldsymbol{A})\boldsymbol{BA}=\boldsymbol{BA}$，由矩阵相似的定义知 $\boldsymbol{AB}\sim\boldsymbol{BA}$.

5.2.2 矩阵可对角化的条件

对角矩阵形式较为简单，有着优良的性质，所以我们考虑任意方阵 $\boldsymbol{A}$ 是否相似于某个对角矩阵 $\boldsymbol{\Lambda}$，若是，就可以将对矩阵 $\boldsymbol{A}$ 的有关性质的研究转化到对对角矩阵相应性质的研究，有可能使问题变得更容易. 如果 $\boldsymbol{A}$ 确实相似于某个对角矩阵 $\boldsymbol{\Lambda}$，那么如何求出这个对角矩阵以及相应的可逆矩阵 $\boldsymbol{P}$？

定义 5-4 对 n 阶矩阵 $\boldsymbol{A}$，如果存在可逆矩阵 $\boldsymbol{P}$，使得 $\boldsymbol{P}^{-1}\boldsymbol{AP}=\boldsymbol{\Lambda}$（$\boldsymbol{\Lambda}$ 表示对角型矩阵），则称方阵 $\boldsymbol{A}$ 可对角化(diagonalized).

定理 5-2 n 阶矩阵 $\boldsymbol{A}$ 可以对角化的充分必要条件是 $\boldsymbol{A}$ 有 n 个线性无关的特征向量.

证明 （必要性）n 阶矩阵 $\boldsymbol{A}$ 可以对角化，所以存在可逆矩阵 $\boldsymbol{P}$，使得

$$\boldsymbol{P}^{-1}\boldsymbol{AP}=\boldsymbol{\Lambda}=\begin{pmatrix}\lambda_1&&&\\&\lambda_2&&\\&&\ddots&\\&&&\lambda_n\end{pmatrix}$$

则

$$\boldsymbol{AP}=\boldsymbol{P\Lambda}$$

将 $\boldsymbol{P}$ 按列分块，$\boldsymbol{P}=(\boldsymbol{\alpha}_1,\boldsymbol{\alpha}_2,\cdots,\boldsymbol{\alpha}_n)$，代入上式得

$$\boldsymbol{A}(\boldsymbol{\alpha}_1,\boldsymbol{\alpha}_2,\cdots,\boldsymbol{\alpha}_n)=(\boldsymbol{A\alpha}_1,\boldsymbol{A\alpha}_2,\cdots,\boldsymbol{A\alpha}_n)=(\lambda_1\boldsymbol{\alpha}_1,\lambda_2\boldsymbol{\alpha}_2,\cdots,\lambda_n\boldsymbol{\alpha}_n)$$

可见，$\boldsymbol{P}$ 的每一个列向量 $\boldsymbol{\alpha}_i$ 都是对应于特征值 λ_i 的特征向量，由于 $\boldsymbol{P}$ 可逆，故 $\boldsymbol{\alpha}_1$，$\boldsymbol{\alpha}_2$，$\cdots$，$\boldsymbol{\alpha}_n$ 线性无关.

（充分性）设 $\boldsymbol{\alpha}_1$，$\boldsymbol{\alpha}_2$，$\cdots$，$\boldsymbol{\alpha}_n$ 是 $\boldsymbol{A}$ 的 n 个线性无关的特征向量，它们所对应的特征值依次为 λ_1，λ_2，$\cdots$，λ_n，则 $\boldsymbol{A\alpha}_i=\lambda_i\boldsymbol{\alpha}_i(i=1,2,\cdots,n)$，令 $\boldsymbol{P}=(\boldsymbol{\alpha}_1,\boldsymbol{\alpha}_2,\cdots,\boldsymbol{\alpha}_n)$，则由于 $\boldsymbol{\alpha}_1$，$\boldsymbol{\alpha}_2$，$\cdots$，$\boldsymbol{\alpha}_n$ 线性无关，于是 $\boldsymbol{P}$ 可逆，且

$$\begin{aligned}AP&=A(\alpha_1, \alpha_2, \cdots, \alpha_n)\\&=(A\alpha_1, A\alpha_2, \cdots, A\alpha_n)\\&=(\lambda_1\alpha_1, \lambda_2\alpha_2, \cdots, \lambda_n\alpha_n)\\&=(\alpha_1, \alpha_2, \cdots, \alpha_n)\begin{pmatrix}\lambda_1 & & & \\ & \lambda_2 & & \\ & & \ddots & \\ & & & \lambda_n\end{pmatrix}=P\Lambda\end{aligned}$$

即 $AP=P\Lambda$，两端同时左乘 P^{-1}，即得 $P^{-1}AP=\Lambda$，所以 A 可以对角化.

推论　若 n 阶矩阵 A 有 n 个互异的特征值，则 A 可以对角化.

定理 5-3　n 阶矩阵 A 可对角化的充分必要条件为 A 的特征值对应的线性无关的特征向量的个数等于该特征值的重数.

证明略.

通过以上讨论，可以得到将 n 阶矩阵 A 对角化的具体步骤：

(1) 解特征方程 $|\lambda E-A|=0$，求出矩阵 A 的全部特征值 $\lambda_1, \lambda_2, \cdots, \lambda_n$(重根可以标注重数)；

(2) 对每个不同的特征值 λ_i，求出齐次线性方程组 $(\lambda_i E-A)x=O$ 的基础解系，如果每一个 λ_i 的重数等于基础解系中向量的个数，那么 A 可以对角化，否则，A 不可对角化；

(3) 如果 A 可以对角化，设所有的特征向量为 $\xi_1, \xi_2, \cdots, \xi_n$，则所求的可逆矩阵为 $P=(\xi_1, \xi_2, \cdots, \xi_n)$，并且有 $P^{-1}AP=\Lambda=\begin{pmatrix}\lambda_1 & & & \\ & \lambda_2 & & \\ & & \ddots & \\ & & & \lambda_n\end{pmatrix}$，$\Lambda$ 的主对角线上的元素为 A 的全部特征值，其排列顺序与 P 中列向量的排列顺序相对应.

【例 5-9】　矩阵 $A=\begin{pmatrix}1 & 2\\3 & 2\end{pmatrix}$ 是否可对角化？如果可以，将其对角化.

解　A 的特征方程 $|\lambda E-A|=\begin{pmatrix}\lambda-1 & -2\\-3 & \lambda-2\end{pmatrix}=(\lambda+1)(\lambda-4)=0$，知其有两个特征值 $\lambda_1=-1$，$\lambda_2=4$，且都为单根，所以 A 可以对角化.

对于齐次线性方程组 $(\lambda_i E-A)x=O$，当 $\lambda_1=-1$ 时，$\begin{pmatrix}-2 & -2\\-3 & -3\end{pmatrix}\begin{pmatrix}x_1\\x_2\end{pmatrix}=\begin{pmatrix}0\\0\end{pmatrix}$，容易求得 $\lambda_1=-1$ 所对应的特征向量 $\xi_1=\begin{pmatrix}1\\-1\end{pmatrix}$；当 $\lambda_2=4$ 时，$\begin{pmatrix}3 & -2\\-3 & 2\end{pmatrix}\begin{pmatrix}x_1\\x_2\end{pmatrix}=\begin{pmatrix}0\\0\end{pmatrix}$，求得与之对应的特征向量为 $\xi_2=\begin{pmatrix}2\\3\end{pmatrix}$，令 $P=(\xi_1, \xi_2)=\begin{pmatrix}1 & 2\\-1 & 3\end{pmatrix}$，则有 $P^{-1}AP=\begin{pmatrix}-1 & 0\\0 & 4\end{pmatrix}$.

【例 5-10】　下列矩阵是否可以对角化？若可以，求可逆矩阵 P，使 $P^{-1}AP$ 为对角矩阵.

(1) $A=\begin{pmatrix}1 & -1 & 1\\2 & 4 & -2\\-3 & -3 & 5\end{pmatrix}$；(2) $A=\begin{pmatrix}4 & 2 & 1\\-2 & 0 & -1\\1 & 1 & 0\end{pmatrix}$.

解 (1) $\boldsymbol{A}$ 的特征多项式

$$|\lambda\boldsymbol{E}-\boldsymbol{A}|=\begin{vmatrix}\lambda-1 & 1 & -1\\ -2 & \lambda-4 & 2\\ 3 & 3 & \lambda-5\end{vmatrix}=(\lambda-2)^2(\lambda-6)$$

从而其特征值为 $\lambda_1=\lambda_2=2$，$\lambda_3=6$.

当 $\lambda_1=\lambda_2=2$ 时，解齐次线性方程组 $(2\boldsymbol{E}-\boldsymbol{A})\boldsymbol{x}=\boldsymbol{O}$，即

$$\begin{pmatrix}1 & 1 & -1\\ -2 & -2 & 2\\ 3 & 3 & -3\end{pmatrix}\begin{pmatrix}x_1\\ x_2\\ x_3\end{pmatrix}=\begin{pmatrix}0\\ 0\\ 0\end{pmatrix}$$

其基础解系

$$\boldsymbol{\xi}_1=\begin{pmatrix}1\\ -1\\ 0\end{pmatrix},\ \boldsymbol{\xi}_2=\begin{pmatrix}1\\ 0\\ 1\end{pmatrix}$$

当 $\lambda_3=6$ 时，解齐次线性方程组 $(6\boldsymbol{E}-\boldsymbol{A})\boldsymbol{x}=\boldsymbol{O}$，即

$$\begin{pmatrix}5 & 1 & -1\\ -2 & 2 & 2\\ 3 & 3 & 1\end{pmatrix}\begin{pmatrix}x_1\\ x_2\\ x_3\end{pmatrix}=\begin{pmatrix}0\\ 0\\ 0\end{pmatrix}$$

得其基础解系

$$\boldsymbol{\xi}_3=\begin{pmatrix}1\\ -2\\ 3\end{pmatrix}$$

因为 $\boldsymbol{A}$ 有三个线性无关的特征向量，故 $\boldsymbol{A}$ 可对角化.

令 $\boldsymbol{P}=(\boldsymbol{\xi}_1,\boldsymbol{\xi}_2,\boldsymbol{\xi}_3)=\begin{pmatrix}1 & 1 & 1\\ -1 & 0 & -2\\ 0 & 1 & 3\end{pmatrix}$，则 $\boldsymbol{P}^{-1}\boldsymbol{A}\boldsymbol{P}=\begin{pmatrix}2 & 0 & 0\\ 0 & 2 & 0\\ 0 & 0 & 6\end{pmatrix}=\boldsymbol{\Lambda}$.

(2) 由 $|\lambda\boldsymbol{E}-\boldsymbol{A}|=\begin{vmatrix}\lambda-4 & -2 & -1\\ 2 & \lambda & 1\\ -1 & -1 & \lambda\end{vmatrix}=\lambda(\lambda-2)^2=0$ 得 $\boldsymbol{A}$ 的特征值 $\lambda_1=0$，$\lambda_2=\lambda_3=2$，

对于二重根 $\lambda_2=\lambda_3=2$，因为

$$(2\boldsymbol{E}-\boldsymbol{A})=\begin{pmatrix}-2 & -2 & -1\\ 2 & 2 & 1\\ -1 & -1 & 2\end{pmatrix}\to\begin{pmatrix}1 & 1 & -2\\ 0 & 0 & 1\\ 0 & 0 & 0\end{pmatrix}$$

其秩 $r(2\boldsymbol{E}-\boldsymbol{A})=2$，故对应于特征值 $\lambda_2=\lambda_3=2$ 的线性无关的特征向量只有 $3-2=1$ 个，小于 $\lambda_2=\lambda_3$ 的重数 2，所以矩阵 $\boldsymbol{A}$ 不可对角化.

【例 5-11】 设矩阵 $\boldsymbol{A}=\begin{pmatrix}1 & -3 & 3\\ 3 & -5 & 3\\ 6 & -6 & 4\end{pmatrix}$，问：

(1) $\boldsymbol{A}$ 是否可对角化？如果可对角化，将其对角化，并求出可逆矩阵 $\boldsymbol{P}$；

(2) 求 $\boldsymbol{A}^n$.

解　(1) $\boldsymbol{A}$ 的特征多项式

$$|\lambda\boldsymbol{E}-\boldsymbol{A}|=\begin{vmatrix}\lambda-1 & 3 & -3\\ -3 & \lambda+5 & -3\\ -6 & 6 & \lambda-4\end{vmatrix}=(\lambda+2)^2(\lambda-4)$$

从而得 $\boldsymbol{A}$ 的特征值为 $\lambda_1=\lambda_2=-2$，$\lambda_3=4$.

对于 $\lambda_1=\lambda_2=-2$，解齐次线性方程组 $(-2\boldsymbol{E}-\boldsymbol{A})\boldsymbol{x}=\boldsymbol{0}$，可求得其基础解系为

$$\boldsymbol{\xi}_1=\begin{pmatrix}1\\1\\0\end{pmatrix},\ \boldsymbol{\xi}_2=\begin{pmatrix}-1\\0\\1\end{pmatrix}$$

对于 $\lambda_3=4$，解齐次线性方程组 $(4\boldsymbol{E}-\boldsymbol{A})\boldsymbol{x}=\boldsymbol{0}$，可求得其基础解系为 $\boldsymbol{\xi}_3=\begin{pmatrix}1\\1\\2\end{pmatrix}$，由于 $\boldsymbol{A}$ 有三个线性无关的特征向量，故 $\boldsymbol{A}$ 可对角化.

令 $\boldsymbol{P}=(\boldsymbol{\xi}_1,\boldsymbol{\xi}_2,\boldsymbol{\xi}_3)=\begin{pmatrix}1 & -1 & 1\\ 1 & 0 & 1\\ 0 & 1 & 2\end{pmatrix}$，则 $\boldsymbol{P}^{-1}\boldsymbol{A}\boldsymbol{P}=\begin{pmatrix}-2 & 0 & 0\\ 0 & -2 & 0\\ 0 & 0 & 4\end{pmatrix}=\boldsymbol{\Lambda}$.

(2) 由(1)知 $\boldsymbol{A}$ 可对角化，$\boldsymbol{P}=\begin{pmatrix}1 & -1 & 1\\ 1 & 0 & 1\\ 0 & 1 & 2\end{pmatrix}$，则 $\boldsymbol{P}^{-1}\boldsymbol{A}\boldsymbol{P}=\boldsymbol{\Lambda}=\begin{pmatrix}-2 & 0 & 0\\ 0 & -2 & 0\\ 0 & 0 & 4\end{pmatrix}$.

由 $\boldsymbol{P}^{-1}\boldsymbol{A}\boldsymbol{P}=\boldsymbol{\Lambda}$，得 $\boldsymbol{A}=\boldsymbol{P}\boldsymbol{\Lambda}\boldsymbol{P}^{-1}$，于是

$$\boldsymbol{A}^n=(\boldsymbol{P}\boldsymbol{\Lambda}\boldsymbol{P}^{-1})^n=\underbrace{\boldsymbol{P}\boldsymbol{\Lambda}\boldsymbol{P}^{-1}(\boldsymbol{P}\boldsymbol{\Lambda}\boldsymbol{P}^{-1})\cdots(\boldsymbol{P}\boldsymbol{\Lambda}\boldsymbol{P}^{-1})}_{n\text{个}}=\boldsymbol{P}\boldsymbol{\Lambda}^n\boldsymbol{P}^{-1}$$

由 $\boldsymbol{P}=\begin{pmatrix}1 & -1 & 1\\ 1 & 0 & 1\\ 0 & 1 & 2\end{pmatrix}$ 得 $\boldsymbol{P}^{-1}=\dfrac{1}{2}\begin{pmatrix}-1 & 3 & -1\\ -2 & 2 & 0\\ 1 & -1 & 1\end{pmatrix}$，从而

$$\begin{aligned}\boldsymbol{A}^n&=\frac{1}{2}\begin{pmatrix}1 & -1 & 1\\ 1 & 0 & 1\\ 0 & 1 & 2\end{pmatrix}\begin{pmatrix}-2 & 0 & 0\\ 0 & -2 & 0\\ 0 & 0 & 4\end{pmatrix}^n\begin{pmatrix}-1 & 3 & -1\\ -2 & 2 & 0\\ 1 & -1 & 1\end{pmatrix}\\ &=2^{n-1}\begin{pmatrix}2^n-1 & -2^n-1 & 2^n+1\\ 2^n+1 & -2^n-3 & 2^n+1\\ 2(2^n+1) & -2(2^n+1) & 2^{n+1}\end{pmatrix}\end{aligned}$$

5.3 向量内积和正交矩阵

定义 5-5　设 $\boldsymbol{\alpha}=\begin{pmatrix}a_1\\a_2\\\vdots\\a_n\end{pmatrix}$，$\boldsymbol{\beta}=\begin{pmatrix}b_1\\b_2\\\vdots\\b_n\end{pmatrix}$ 为两个 n 维列向量，我们称 $\boldsymbol{\alpha}^{\mathrm{T}}\boldsymbol{\beta}=(a_1,a_2,\cdots,a_n)\begin{pmatrix}b_1\\b_2\\\vdots\\b_n\end{pmatrix}=$

$\sum_{i=1}^{n} a_i b_i$ 为向量 $\boldsymbol{\alpha}$ 与 $\boldsymbol{\beta}$ 的内积(inner multiplication)，记作$(\boldsymbol{\alpha}, \boldsymbol{\beta})$，即$(\boldsymbol{\alpha}, \boldsymbol{\beta})=\boldsymbol{\alpha}^{\mathrm{T}}\boldsymbol{\beta}=\sum_{i=1}^{n} a_i b_i = a_1 b_1 + a_2 b_2 + \cdots + a_n b_n$.
显然，两个同维向量的内积是这两个向量对应的分量的乘积之和，它的结果是一个数.

如果 $\boldsymbol{\alpha}$ 与 $\boldsymbol{\beta}$ 是两个 n 维列向量 $\boldsymbol{\alpha}=(a_1, a_2, \cdots, a_n)$，$\boldsymbol{\beta}=(b_1, b_2, \cdots, b_n)$，则 $\boldsymbol{\alpha}$ 与 $\boldsymbol{\beta}$ 的内积为$(\boldsymbol{\alpha}, \boldsymbol{\beta})=\boldsymbol{\alpha}\boldsymbol{\beta}^{\mathrm{T}}=\sum_{i=1}^{n} a_i b_i$.

例如：$\boldsymbol{\alpha}=(1, -2, -1, 3)^{\mathrm{T}}$，$\boldsymbol{\beta}=(6, 2, -3, 1)^{\mathrm{T}}$，则 $\boldsymbol{\alpha}$ 与 $\boldsymbol{\beta}$ 的内积

$$(\boldsymbol{\alpha}, \boldsymbol{\beta})=\boldsymbol{\alpha}^{\mathrm{T}}\boldsymbol{\beta}=(1, -2, -1, 3)\begin{pmatrix}6\\-2\\-1\\3\end{pmatrix}=20$$

容易验证向量的内积有如下性质：

(1) $(\boldsymbol{\alpha}, \boldsymbol{\beta})=(\boldsymbol{\beta}, \boldsymbol{\alpha})$；

(2) $(\lambda\boldsymbol{\alpha}, \boldsymbol{\beta})=(\boldsymbol{\alpha}, \lambda\boldsymbol{\beta})=\lambda(\boldsymbol{\alpha}, \boldsymbol{\beta})$，$\lambda$ 是实数；

(3) $(\boldsymbol{\alpha}+\boldsymbol{\beta}, \boldsymbol{\gamma})=(\boldsymbol{\alpha}, \boldsymbol{\gamma})+(\boldsymbol{\beta}, \boldsymbol{\gamma})$；

(4) $(\boldsymbol{\alpha}, \boldsymbol{\alpha})\geqslant 0$，当且仅当 $\boldsymbol{\alpha}=\boldsymbol{0}$ 时等号成立；

(5) $(\boldsymbol{\alpha}, \boldsymbol{\beta})^2\leqslant(\boldsymbol{\alpha}, \boldsymbol{\alpha})\cdot(\boldsymbol{\beta}, \boldsymbol{\beta})$，当且仅当 $\boldsymbol{\alpha}$ 与 $\boldsymbol{\beta}$ 线性相关时，等号成立.

该不等式称为施瓦茨(Schwarz)不等式.

只给出(5)的证明过程，其余的证明读者可自行完成.

证明 如果 $\boldsymbol{\beta}\neq\boldsymbol{0}$，则(5)显然成立，现假设 $\boldsymbol{\beta}\neq\boldsymbol{0}$，令 $\boldsymbol{\gamma}=\boldsymbol{\alpha}+t\boldsymbol{\beta}$，则

$$(\boldsymbol{\gamma}, \boldsymbol{\gamma})=(\boldsymbol{\alpha}+t\boldsymbol{\beta}, \boldsymbol{\alpha}+t\boldsymbol{\beta})=(\boldsymbol{\alpha}, \boldsymbol{\alpha})+2t(\boldsymbol{\alpha}, \boldsymbol{\beta})+t^2(\boldsymbol{\beta}, \boldsymbol{\beta})\geqslant 0,$$

取 $t=-\dfrac{(\boldsymbol{\alpha}, \boldsymbol{\beta})}{(\boldsymbol{\beta}, \boldsymbol{\beta})}$，则上式变为$(\boldsymbol{\alpha}, \boldsymbol{\alpha})-2\dfrac{(\boldsymbol{\alpha}, \boldsymbol{\beta})^2}{(\boldsymbol{\beta}, \boldsymbol{\beta})}+\dfrac{(\boldsymbol{\alpha}, \boldsymbol{\beta})^2}{(\boldsymbol{\beta}, \boldsymbol{\beta})^2}(\boldsymbol{\beta}, \boldsymbol{\beta})\geqslant 0$，整理得$(\boldsymbol{\alpha}, \boldsymbol{\beta})^2\leqslant(\boldsymbol{\alpha}, \boldsymbol{\alpha})\cdot(\boldsymbol{\beta}, \boldsymbol{\beta})$，当且仅当 $\boldsymbol{\gamma}=\boldsymbol{\alpha}+t\boldsymbol{\beta}=\boldsymbol{0}$ 即 $\boldsymbol{\alpha}$ 与 $\boldsymbol{\beta}$ 线性相关时，等号成立.

定义 5-6 设 n 维向量 $\boldsymbol{\alpha}=(a_1, a_2, \cdots, a_n)^{\mathrm{T}}$，我们称 $\sqrt{(\boldsymbol{\alpha}, \boldsymbol{\alpha})}=\sqrt{\boldsymbol{\alpha}^{\mathrm{T}}\boldsymbol{\alpha}}=\sqrt{a_1^2+a_2^2+\cdots+a_n^2}$ 为向量 $\boldsymbol{\alpha}$ 的范数(长度)(norm)，记作 $\|\boldsymbol{\alpha}\|=\sqrt{a_1^2+a_2^2+\cdots+a_n^2}$，当 $\|\boldsymbol{\alpha}\|=1$ 时，称 $\boldsymbol{\alpha}$ 为单位向量.

例如：$\boldsymbol{\alpha}=(1, -2, -1, 2)^{\mathrm{T}}$，则 $\|\boldsymbol{\alpha}\|=\sqrt{1^2+(-2)^2+(-1)^2+2^2}=\sqrt{10}$.

向量的范数具有下列性质：

(1) 非负性：$\|\boldsymbol{\alpha}\|\geqslant 0$，当且仅当 $\boldsymbol{\alpha}=\boldsymbol{O}$ 时等号成立；

(2) 齐次性：$\|k\boldsymbol{\alpha}\|=|k|\cdot\|\boldsymbol{\alpha}\|$，其中 k 为实数；

(3) 满足三角不等式：$\|\boldsymbol{\alpha}+\boldsymbol{\beta}\|\leqslant\|\boldsymbol{\alpha}\|+\|\boldsymbol{\beta}\|$.

性质(1)、(2)显然成立，对于性质(3)，因为

$$\|\boldsymbol{\alpha}+\boldsymbol{\beta}\|^2=(\boldsymbol{\alpha}+\boldsymbol{\beta}, \boldsymbol{\alpha}+\boldsymbol{\beta})=(\boldsymbol{\alpha}, \boldsymbol{\alpha})+2(\boldsymbol{\alpha}, \boldsymbol{\beta})+(\boldsymbol{\beta}, \boldsymbol{\beta}) \qquad ①$$

由施瓦茨不等式$(\boldsymbol{\alpha}, \boldsymbol{\beta})^2\leqslant(\boldsymbol{\alpha}, \boldsymbol{\alpha})\cdot(\boldsymbol{\beta}, \boldsymbol{\beta})=\|\boldsymbol{\alpha}\|^2\cdot\|\boldsymbol{\beta}\|^2$，故$|(\boldsymbol{\alpha}, \boldsymbol{\beta})|\leqslant\|\boldsymbol{\alpha}\|\cdot\|\boldsymbol{\beta}\|$，代入①得

$$\begin{aligned}\|\boldsymbol{\alpha}+\boldsymbol{\beta}\|^2&=(\boldsymbol{\alpha}+\boldsymbol{\beta},\boldsymbol{\alpha}+\boldsymbol{\beta})=(\boldsymbol{\alpha},\boldsymbol{\alpha})+2(\boldsymbol{\alpha},\boldsymbol{\beta})+(\boldsymbol{\beta},\boldsymbol{\beta})\\&\leqslant\|\boldsymbol{\alpha}\|^2+2|(\boldsymbol{\alpha},\boldsymbol{\beta})|+\|\boldsymbol{\beta}\|^2\\&\leqslant\|\boldsymbol{\alpha}\|^2+2\|\boldsymbol{\alpha}\|\cdot\|\boldsymbol{\beta}\|+\|\boldsymbol{\beta}\|^2\\&=(\|\boldsymbol{\alpha}\|+\|\boldsymbol{\beta}\|)^2\end{aligned}$$

两边开平方即得 $\|\boldsymbol{\alpha}+\boldsymbol{\beta}\|\leqslant\|\boldsymbol{\alpha}\|+\|\boldsymbol{\beta}\|$.

对任一非零向量 $\boldsymbol{\alpha}$，令 $\boldsymbol{\alpha}^0=\dfrac{\boldsymbol{\alpha}}{\|\boldsymbol{\alpha}\|}$，称为 $\boldsymbol{\alpha}$ 的单位向量，这一过程称为将 $\boldsymbol{\alpha}$ 单位化的过程. 如前例 $\boldsymbol{\alpha}=(1,-2,-1,2)^{\mathrm{T}}$，则将 $\boldsymbol{\alpha}$ 单位化得

$$\boldsymbol{\alpha}^0=\frac{\boldsymbol{\alpha}}{\|\boldsymbol{\alpha}\|}=\frac{1}{\sqrt{10}}(1,-2,-1,2)^{\mathrm{T}}$$

注：若对 $\boldsymbol{\beta}=k\boldsymbol{\alpha}(k\neq0)$ 单位化，有 $\boldsymbol{\beta}^0=\dfrac{\boldsymbol{\beta}}{\|\boldsymbol{\beta}\|}=\dfrac{k\boldsymbol{\alpha}}{\|k\boldsymbol{\alpha}\|}=\dfrac{k\boldsymbol{\alpha}}{|k|\cdot\|\boldsymbol{\alpha}\|}=\pm\boldsymbol{\alpha}^0$.

定义 5-7　设 $\boldsymbol{\alpha}$，$\boldsymbol{\beta}$ 为两个 n 维向量，若 $\boldsymbol{\alpha}$ 与 $\boldsymbol{\beta}$ 的内积为零，即 $(\boldsymbol{\alpha},\boldsymbol{\beta})=0$，则称向量 $\boldsymbol{\alpha}$ 与 $\boldsymbol{\beta}$ 正交(orthogonios)，记作 $\boldsymbol{\alpha}\perp\boldsymbol{\beta}$.

如：$\boldsymbol{\alpha}=(1,-2,-5)^{\mathrm{T}}$，$\boldsymbol{\beta}=(3,4,-1)^{\mathrm{T}}$，则 $(\boldsymbol{\alpha},\boldsymbol{\beta})=1\times3+(-2)\times4+(-5)\times(-1)=0$，所以 $\boldsymbol{\alpha}$ 与 $\boldsymbol{\beta}$ 正交，即 $\boldsymbol{\alpha}\perp\boldsymbol{\beta}$.

显然零向量与任何向量都正交.

定义 5-8　设 n 维向量组 A：$\boldsymbol{\alpha}_1,\boldsymbol{\alpha}_2,\cdots,\boldsymbol{\alpha}_n$ 中不含零向量，若 $\boldsymbol{\alpha}_1,\boldsymbol{\alpha}_2,\cdots,\boldsymbol{\alpha}_n$ 两两正交，则称向量组 A 为正交向量组. 若进一步有 $\|\boldsymbol{\alpha}_i\|=1(i=1,2,\cdots,n)$，则称 $\boldsymbol{\alpha}_1,\boldsymbol{\alpha}_2,\cdots,\boldsymbol{\alpha}_n$ 为单位正交向量组(或标准正交向量组).

定理 5-4　若 n 维向量组 A：$\boldsymbol{\alpha}_1,\boldsymbol{\alpha}_2,\cdots,\boldsymbol{\alpha}_n$ 是正交向量组，则 $\boldsymbol{\alpha}_1,\boldsymbol{\alpha}_2,\cdots,\boldsymbol{\alpha}_n$ 线性无关.

证明　设 $k_1\boldsymbol{\alpha}_1+k_2\boldsymbol{\alpha}_2+\cdots+k_n\boldsymbol{\alpha}_n=\boldsymbol{0}$，两端同乘 $\boldsymbol{\alpha}_1^{\mathrm{T}}$，得

$k_1\boldsymbol{\alpha}_1^{\mathrm{T}}\boldsymbol{\alpha}_1+k_2\boldsymbol{\alpha}_1^{\mathrm{T}}\boldsymbol{\alpha}_2+\cdots+k_n\boldsymbol{\alpha}_1^{\mathrm{T}}\boldsymbol{\alpha}_n=\boldsymbol{0}$，由于 $\boldsymbol{\alpha}_1,\boldsymbol{\alpha}_2,\cdots,\boldsymbol{\alpha}_n$ 是正交向量组，故 $\boldsymbol{\alpha}_1^{\mathrm{T}}\boldsymbol{\alpha}_i=0$，$(i=1,2,\cdots,n)$，从而得 $k_1\|\boldsymbol{\alpha}\|=0$，又 $\boldsymbol{\alpha}\neq\boldsymbol{0}$，即有 $\|\boldsymbol{\alpha}\|\neq0$，故 $k_1=0$. 同理可得 $k_i=0(i=2,3,\cdots,n)$，综上所述，$k_1=k_2=\cdots=k_n=0$，所以 $\boldsymbol{\alpha}_1,\boldsymbol{\alpha}_2,\cdots,\boldsymbol{\alpha}_n$ 线性无关.

【例 5-12】　设 $\boldsymbol{\alpha}_1=(1,1,1)^{\mathrm{T}}$，$\boldsymbol{\alpha}_2=(2,-3,0)^{\mathrm{T}}$，求一个单位向量，使之与 $\boldsymbol{\alpha}_1$，$\boldsymbol{\alpha}_2$ 都正交.

解　设 $\boldsymbol{\beta}=(x_1,x_2,x_3)^{\mathrm{T}}$，$\boldsymbol{\beta}$ 与 $\boldsymbol{\alpha}_1$，$\boldsymbol{\alpha}_2$ 都正交，则有 $\begin{cases}(\boldsymbol{\alpha}_1,\boldsymbol{\beta})=0\\(\boldsymbol{\alpha}_2,\boldsymbol{\beta})=0\end{cases}$，即 $\begin{cases}x_1+x_2+x_3=0\\2x_1-3x_2=0\end{cases}$，解此方程组得基础解系 $\boldsymbol{\beta}=(3,2,-5)^{\mathrm{T}}$，再将 $\boldsymbol{\beta}$ 单位化 $\boldsymbol{\beta}^0=\dfrac{\boldsymbol{\beta}}{\|\boldsymbol{\beta}\|}=\dfrac{1}{\sqrt{38}}(3,2,-5)^{\mathrm{T}}$，$\boldsymbol{\beta}^0$ 即为所求(事实上，$\pm\dfrac{1}{\sqrt{38}}(3,2,-5)^{\mathrm{T}}$ 都满足要求).

显然线性无关的向量组不一定是正交向量组，那么，有没有办法，根据给定的线性无关的向量组，构造出与之等价的正交向量组呢？答案是肯定的，施密特(Schmidt)正交化方法就可以做到这一点.

施密特正交化方法：

设向量组 $\boldsymbol{\alpha}_1, \boldsymbol{\alpha}_2, \cdots, \boldsymbol{\alpha}_m$ 线性无关，令

$$\boldsymbol{\beta}_1 = \boldsymbol{\alpha}_1$$

$$\boldsymbol{\beta}_2 = \boldsymbol{\alpha}_2 - \frac{(\boldsymbol{\alpha}_2, \boldsymbol{\beta}_1)}{(\boldsymbol{\beta}_1, \boldsymbol{\beta}_1)}\boldsymbol{\beta}_1$$

$$\boldsymbol{\beta}_3 = \boldsymbol{\alpha}_3 - \frac{(\boldsymbol{\alpha}_3, \boldsymbol{\beta}_1)}{(\boldsymbol{\beta}_1, \boldsymbol{\beta}_1)}\boldsymbol{\beta}_1 - \frac{(\boldsymbol{\alpha}_3, \boldsymbol{\beta}_2)}{(\boldsymbol{\beta}_2, \boldsymbol{\beta}_2)}\boldsymbol{\beta}_2$$

$$\vdots$$

$$\boldsymbol{\beta}_m = \boldsymbol{\alpha}_m - \frac{(\boldsymbol{\alpha}_m, \boldsymbol{\beta}_1)}{(\boldsymbol{\beta}_1, \boldsymbol{\beta}_1)}\boldsymbol{\beta}_1 - \frac{(\boldsymbol{\alpha}_m, \boldsymbol{\beta}_2)}{(\boldsymbol{\beta}_2, \boldsymbol{\beta}_2)}\boldsymbol{\beta}_2 - \cdots - \frac{(\boldsymbol{\alpha}_m, \boldsymbol{\beta}_{m-1})}{(\boldsymbol{\beta}_{m-1}, \boldsymbol{\beta}_{m-1})}\boldsymbol{\beta}_{m-1}$$

则由此得到的向量组 $\boldsymbol{\beta}_1, \boldsymbol{\beta}_2, \cdots, \boldsymbol{\beta}_m$ 是与 $\boldsymbol{\alpha}_1, \boldsymbol{\alpha}_2, \cdots, \boldsymbol{\alpha}_m$ 等价的正交向量组.（证明略）

若进一步对 $\boldsymbol{\beta}_1, \boldsymbol{\beta}_2, \cdots, \boldsymbol{\beta}_m$ 单位化，即令 $\boldsymbol{\eta}_i = \dfrac{\boldsymbol{\beta}_i}{\|\boldsymbol{\beta}_i\|}(i=1, 2, \cdots, m)$，则得到与 $\boldsymbol{\alpha}_1, \boldsymbol{\alpha}_2, \cdots, \boldsymbol{\alpha}_m$ 等价的标准正交向量组 $\boldsymbol{\eta}_1, \boldsymbol{\eta}_2, \cdots, \boldsymbol{\eta}_m$.

【例 5-13】 将下列向量组标准正交化.

(1) $\boldsymbol{\alpha}_1 = \begin{pmatrix}1\\1\end{pmatrix}, \boldsymbol{\alpha}_2 = \begin{pmatrix}1\\2\end{pmatrix}$；

(2) $\boldsymbol{\alpha}_1 = \begin{pmatrix}1\\0\\1\\1\end{pmatrix}, \boldsymbol{\alpha}_2 = \begin{pmatrix}1\\1\\1\\1\end{pmatrix}, \boldsymbol{\alpha}_3 = \begin{pmatrix}1\\2\\3\\1\end{pmatrix}$.

解 (1) 先用施密特正交化法将其正交化：

令

$$\boldsymbol{\beta}_1 = \boldsymbol{\alpha}_1 = \begin{pmatrix}1\\1\end{pmatrix}, \boldsymbol{\beta}_2 = \boldsymbol{\alpha}_2 - \frac{(\boldsymbol{\alpha}_2, \boldsymbol{\beta}_1)}{(\boldsymbol{\beta}_1, \boldsymbol{\beta}_1)}\boldsymbol{\beta}_1 = \begin{pmatrix}1\\2\end{pmatrix} - \frac{3}{2}\begin{pmatrix}1\\1\end{pmatrix} = \begin{pmatrix}-\frac{1}{2}\\ \frac{1}{2}\end{pmatrix}$$

由 $\|\boldsymbol{\beta}_1\| = \sqrt{2}$，$\|\boldsymbol{\beta}_2\| = \dfrac{1}{\sqrt{2}}$，将 $\boldsymbol{\beta}_1, \boldsymbol{\beta}_2$ 单位化得

$$\boldsymbol{\eta}_1 = \frac{1}{\sqrt{2}}\begin{pmatrix}1\\1\end{pmatrix} = \begin{pmatrix}\frac{\sqrt{2}}{2}\\ \frac{\sqrt{2}}{2}\end{pmatrix}, \boldsymbol{\eta}_2 = \sqrt{2}\begin{pmatrix}-\frac{1}{2}\\ \frac{1}{2}\end{pmatrix} = \begin{pmatrix}-\frac{\sqrt{2}}{2}\\ \frac{\sqrt{2}}{2}\end{pmatrix}$$

$\boldsymbol{\eta}_1, \boldsymbol{\eta}_2$ 即为所求.

(2) 令

$$\boldsymbol{\beta}_1 = \boldsymbol{\alpha}_1 = \begin{pmatrix}1\\0\\1\\1\end{pmatrix}, \boldsymbol{\beta}_2 = \boldsymbol{\alpha}_2 - \frac{(\boldsymbol{\alpha}_2, \boldsymbol{\beta}_1)}{(\boldsymbol{\beta}_1, \boldsymbol{\beta}_1)}\boldsymbol{\beta}_1 = \begin{pmatrix}1\\1\\1\\1\end{pmatrix} - \frac{3}{3}\begin{pmatrix}1\\0\\1\\1\end{pmatrix} = \begin{pmatrix}0\\1\\0\\0\end{pmatrix}$$

$$\boldsymbol{\beta}_3=\boldsymbol{\alpha}_3-\frac{(\boldsymbol{\alpha}_3,\boldsymbol{\beta}_1)}{(\boldsymbol{\beta}_1,\boldsymbol{\beta}_1)}\boldsymbol{\beta}_1-\frac{(\boldsymbol{\alpha}_3,\boldsymbol{\beta}_2)}{(\boldsymbol{\beta}_2,\boldsymbol{\beta}_2)}\boldsymbol{\beta}_2=\begin{pmatrix}1\\2\\3\\1\end{pmatrix}-\frac{5}{3}\begin{pmatrix}1\\0\\1\\1\end{pmatrix}-\frac{2}{1}\begin{pmatrix}0\\1\\0\\0\end{pmatrix}=\begin{pmatrix}-\frac{2}{3}\\0\\\frac{4}{3}\\-\frac{2}{3}\end{pmatrix}$$

再将其单位化得

$$\boldsymbol{\eta}_1=\frac{\boldsymbol{\beta}_1}{\|\boldsymbol{\beta}_1\|}=\frac{1}{\sqrt{3}}\begin{pmatrix}1\\0\\1\\1\end{pmatrix}=\begin{pmatrix}\frac{\sqrt{3}}{3}\\0\\\frac{\sqrt{3}}{3}\\\frac{\sqrt{3}}{3}\end{pmatrix},\ \boldsymbol{\eta}_2=\frac{\boldsymbol{\beta}_2}{\|\boldsymbol{\beta}_2\|}=\begin{pmatrix}0\\1\\0\\0\end{pmatrix},\ \boldsymbol{\eta}_3=\frac{\boldsymbol{\beta}_3}{\|\boldsymbol{\beta}_3\|}=\frac{3}{2\sqrt{6}}\begin{pmatrix}-\frac{2}{3}\\0\\\frac{4}{3}\\-\frac{2}{3}\end{pmatrix}=\begin{pmatrix}-\frac{\sqrt{6}}{6}\\0\\\frac{2\sqrt{6}}{6}\\-\frac{\sqrt{6}}{6}\end{pmatrix}$$

$\boldsymbol{\eta}_1$，$\boldsymbol{\eta}_2$，$\boldsymbol{\eta}_3$ 即为所求.

定义 5-9　如果 n 阶实方阵 $\boldsymbol{A}$ 满足 $\boldsymbol{A}\cdot\boldsymbol{A}^{\mathrm{T}}=\boldsymbol{E}_n$，则称 $\boldsymbol{A}$ 为正交矩阵(orthogonal matrix).

例如：$\boldsymbol{A}=\begin{pmatrix}\cos\theta & \sin\theta\\-\sin\theta & \cos\theta\end{pmatrix}$是正交矩阵，事实上

$$\boldsymbol{A}\cdot\boldsymbol{A}^{\mathrm{T}}=\begin{pmatrix}\cos\theta & \sin\theta\\-\sin\theta & \cos\theta\end{pmatrix}\begin{pmatrix}\cos\theta & -\sin\theta\\\sin\theta & \cos\theta\end{pmatrix}=\begin{pmatrix}1 & 0\\0 & 1\end{pmatrix}=\boldsymbol{E}$$

再如，$\boldsymbol{B}=\frac{1}{9}\begin{pmatrix}1 & -8 & -4\\-8 & 1 & -4\\-4 & -4 & 7\end{pmatrix}$，易验证 $\boldsymbol{B}\cdot\boldsymbol{B}^{\mathrm{T}}=\boldsymbol{E}$，所以 $\boldsymbol{B}$ 也是正交矩阵.

利用正交矩阵的定义，很容易证明正交矩阵有以下性质：

(1) 若 $\boldsymbol{A}$ 为正交矩阵，则 $|\boldsymbol{A}|=\pm1$.

证明　$\boldsymbol{A}$ 为正交矩阵，则 $\boldsymbol{A}\cdot\boldsymbol{A}^{\mathrm{T}}=\boldsymbol{E}$，两边同取行列式立得结论.

注：此命题的逆命题未必成立，如 $\boldsymbol{A}=\begin{pmatrix}1 & 0\\1 & 1\end{pmatrix}$，$|\boldsymbol{A}|=1$，但 $\boldsymbol{A}\boldsymbol{A}^{\mathrm{T}}=\begin{pmatrix}1 & 0\\1 & 1\end{pmatrix}\begin{pmatrix}1 & 1\\0 & 1\end{pmatrix}=\begin{pmatrix}1 & 1\\1 & 2\end{pmatrix}\neq\boldsymbol{E}$，所以 $\boldsymbol{A}=\begin{pmatrix}1 & 0\\1 & 1\end{pmatrix}$不是正交矩阵.

(2) $\boldsymbol{A}^{-1}=\boldsymbol{A}^{\mathrm{T}}$.

证明　由 $\boldsymbol{A}\cdot\boldsymbol{A}^{\mathrm{T}}=\boldsymbol{E}$ 及逆矩阵的定义立得.

(3) 若 $\boldsymbol{A}$ 为正交矩阵，则 $\boldsymbol{A}^{\mathrm{T}}$，$\boldsymbol{A}^{-1}$ 以及 $\boldsymbol{A}^*$ 也都是正交矩阵.

证明　$\boldsymbol{A}\boldsymbol{A}^{\mathrm{T}}=\boldsymbol{E}\Leftrightarrow\boldsymbol{A}^{\mathrm{T}}=\boldsymbol{A}^{-1}\Leftrightarrow\boldsymbol{A}^{\mathrm{T}}\boldsymbol{A}=\boldsymbol{E}=\boldsymbol{A}^{\mathrm{T}}(\boldsymbol{A}^{\mathrm{T}})^{\mathrm{T}}$，即 $\boldsymbol{A}^{\mathrm{T}}$，$\boldsymbol{A}^{-1}$ 都是正交矩阵.

又因为 $\boldsymbol{A}\boldsymbol{A}^*=|\boldsymbol{A}|\boldsymbol{E}$，所以 $\boldsymbol{A}^*=|\boldsymbol{A}|\boldsymbol{A}^{-1}=|\boldsymbol{A}|\boldsymbol{A}^{\mathrm{T}}$，从而 $\boldsymbol{A}^*(\boldsymbol{A}^*)^{\mathrm{T}}=|\boldsymbol{A}|\boldsymbol{A}^{\mathrm{T}}(|\boldsymbol{A}|\boldsymbol{A}^{\mathrm{T}})^{\mathrm{T}}=|\boldsymbol{A}|^2\boldsymbol{A}^{\mathrm{T}}\boldsymbol{A}=\boldsymbol{E}$，即 $\boldsymbol{A}^*$ 也是正交矩阵.

(4) 设 $\boldsymbol{A}$，$\boldsymbol{B}$ 均为正交矩阵，则 $\boldsymbol{A}\boldsymbol{B}$ 也是正交矩阵.

证明 $AB(AB)^{\mathrm{T}}=AB(B^{\mathrm{T}}A^{\mathrm{T}})=A(BB^{\mathrm{T}})A^{\mathrm{T}}=E$，故 AB 也是正交矩阵.

注：该结论可推广至任意有限个正交矩阵相乘的情形，即任意有限个正交矩阵的乘积仍然是正交矩阵.

定理 5-5 n 阶实方阵 A 是正交矩阵的充分必要条件是 A 的行(列)向量组为标准正交向量组.

证明 设 $A=(\alpha_1, \alpha_2, \cdots, \alpha_n)$，则

$$A^{\mathrm{T}}A=\begin{pmatrix}\alpha_1^{\mathrm{T}}\\ \alpha_2^{\mathrm{T}}\\ \vdots\\ \alpha_n^{\mathrm{T}}\end{pmatrix}(\alpha_1, \alpha_2, \cdots, \alpha_n)=\begin{pmatrix}\alpha_1^{\mathrm{T}}\alpha_1 & \alpha_1^{\mathrm{T}}\alpha_2 & \cdots & \alpha_1^{\mathrm{T}}\alpha_n\\ \alpha_2^{\mathrm{T}}\alpha_1 & \alpha_2^{\mathrm{T}}\alpha_2 & \cdots & \alpha_2^{\mathrm{T}}\alpha_n\\ \vdots & \vdots & & \vdots\\ \alpha_n^{\mathrm{T}}\alpha_1 & \alpha_n^{\mathrm{T}}\alpha_2 & \cdots & \alpha_n^{\mathrm{T}}\alpha_n\end{pmatrix}$$

因此，$A^{\mathrm{T}}A=E$ 的充要条件是 $\alpha_i^{\mathrm{T}}\alpha_j=\begin{cases}1 & i=j\\ 0 & i\neq j\end{cases}$，$i, j=1, 2, \cdots, n$，即 A 的列向量组为标准正交向量组，同理可证 A 的行向量组也为标准正交向量组.

该定理为我们判断一个方阵是否是正交矩阵提供了极大的便利，而实际上，由于 A 的行向量组就是 A^{T} 的列向量组，所以我们只要对 A 的行向量组或列向量组检验其标准正交性就可以了.

【例 5-14】 判断下列方阵是否为正交矩阵.

(1) $A=\begin{pmatrix}\frac{1}{2} & -\frac{\sqrt{3}}{2}\\ \frac{\sqrt{3}}{2} & \frac{1}{2}\end{pmatrix}$ (2) $B=\begin{pmatrix}\frac{\sqrt{2}}{2} & \frac{\sqrt{2}}{6} & \frac{\sqrt{2}}{3}\\ 0 & -\frac{2\sqrt{2}}{3} & \frac{1}{3}\\ -\frac{\sqrt{2}}{2} & \frac{\sqrt{2}}{6} & \frac{2}{3}\end{pmatrix}$

解 (1) 由于 $A^{\mathrm{T}}A=\begin{pmatrix}\frac{1}{2} & -\frac{\sqrt{3}}{2}\\ \frac{\sqrt{3}}{2} & \frac{1}{2}\end{pmatrix}\begin{pmatrix}\frac{1}{2} & \frac{\sqrt{3}}{2}\\ -\frac{\sqrt{3}}{2} & \frac{1}{2}\end{pmatrix}=\begin{pmatrix}1 & 0\\ 0 & 1\end{pmatrix}$，由正交矩阵的定义知 A 是正交矩阵.

(2) 考察 B 的第一列和第三列，因为 $\frac{\sqrt{2}}{2}\times\frac{\sqrt{2}}{3}+0\times\frac{1}{3}+\left(-\frac{\sqrt{2}}{2}\right)\times\frac{2}{3}=\frac{1-\sqrt{2}}{3}\neq 0$，所以 B 不是正交矩阵.

定义 5-10 设 P 是 n 阶正交矩阵，x，y 是两个 n 维列向量，则称线性变换 $y=Px$ 为正交变换.

定理 5-6 正交变换不改变向量的内积.

证明 设 A 是正交矩阵，α，β 是两个 n 维列向量，则

$$(A\alpha, A\beta)=(A\alpha)^{\mathrm{T}}(A\beta)=\alpha^{\mathrm{T}}A^{\mathrm{T}}AB=\alpha^{\mathrm{T}}(A^{\mathrm{T}}A)\beta=\alpha^{\mathrm{T}}\beta=(\alpha, \beta)$$

即正交变换不改变向量的内积.

由该结论知，正交变换不改变任何两个向量的内积，因而，也不改变向量的长度，还保持两

个向量之间的正交性不变. 所以，正交变换把标准正交向量组仍然变换为标准正交向量组.

定理 5－7　设 $\boldsymbol{A}$ 是 n 阶正交矩阵，λ 是 $\boldsymbol{A}$ 的任意一个特征值，则 $\lambda\neq 0$ 且 $\frac{1}{\lambda}$ 也一定是 $\boldsymbol{A}$ 的一个特征值.

证明　设 λ_1，λ_2，…，λ_n 是 $\boldsymbol{A}$ 的全部特征值，则 $\lambda_1\lambda_2\cdots\lambda_n=|\boldsymbol{A}|$，又因为 $\boldsymbol{A}$ 是 n 阶正交矩阵，所以 $|\boldsymbol{A}|=\pm 1\neq 0$，从而有 $\lambda_1\lambda_2\cdots\lambda_n\neq 0$，所以 $\boldsymbol{A}$ 的任意一个特征值 $\lambda_i\neq 0$；若 λ 是 $\boldsymbol{A}$ 的一个特征值，则由于 $\boldsymbol{A}^{\mathrm{T}}\boldsymbol{x}=\boldsymbol{A}^{-1}\boldsymbol{x}=\frac{1}{\lambda}\boldsymbol{x}$，故 $\frac{1}{\lambda}$ 是 $\boldsymbol{A}^{\mathrm{T}}$ 的一个特征值，又因为 $\boldsymbol{A}$ 与 $\boldsymbol{A}^{\mathrm{T}}$ 有相同的特征值，所以 $\frac{1}{\lambda}$ 也是 $\boldsymbol{A}$ 的一个特征值.

5.4　实对称矩阵的对角化

由前面的讨论知并不是所有的方阵都可以对角化，但有一类特殊的方阵有着特殊的、优良的性质，这就是实对称矩阵.

定义 5－11　设方阵 $\boldsymbol{A}=(a_{ij})_{n\times n}$，其中 a_{ij} 全为实数，且满足 $\boldsymbol{A}^{\mathrm{T}}=\boldsymbol{A}$，则称 $\boldsymbol{A}$ 为实对称矩阵.

关于实对称矩阵，其特征值和特征向量有如下性质：(证明略)

定理 5－8　实对称矩阵的特征值都是实数，特征向量也都是实向量，且对应于 k 重特征值的线性无关的特征向量恰好有 k 个.

定理 5－9　实对称矩阵的对应于不同特征值的特征向量是正交的.

定理 5－10　若 $\boldsymbol{A}$ 为 n 阶实对称矩阵，则存在 n 阶正交矩阵 $\boldsymbol{P}$，使得

$$\boldsymbol{P}^{-1}\boldsymbol{A}\boldsymbol{P}=\boldsymbol{P}^{\mathrm{T}}\boldsymbol{A}\boldsymbol{P}=\begin{pmatrix}\lambda_1 & & & \\ & \lambda_2 & & \\ & & \ddots & \\ & & & \lambda_n\end{pmatrix}=\boldsymbol{\Lambda}$$

其中 λ_1，λ_2，…，λ_n 是 $\boldsymbol{A}$ 的全部特征值.

由以上性质可知，实对称矩阵一定可以对角化.

对于实对称矩阵 $\boldsymbol{A}$ 来说，不仅可以找到可逆矩阵 $\boldsymbol{P}$，使得 $\boldsymbol{P}^{-1}\boldsymbol{A}\boldsymbol{P}$ 为对角矩阵，而且能找到正交矩阵 $\boldsymbol{Q}$，使得 $\boldsymbol{Q}^{-1}\boldsymbol{A}\boldsymbol{Q}$ 为对角矩阵. 显然，正交对角化是相似对角化的一种特殊情况，其本质仍然是相似对角化. 由于 $\boldsymbol{Q}$ 是正交矩阵，它的列向量组是正交单位向量组，因此在求出 $\boldsymbol{A}$ 的 n 个线性无关的特征向量后，还要把它们正交化与单位化，又因为实对称矩阵 $\boldsymbol{A}$ 的对应于不同特征值的特征向量都彼此正交，故正交化过程可只对重特征值对应的线性无关的特征向量进行.

对于 n 阶实对称矩阵 $\boldsymbol{A}$，求正交矩阵 $\boldsymbol{Q}$，使 $\boldsymbol{Q}^{-1}\boldsymbol{A}\boldsymbol{Q}$ 为对角矩阵的步骤如下：

(1) 求出 $\boldsymbol{A}$ 的全部互不相等的特征值 λ_1，λ_2，…，λ_s；

(2) 对于每个特征值 $\lambda_i(i=1, 2, \cdots, s)$，求出齐次线性方程组 $(\lambda_i\boldsymbol{E}-\boldsymbol{A})\boldsymbol{x}=\boldsymbol{O}$ 的基础

解系，从而得到线性无关的特征向量；

(3) 把求出的线性无关的特征向量正交单位化(由于对应于相同特征值的特征向量不一定是正交的，我们可以利用施密特正交化法将它们正交化)；

(4) 用所得的正交单位向量作为列向量组构成正交矩阵 $\boldsymbol{Q}$，则 $\boldsymbol{Q}^{-1}\boldsymbol{AQ}=\begin{pmatrix}\lambda_1 & & & \\ & \lambda_2 & & \\ & & \ddots & \\ & & & \lambda_n\end{pmatrix}=\boldsymbol{\Lambda}$.

【例 5-15】 设实对称矩阵 $\boldsymbol{A}=\begin{pmatrix}1 & -2 & 0\\ -2 & 2 & -2\\ 0 & -2 & 3\end{pmatrix}$，求正交矩阵 $\boldsymbol{Q}$，使 $\boldsymbol{Q}^{-1}\boldsymbol{AQ}$ 为对角矩阵.

解 $|\lambda\boldsymbol{E}-\boldsymbol{A}|=\begin{vmatrix}\lambda-1 & 2 & 0\\ 2 & \lambda-2 & 2\\ 0 & 2 & \lambda-3\end{vmatrix}=(\lambda+1)(\lambda-2)(\lambda-5)$，所以 $\boldsymbol{A}$ 的特征值为 $\lambda_1=-1$，$\lambda_2=2$，$\lambda_3=5$.

当 $\lambda_1=-1$ 时，$-\boldsymbol{E}-\boldsymbol{A}=\begin{pmatrix}-2 & 2 & 0\\ 2 & -3 & 2\\ 0 & 2 & -4\end{pmatrix}\to\begin{pmatrix}-2 & 2 & 0\\ 0 & -1 & 2\\ 0 & 0 & 0\end{pmatrix}\to\begin{pmatrix}1 & 0 & -2\\ 0 & 1 & -2\\ 0 & 0 & 0\end{pmatrix}$，从而与齐次线性方程组$(-\boldsymbol{E}-\boldsymbol{A})\boldsymbol{x}=\boldsymbol{O}$ 同解的方程组为$\begin{cases}x_1-2x_3=0\\ x_2-2x_3=0\end{cases}$，求得与 $\lambda_1=-1$ 相对应的特征向量为 $\boldsymbol{\xi}_1=\begin{pmatrix}2\\2\\1\end{pmatrix}$，同理可求得对应于 $\lambda_2=2$ 和 $\lambda_3=5$ 的特征向量分别为 $\boldsymbol{\xi}_2=\begin{pmatrix}-2\\1\\2\end{pmatrix}$，$\boldsymbol{\xi}_3=\begin{pmatrix}1\\-2\\2\end{pmatrix}$，由于 $\boldsymbol{\xi}_1$，$\boldsymbol{\xi}_2$，$\boldsymbol{\xi}_3$ 是分别属于 $\boldsymbol{A}$ 的不同特征值的特征向量，故彼此正交，只需将它们单位化：

易见 $\|\boldsymbol{\xi}_1\|=\|\boldsymbol{\xi}_2\|=\|\boldsymbol{\xi}_3\|=3$，$\boldsymbol{\eta}_1=\frac{1}{3}\boldsymbol{\xi}_1=\begin{pmatrix}\frac{2}{3}\\ \frac{2}{3}\\ \frac{1}{3}\end{pmatrix}$，$\boldsymbol{\eta}_2=\frac{1}{3}\boldsymbol{\xi}_2=\begin{pmatrix}-\frac{2}{3}\\ \frac{1}{3}\\ \frac{2}{3}\end{pmatrix}$，$\boldsymbol{\eta}_3=\frac{1}{3}\boldsymbol{\xi}_3=\begin{pmatrix}\frac{1}{3}\\ -\frac{2}{3}\\ \frac{2}{3}\end{pmatrix}$.

令 $\boldsymbol{Q}=(\boldsymbol{\eta}_1,\boldsymbol{\eta}_2,\boldsymbol{\eta}_3)=\begin{pmatrix}\frac{2}{3} & -\frac{2}{3} & \frac{1}{3}\\ \frac{2}{3} & \frac{1}{3} & -\frac{2}{3}\\ \frac{1}{3} & \frac{2}{3} & \frac{2}{3}\end{pmatrix}$，则 $\boldsymbol{Q}$ 是正交矩阵，且 $\boldsymbol{Q}^{-1}\boldsymbol{AQ}=\begin{pmatrix}-1 & 0 & 0\\ 0 & 2 & 0\\ 0 & 0 & 5\end{pmatrix}$.

【例 5-16】 设对称矩阵 $\boldsymbol{A}=\begin{pmatrix}2 & 2 & -2\\ 2 & 5 & -4\\ -2 & -4 & 5\end{pmatrix}$，求正交矩阵 $\boldsymbol{Q}$，使 $\boldsymbol{Q}^{-1}\boldsymbol{AQ}$ 为对角矩阵.

解　$|\lambda\boldsymbol{E}-\boldsymbol{A}|=\begin{pmatrix}\lambda-2 & -2 & 2\\ -2 & \lambda-5 & 4\\ 2 & 4 & \lambda-5\end{pmatrix}=(\lambda-1)^2(\lambda-10)$，所以 $\boldsymbol{A}$ 的特征值为 $\lambda_1=\lambda_2=1$，$\lambda_3=10$.

当 $\lambda_1=\lambda_2=1$ 时，$1\cdot\boldsymbol{E}-\boldsymbol{A}=\begin{pmatrix}-1 & -2 & 2\\ -2 & -4 & 4\\ 2 & 4 & -4\end{pmatrix}\to\begin{pmatrix}1 & 2 & -2\\ 0 & 0 & 0\\ 0 & 0 & 0\end{pmatrix}$，从而齐次线性方程组 $(\boldsymbol{E}-\boldsymbol{A})\boldsymbol{x}=\boldsymbol{0}$ 的基础解系为 $\boldsymbol{\xi}_1=\begin{pmatrix}-2\\ 1\\ 0\end{pmatrix}$，$\boldsymbol{\xi}_2=\begin{pmatrix}2\\ 0\\ 1\end{pmatrix}$，$\boldsymbol{\xi}_1$ 与 $\boldsymbol{\xi}_2$ 不正交，利用施密特正交化法将它们正交化：

令 $\boldsymbol{\alpha}_1=\boldsymbol{\xi}_1=\begin{pmatrix}-2\\ 1\\ 0\end{pmatrix}$，$\boldsymbol{\alpha}_2=\boldsymbol{\xi}_2-\dfrac{(\boldsymbol{\xi}_2,\boldsymbol{\alpha}_1)}{(\boldsymbol{\alpha}_1,\boldsymbol{\alpha}_1)}\boldsymbol{\alpha}_1=\begin{pmatrix}2\\ 0\\ 1\end{pmatrix}+\dfrac{4}{5}\begin{pmatrix}-2\\ 1\\ 0\end{pmatrix}=\begin{pmatrix}\dfrac{2}{5}\\ \dfrac{4}{5}\\ 1\end{pmatrix}$ 再将其单位化，由于 $\|\boldsymbol{\alpha}_1\|=\sqrt{5}$，$\|\boldsymbol{\alpha}_2\|=\dfrac{3}{\sqrt{5}}$，令 $\boldsymbol{\beta}_1=\dfrac{1}{\sqrt{5}}\boldsymbol{\alpha}_1=\begin{pmatrix}-\dfrac{2}{\sqrt{5}}\\ \dfrac{1}{\sqrt{5}}\\ 0\end{pmatrix}$，$\boldsymbol{\beta}_2=\dfrac{\sqrt{5}}{3}\boldsymbol{\alpha}_2=\begin{pmatrix}\dfrac{2}{3\sqrt{5}}\\ \dfrac{4}{3\sqrt{5}}\\ \dfrac{5}{3\sqrt{5}}\end{pmatrix}$，则 $\boldsymbol{\beta}_1$，$\boldsymbol{\beta}_2$ 是正交的单位向量.

当 $\lambda_3=10$ 时，$10\cdot\boldsymbol{E}-\boldsymbol{A}=\begin{pmatrix}8 & -2 & 2\\ -2 & 5 & 4\\ 2 & 4 & 5\end{pmatrix}\to\begin{pmatrix}2 & 0 & 1\\ 0 & 1 & 1\\ 0 & 0 & 0\end{pmatrix}$，得其基础解系 $\boldsymbol{\alpha}_3=\begin{pmatrix}1\\ 2\\ -2\end{pmatrix}$，将其单位化得 $\boldsymbol{\beta}_3=\dfrac{1}{3}\boldsymbol{\alpha}_3=\begin{pmatrix}\dfrac{1}{3}\\ \dfrac{2}{3}\\ -\dfrac{2}{3}\end{pmatrix}$，则 $\boldsymbol{\beta}_1$，$\boldsymbol{\beta}_2$，$\boldsymbol{\beta}_3$ 为彼此正交的单位向量，令 $\boldsymbol{Q}=(\boldsymbol{\beta}_1,\boldsymbol{\beta}_2,\boldsymbol{\beta}_3)=$

$$\begin{pmatrix}-\dfrac{2}{\sqrt{5}} & \dfrac{2}{3\sqrt{5}} & \dfrac{1}{3}\\ \dfrac{1}{\sqrt{5}} & \dfrac{4}{3\sqrt{5}} & \dfrac{2}{3}\\ 0 & \dfrac{5}{3\sqrt{5}} & -\dfrac{2}{3}\end{pmatrix}\text{，则 }\boldsymbol{Q}^{-1}\boldsymbol{A}\boldsymbol{Q}=\begin{pmatrix}1 & 0 & 0\\ 0 & 1 & 0\\ 0 & 0 & 10\end{pmatrix}.$$

5.5 应用实例

【例 5-17】 某公司对其生产的产品进行市场调查，调查结果显示，正在使用本公司该产品的客户中有 60%的客户表示将来仍然继续购买和使用本公司的该产品，而未使用过该产品的被调查者中有 25%表示将购买该产品. 目前本公司该产品的市场占有率为 60%. 根据以上数据，能否预测未来 k 年后该产品的市场占有情况(假定该产品只在年初销售且使用寿命为一年)?

解 令

$$\boldsymbol{A}=\begin{pmatrix} p_{11} & p_{12} \\ p_{21} & p_{22} \end{pmatrix}$$

其中 p_{11} 表示以前买了该产品下一年将继续购买该产品的概率，p_{12} 表示以前未购买本公司的该产品但下一年要购买该产品的概率，p_{21} 表示原来买了该产品但下一年不再购买该产品的概率，p_{22} 表示原来没购买将来也不会购买该产品的概率，则

$$\boldsymbol{A}=\begin{pmatrix} p_{11} & p_{12} \\ p_{21} & p_{22} \end{pmatrix}=\begin{pmatrix} 0.6 & 0.25 \\ 0.4 & 0.75 \end{pmatrix}$$

用 $\boldsymbol{x}_0=\begin{pmatrix} 0.6 \\ 0.4 \end{pmatrix}$表示目前(今年)本公司该产品的市场占有情况，其中第一个分量表示本公司该产品的市场占有率，第二个分量表示其他公司相应产品的市场占有率. 设 k 年后本公司产品的市场占有情况为 $\boldsymbol{x}_k$，那么一年后的市场占有情况为 $\boldsymbol{x}_1=\boldsymbol{A}\boldsymbol{x}_0$，两年后的市场占有情况为 $\boldsymbol{x}_2=\boldsymbol{A}\boldsymbol{x}_1=\boldsymbol{A}^2\boldsymbol{x}_0\cdots\cdots k$ 年后的市场占有情况为 $\boldsymbol{x}_k=\boldsymbol{A}\boldsymbol{x}_{k-1}=\cdots=\boldsymbol{A}^k\boldsymbol{x}_0$，于是，求 $\boldsymbol{x}_k$ 的问题转化为求 $\boldsymbol{A}^k$.

$$|\lambda\boldsymbol{E}-\boldsymbol{A}|=\begin{vmatrix} \lambda-0.6 & -0.25 \\ -0.4 & \lambda-0.75 \end{vmatrix}=(\lambda-1)(\lambda-0.35)$$

可知 $\boldsymbol{A}$ 的特征值为 $\lambda_1=1$，$\lambda_2=0.35$，从而知道 $\boldsymbol{A}$ 可以对角化.

当 $\lambda_1=1$ 时，解齐次线性方程组 $(1\cdot\boldsymbol{E}-\boldsymbol{A})\boldsymbol{x}=0$，即

$$\begin{pmatrix} 0.4 & -0.25 \\ -0.4 & 0.25 \end{pmatrix}\begin{pmatrix} x_1 \\ x_2 \end{pmatrix}=\begin{pmatrix} 0 \\ 0 \end{pmatrix}$$

易得 $\lambda_1=1$ 对应的特征向量 $\boldsymbol{\eta}_1=\begin{pmatrix} 5 \\ 8 \end{pmatrix}$.

同理，当 $\lambda_2=0.35$ 时，可求得其对应的特征向量为 $\eta_2=\begin{pmatrix} 1 \\ -1 \end{pmatrix}$，令 $\boldsymbol{P}=(\boldsymbol{\eta}_1,\ \boldsymbol{\eta}_2)=\begin{pmatrix} 5 & 1 \\ 8 & -1 \end{pmatrix}$，则 $\boldsymbol{P}$ 可逆且

$$\boldsymbol{P}^{-1}\boldsymbol{A}\boldsymbol{P}=\begin{pmatrix} 1 & 0 \\ 0 & 0.35 \end{pmatrix}$$

其中 $\boldsymbol{P}^{-1}=\frac{1}{13}\begin{pmatrix}1 & 1\\8 & -5\end{pmatrix}$. 从而 $\boldsymbol{A}=\boldsymbol{P}\begin{pmatrix}1 & 0\\0 & 0.35\end{pmatrix}\boldsymbol{P}^{-1}$，所以

$$\boldsymbol{A}^{k}=\boldsymbol{P}\begin{pmatrix}1 & 0\\0 & 0.35\end{pmatrix}^{k}\boldsymbol{P}^{-1}$$

于是，k 年后本公司该产品的市场占有情况为

$$\begin{aligned}\boldsymbol{x}_{k}=\boldsymbol{A}^{k}\boldsymbol{x}_{0}&=\boldsymbol{P}\begin{pmatrix}1 & 0\\0 & 0.35\end{pmatrix}^{k}\boldsymbol{P}^{-1}\boldsymbol{x}_{0}\\&=\frac{1}{13}\begin{pmatrix}5 & 1\\8 & -1\end{pmatrix}\begin{pmatrix}1 & 0\\0 & 0.35\end{pmatrix}^{k}\begin{pmatrix}1 & 1\\8 & -5\end{pmatrix}\begin{pmatrix}0.6\\0.4\end{pmatrix}\\&=\frac{1}{13}\begin{pmatrix}5 & 0.35^{k}\\8 & -0.35^{k}\end{pmatrix}\begin{pmatrix}1\\2.8\end{pmatrix}\\&=\frac{1}{13}\begin{pmatrix}5+2.8\times0.35^{k}\\8-2.8\times0.35^{k}\end{pmatrix}\end{aligned}$$

从上式可以看出，k 年后本公司该产品的市场占有率为 $\frac{5+2.8\times0.35^{k}}{13}$，如令 $k=1$，则由于 $\frac{5+2.8\times0.35^{1}}{13}\approx0.46$，从而知 1 年后本公司该产品的市场占有率约为 46%；如令 $k=5$，则由于 $\frac{5+2.8\times0.35^{5}}{13}\approx0.39$，即 5 年后本公司该产品的市场占有率将下降到约 39%.

拓展阅读

詹姆斯·约瑟夫·西尔维斯特

詹姆斯·约瑟夫·西尔维斯特(James Joseph Sylvester)是 19 世纪英国著名的数学家和律师.

西尔维斯特在数学领域有着深厚的造诣，他的研究涉及多个数学领域，显示出他广泛的数学知识和研究能力. 西尔维斯特在矩阵理论方面的贡献尤为突出. 在 1850 年，他首次使用了“矩阵”这一术语，为矩阵理论的发展奠定了基础. 矩阵作为一个数学概念，最早来自于方程组的系数及常数所构成的方阵，而西尔维斯特的使用和推广使得这一概念在数学界得到了更广泛的认可和应用.

此外，西尔维斯特还提出了一类重要的矩阵方程，即 Sylvester 矩阵方程. 这种方程形式为 $\boldsymbol{AX}-\boldsymbol{XB}=\boldsymbol{C}$，其中 $\boldsymbol{A}$、$\boldsymbol{B}$ 和 $\boldsymbol{C}$ 为已知矩阵，求解目标是找到矩阵 $\boldsymbol{X}$ 的解. Sylvester 矩阵方程在数学和工程领域有着广泛的应用，例如控制论中的线性二次型问题、图像处理中的张量分解问题以及分布式网络中的数据传输问题等.

西尔维斯特在矩阵理论方面做出的重要贡献，不仅在学术界产生了深远影响，也为后来的数学研究和应用提供了重要的理论基础，推动了矩阵概念的应用和发展.

课堂随练

1. 求下列矩阵的特征值和特征向量.

(1) $\boldsymbol{A}=\begin{pmatrix}1 & 2\\3 & -4\end{pmatrix}$　(2) $\boldsymbol{A}=\begin{pmatrix}-1 & -2 & 1\\1 & 2 & -2\\1 & 1 & 2\end{pmatrix}$　(3) $\boldsymbol{A}=\begin{pmatrix}0 & 0 & 1\\0 & 1 & 0\\1 & 0 & 0\end{pmatrix}$

2. 设方阵 $\boldsymbol{A}$ 满足 $\boldsymbol{A}^3-4\boldsymbol{A}^2+5\boldsymbol{A}-2\boldsymbol{E}=\boldsymbol{O}$，求 $\boldsymbol{A}$ 的特征值.

3. 已知矩阵 $\boldsymbol{A}=\begin{pmatrix}2 & 0 & 0\\0 & 0 & 1\\0 & 1 & m\end{pmatrix}$ 和矩阵 $\boldsymbol{B}=\begin{pmatrix}2 & 0 & 0\\0 & 3 & 4\\0 & -2 & n\end{pmatrix}$ 相似，求 m，n 的值.

4. 下列矩阵是否可以对角化？若能，将其对角化.

(1) $\boldsymbol{A}=\begin{pmatrix}0 & 0 & 1\\1 & 1 & -1\\1 & 0 & 0\end{pmatrix}$　(2) $\boldsymbol{A}=\begin{pmatrix}3 & -1 & -2\\2 & 0 & -2\\2 & -1 & -1\end{pmatrix}$

5. 设矩阵 $\boldsymbol{A}=\begin{pmatrix}1 & 2 & -3\\-1 & 4 & -3\\1 & k & 5\end{pmatrix}$ 有一个二重特征值，求 k 的值，并判断 $\boldsymbol{A}$ 是否可以对角化.

6. 设实对称矩阵 $\boldsymbol{A}=\begin{pmatrix}4 & -1 & -1 & 1\\-1 & 4 & 1 & -1\\-1 & 1 & 4 & -1\\1 & -1 & -1 & 4\end{pmatrix}$，求正交矩阵 $\boldsymbol{Q}$，使得 $\boldsymbol{Q}^{-1}\boldsymbol{A}\boldsymbol{Q}$ 为对角矩阵.

7. 设三阶实对称矩阵 $\boldsymbol{A}$ 的三个特征值为 $\lambda_1=2$，$\lambda_2=\lambda_3=-2$，求 $\boldsymbol{A}^{2024}$.

8. 设 $\boldsymbol{A}=\begin{pmatrix}a & b\\b & c\end{pmatrix}$ 为二阶实对称矩阵，其一个特征值为 $\lambda_1=1$，$\boldsymbol{A}$ 的属于该特征值的特征向量为 $\boldsymbol{x}=\begin{pmatrix}1\\-1\end{pmatrix}$，若 $|\boldsymbol{A}|=-2$，求 $\boldsymbol{A}$.

第 5 章答案

第 6 章
二　次　型

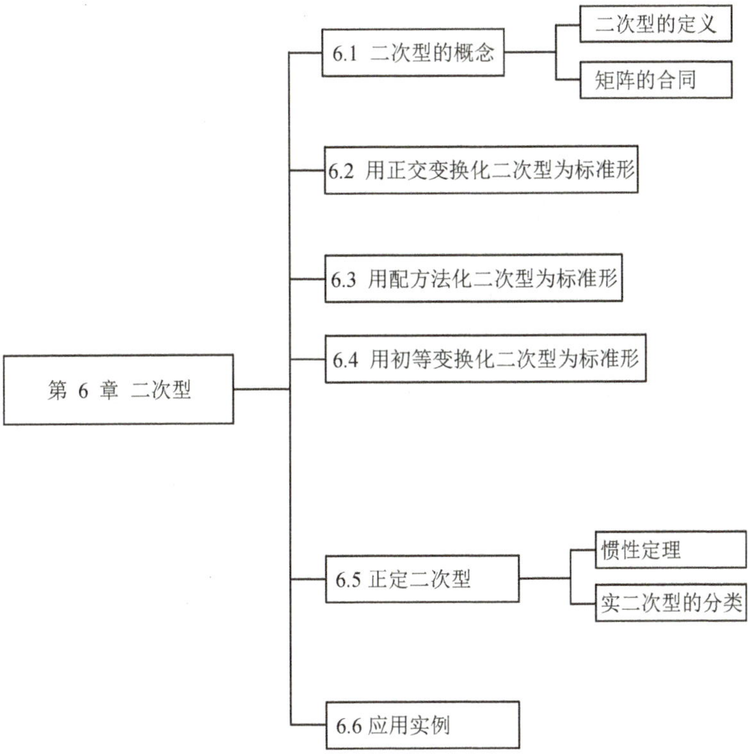

二次型(quadratic form)是线性代数的重要内容之一，它起源于几何学中二次曲线方程和二次曲面方程化为标准形问题的研究. 二次型理论与域的特征有关.

在平面解析几何中，以坐标原点为中心的二次曲线方程为 $ax^2+2bxy+cy^2=d$，这就是一个简单的二次型. 通过坐标的旋转变换消去交叉项，再平移坐标轴就把它化为了标准方程. 例如，如图 6.1 所示的 $x^2+y^2-xy=1$ 可以写作 $[x\quad y]\begin{bmatrix}1 & -0.5\\ -0.5 & 1\end{bmatrix}\begin{bmatrix}x\\ y\end{bmatrix}=1$，这就是二次型矩阵. 此外，数学物理中常用到的二次泛函极小问题的近似解法，也要把无限空间的极小问题化为有限向量空间的极小问题，而后者也经常遇到这种二次型. 因此二次型理论在科学技术、经济管理等诸多领域都有广泛应用，本章将讨论有关二次型的基本概念、基本定理、实二次型的标准求法和应用.

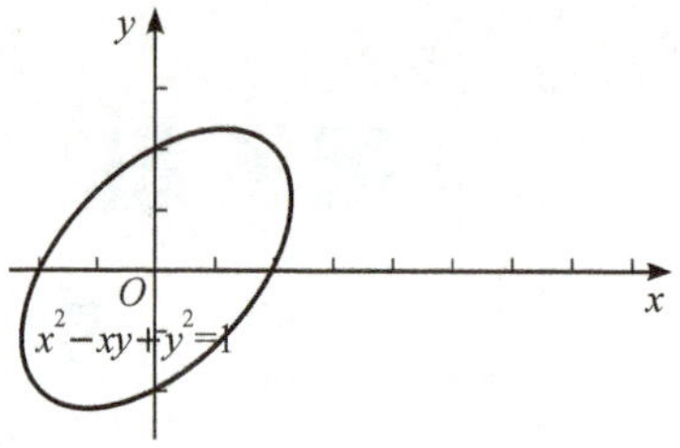

图 6.1　$x^2+y^2-xy=1$ 曲线

6.1 二次型的概念

6.1.1 二次型的定义

定义 6-1　含有 n 个未知量 x_1，x_2，…，x_n 的二次齐次多项式：

$$f(x_1, x_2, \cdots, x_n)=a_{11}x_1^2+a_{22}x_2^2+\cdots+a_{m}x_n^2+ 2a_{12}x_1x_2+2a_{13}x_1x_3+\cdots+2a_{n-1,n}x_{n-1}x_n \tag{6.1}$$

称为 n 元二次型，简称为二次型.

具有实系数的二次型称为实二次型，具有复系数的二次型称为复二次型.

如果取 $a_{ij}=a_{ji}$，则 $2a_{ij}x_ix_j=a_{ij}x_ix_j+a_{ji}x_jx_i$，那么式(6.1)可以写成

$$\begin{aligned} f(x_1, x_2, \cdots, x_n)=&a_{11}x_1^2+2a_{12}x_1x_2+2a_{13}x_1x_3+\cdots+2a_{1n}x_1x_n+\\ &a_{22}x_2^2+2a_{23}x_2x_3+2a_{24}x_2x_4+\cdots+2a_{2n}x_2x_n+\\ &a_{33}x_3^2+2a_{34}x_3x_4+2a_{35}x_3x_5+\cdots+2a_{3n}x_3x_n+\cdots+\\ &a_{n-1,n-1}x_{n-1}^2+2a_{n-1,n}x_{n-1}x_n+a_{nn}x_n^2\\ =&\sum_{i=1}^{n}\cdot\sum_{j=1}^{n}a_{ij}x_ix_j \end{aligned}$$

若记 $\boldsymbol{A}=\begin{pmatrix} a_{11} & a_{12} & \cdots & a_{1n} \\ a_{21} & a_{22} & \cdots & a_{2n} \\ \vdots & \vdots & & \vdots \\ a_{1n} & a_{2n} & \cdots & a_{nn} \end{pmatrix}$，$\boldsymbol{X}=\begin{pmatrix} x_1 \\ x_2 \\ \vdots \\ x_n \end{pmatrix}$，则式(6.1)可简写成矩阵形式：

$$f(x_1, x_2, \cdots, x_n)=\boldsymbol{X}^{\mathrm{T}}\cdot\boldsymbol{A}\cdot\boldsymbol{X}$$

定义 6-2　设有二次型 $f=\boldsymbol{X}^{\mathrm{T}}\boldsymbol{A}\boldsymbol{X}$，则对称矩阵 $\boldsymbol{A}$ 叫作二次型 f 的矩阵，f 叫作对称矩阵 $\boldsymbol{A}$ 的二次型. 对称矩阵 $\boldsymbol{A}$ 的秩就叫作二次型 f 的秩.

事实证明：n 元实二次型 $f(x_1, x_2, \cdots, x_n)$ 与 n 阶实对称矩阵 $\boldsymbol{A}=(a_{ij})_{n\times n}$ 是相互唯一确定的.

定义 6-3　只含有平方项的二次型 $f=k_1x_1^2+k_2x_2^2+\cdots+k_nx_n^2$，称为二次型的标准形(canonical form).

在本书中，只讨论实对称矩阵和实二次型，因此往往省略"实"字.

【例 6－1】 已知如下二次型 $f(x_1, x_2, x_3)$ 的秩为 2，求参数 C.

$$f(x_1, x_2, x_3)=5x_1^2+5x_2^2+cx_3^2-2x_1x_2+6x_1x_3-6x_2x_3$$

解　可根据所给二次型的各个系数直接写出对应的对称矩阵：

$$\boldsymbol{A}=\begin{pmatrix}5 & -1 & 3\\ -1 & 5 & -3\\ 3 & -3 & c\end{pmatrix}$$

因为 $r(\boldsymbol{A})=2$，所以 $|\boldsymbol{A}|=0$，故 $c=3$.

【例 6－2】 写出由对称矩阵 $\boldsymbol{A}=\begin{pmatrix}1 & 0 & 0\\ 0 & 3 & -2\\ 0 & -2 & 7\end{pmatrix}$ 确定的二次型 $f=\boldsymbol{X}^{\mathrm{T}}\boldsymbol{A}\boldsymbol{X}$.

解　可根据所给的对称矩阵直接写出对应的二次型：

$$\begin{aligned}f(x_1, x_2, x_3)&=(x_1\quad x_2\quad x_3)\cdot\begin{pmatrix}1 & 0 & 0\\ 0 & 3 & -2\\ 0 & -2 & 7\end{pmatrix}\cdot\begin{pmatrix}x_1\\ x_2\\ x_3\end{pmatrix}\\ &=1\cdot x_1^2+3x_3^2+7x_3^2-4x_2x_3\end{aligned}$$

【例 6－3】 求二次型 $f(x_1, x_2, x_3)=x_1^2-4x_1x_2+2x_1x_3-2x_2^2+6x_3^2$ 的秩.

解　二次型矩阵为

$$\boldsymbol{A}=\begin{pmatrix}1 & -2 & 1\\ -2 & 2 & 0\\ 1 & 0 & 6\end{pmatrix}$$

将 $\boldsymbol{A}$ 进行初等行变换，化为阶梯形矩阵：

$$\boldsymbol{A}=\begin{pmatrix}1 & -2 & 1\\ -2 & 2 & 0\\ 1 & 0 & 6\end{pmatrix}\xrightarrow[-1r_1+r_3]{2r_1+r_2}\begin{pmatrix}1 & -2 & 1\\ 0 & -2 & 2\\ 0 & 2 & 5\end{pmatrix}\xrightarrow{1r_2+r_3}\begin{pmatrix}1 & -2 & 1\\ 0 & -2 & 2\\ 0 & 0 & 7\end{pmatrix}$$

所以 $r(\boldsymbol{A})=3$，则该二次型的秩为 3.

6.1.2　矩阵的合同

现在要讨论的问题是，对于一个一般的 n 元二次型 $f(x_1, x_2, \cdots, x_n)=\boldsymbol{X}^{\mathrm{T}}\boldsymbol{A}\boldsymbol{X}$，是否存在某个可逆线性变换

$$\begin{cases}x_1=c_{11}y_1+c_{12}y_2+\cdots+c_{1n}y_n\\ x_2=c_{21}y_1+c_{22}y_2+\cdots+c_{2n}y_n\\ \quad\vdots\\ x_n=c_{n1}y_1+c_{n2}y_2+\cdots+c_{nn}y_n\end{cases}$$

即

$$\begin{pmatrix} x_1 \\ x_2 \\ \vdots \\ x_n \end{pmatrix} = \begin{pmatrix} c_{11} & c_{12} & \cdots & c_{1n} \\ c_{21} & c_{22} & \cdots & c_{2n} \\ \vdots & \vdots & & \vdots \\ c_{n1} & c_{n2} & \cdots & c_{nn} \end{pmatrix} \cdot \begin{pmatrix} y_1 \\ y_2 \\ \vdots \\ y_n \end{pmatrix}$$

使得 $f(x_1, x_2, \cdots, x_n)=g(y_1, y_2, \cdots, y_n)=d_1y_1^2+d_2y_2^2+\cdots+d_ny_n^2$ 成立?

上述线性变换可记成 $\boldsymbol{X}=\boldsymbol{C}\cdot\boldsymbol{Y}$，其中：

$$\boldsymbol{X}=\begin{pmatrix} x_1 \\ x_2 \\ \vdots \\ x_n \end{pmatrix}, \quad \boldsymbol{C}=\begin{pmatrix} c_{11} & c_{12} & \cdots & c_{1n} \\ c_{21} & c_{22} & \cdots & c_{2n} \\ \vdots & \vdots & & \vdots \\ c_{n1} & c_{n2} & \cdots & c_{nn} \end{pmatrix}, \boldsymbol{Y}=\begin{pmatrix} y_1 \\ y_2 \\ \vdots \\ y_n \end{pmatrix}$$，$\boldsymbol{C}$ 为 n 阶可逆矩阵，

因为

$$f(x_1, x_2, \cdots, x_n)=\boldsymbol{X}^{\mathrm{T}}\cdot\boldsymbol{A}\cdot\boldsymbol{X}$$

$$g(y_1, y_2, \cdots, y_n)=d_1y_1^2+d_2y_2^2+\cdots+d_ny_n^2=\boldsymbol{Y}^{\mathrm{T}}\cdot\boldsymbol{A}\cdot\boldsymbol{Y}$$

所以，对于给定的二次型 $f(x_1, x_2, \cdots, x_n)=\boldsymbol{X}^{\mathrm{T}}\boldsymbol{A}\boldsymbol{X}$，只要找到可逆矩阵 $\boldsymbol{C}$，使得 $\boldsymbol{C}^{\mathrm{T}}\boldsymbol{A}\boldsymbol{C}=\boldsymbol{\Lambda}$ 为对角矩阵，那么就可把原二次型化成标准形，其中的系数就是对角矩阵 $\boldsymbol{\Lambda}$ 的 n 个对角元.

因此，问题进一步演变为：对于给定的 n 阶对称矩阵 $\boldsymbol{A}$，如何找到 n 阶可逆矩阵 $\boldsymbol{C}$ 使得 $\boldsymbol{C}^{\mathrm{T}}\boldsymbol{A}\boldsymbol{C}=\boldsymbol{\Lambda}$ 为对角矩阵？为此，我们需要定义另一种矩阵间的关系：合同。

定义 6-4 如果对于 n 阶方阵 $\boldsymbol{A}$ 和 $\boldsymbol{B}$，存在 n 阶可逆矩阵 $\boldsymbol{P}$，使得 $\boldsymbol{B}=\boldsymbol{P}^{\mathrm{T}}\boldsymbol{A}\boldsymbol{P}$，则称 $\boldsymbol{A}$ 与 $\boldsymbol{B}$ 合同，记为 $\boldsymbol{A}\cong\boldsymbol{B}$.

合同的矩阵具有以下三条性质：

(1) 反身性：$\boldsymbol{A}\simeq\boldsymbol{A}$. 由 $\boldsymbol{A}=\boldsymbol{E}^{\mathrm{T}}\cdot\boldsymbol{A}\cdot\boldsymbol{E}$ 知 $\boldsymbol{A}$ 与 $\boldsymbol{A}$ 合同.

(2) 对称性：若 $\boldsymbol{A}\simeq\boldsymbol{B}$，则 $\boldsymbol{B}\simeq\boldsymbol{A}$.

由 $\boldsymbol{B}=\boldsymbol{P}^{\mathrm{T}}\boldsymbol{A}\boldsymbol{P}$ 知 $\boldsymbol{B}=(\boldsymbol{P}^{\mathrm{T}})^{-1}\boldsymbol{A}(\boldsymbol{P})^{-1}=(\boldsymbol{P}^{-1})^{\mathrm{T}}\boldsymbol{A}(\boldsymbol{P})^{-1}$，这说明当 $\boldsymbol{A}$ 与 $\boldsymbol{B}$ 合同时，也 $\boldsymbol{B}$ 与 $\boldsymbol{A}$ 合同.

(3) 传递性：若 $\boldsymbol{A}\simeq\boldsymbol{B}$，$\boldsymbol{B}\simeq\boldsymbol{C}$，则 $\boldsymbol{A}\simeq\boldsymbol{C}$.

由 $\boldsymbol{B}=\boldsymbol{P}^{\mathrm{T}}\boldsymbol{A}\boldsymbol{P}$，$\boldsymbol{C}=\boldsymbol{Q}^{\mathrm{T}}\boldsymbol{B}\boldsymbol{Q}$ 知 $\boldsymbol{C}=\boldsymbol{Q}^{\mathrm{T}}\boldsymbol{P}^{\mathrm{T}}\boldsymbol{A}(\boldsymbol{P}\boldsymbol{Q})=(\boldsymbol{P}\boldsymbol{Q})^{\mathrm{T}}\boldsymbol{A}(\boldsymbol{P}\boldsymbol{Q})$，这说明当 $\boldsymbol{A}$ 与 $\boldsymbol{B}$ 合同、$\boldsymbol{B}$ 与 $\boldsymbol{C}$ 合同时，$\boldsymbol{A}$ 也与 $\boldsymbol{C}$ 合同.

在第 2 章学过矩阵的等价，在第 5 章学过矩阵的相似，本章又学习了矩阵的合同，下面来分析一下三者之间的关系.

$\boldsymbol{A}$ 等价 $\boldsymbol{B}$ 指的是存在 n 阶可逆矩阵 $\boldsymbol{P}$ 和 $\boldsymbol{Q}$，使得 $\boldsymbol{B}=\boldsymbol{P}\boldsymbol{A}\boldsymbol{Q}$，记作 $\boldsymbol{A}\simeq\boldsymbol{B}$.

$\boldsymbol{A}$ 相似 $\boldsymbol{B}$ 指的是存在 n 阶可逆矩阵 $\boldsymbol{P}$，使得 $\boldsymbol{B}=\boldsymbol{P}^{-1}\boldsymbol{A}\boldsymbol{P}$，记作 $\boldsymbol{A}\sim\boldsymbol{B}$.

按上述定义可知，两个相似的方阵必等价，两个合同的方阵也必等价，反之不成立，等价的方阵未必相似，也未必合同.

也就是说，相似⇒等价，合同⇒等价，但等价不一定⇒相似或合同.

如果存在正交矩阵 $\boldsymbol{P}$，使得 $\boldsymbol{B}=\boldsymbol{P}^{-1}\boldsymbol{A}\boldsymbol{P}$，则由 $\boldsymbol{P}^{\mathrm{T}}=\boldsymbol{P}^{-1}$ 知必有 $\boldsymbol{B}=\boldsymbol{P}^{\mathrm{T}}\boldsymbol{A}\boldsymbol{P}$.

因此，两个正交相似的方阵必正交合同；反之，两个正交合同的方阵也必正交相似.

综上可知，两个方阵正交相似与正交合同是一回事. 然而，当两个同阶方阵既相似又

合同时，它们未必是正交相似的，也未必正交合同.

6.2 用正交变换化二次型为标准形

定义 6-5 如果 $\boldsymbol{P}$ 是正交矩阵，则线性变换 $\boldsymbol{X}=\boldsymbol{P}\cdot\boldsymbol{Y}$ 称为正交变换.

根据第 5 章中的对称矩阵的基本定理可知：

对于任意一个 n 阶对称矩阵 $\boldsymbol{A}$，一定存在 n 阶正交矩阵，使得

$$\boldsymbol{P}^{-1}\boldsymbol{A}\boldsymbol{P}=\boldsymbol{P}^{\mathrm{T}}\boldsymbol{A}\boldsymbol{P}=\begin{pmatrix}\lambda_1 & & & \\ & \lambda_2 & & \\ & & \ddots & \\ & & & \lambda_n\end{pmatrix}=\boldsymbol{\Lambda}$$

其中，λ_1，λ_2，…，λ_n 是 $\boldsymbol{A}$ 的 n 个特征值.

而这个正交矩阵 $\boldsymbol{P}$ 就是由 $\boldsymbol{A}$ 的 n 个两两正交的单位特征向量所构成的，因此，实际上我们已经解决了把一般的二次型化为标准形的问题，于是可得二次型的基本定理：

定理 6-1 对于任一给定 n 元二次型 $f(x_1, x_2, \cdots, x_n)=\boldsymbol{x}^{\mathrm{T}}\boldsymbol{A}\boldsymbol{X}$，一定存在正交变换 $\boldsymbol{P}\boldsymbol{P}^{\mathrm{T}}=\boldsymbol{E}_n$，$\boldsymbol{X}=\boldsymbol{P}\cdot\boldsymbol{Y}$，使得 $f(x_1, x_2, \cdots, x_n)=\boldsymbol{X}^{\mathrm{T}}\boldsymbol{A}\boldsymbol{X}=\boldsymbol{Y}^{\mathrm{T}}\boldsymbol{\Lambda}\boldsymbol{Y}=\lambda_1 y_1^2+\lambda_2 y_2^2+\cdots+\lambda_n y_n^2$，其中，$\lambda_1$，$\lambda_2$，…，$\lambda_n$ 就是矩阵 $\boldsymbol{A}$ 的 n 个特征值，而列向量$(p_1, p_2, \cdots, p_n)$就是对应于这些特征值的两两正交的单位特征向量.

用正交变换化二次型为标准形的步骤如下：

(1) 将二次型表示成矩阵形式 $f=\boldsymbol{X}^{\mathrm{T}}\boldsymbol{A}\cdot\boldsymbol{X}$，求出 $\boldsymbol{A}$；

(2) 求出 $\boldsymbol{A}$ 的所有特征值 λ_1，λ_2，…，λ_n；

(3) 求出对应于特征值的特征向量 $\boldsymbol{\xi}_1$，$\boldsymbol{\xi}_2$，…，$\boldsymbol{\xi}_n$；

(4) 将特征向量 $\boldsymbol{\xi}_1$，$\boldsymbol{\xi}_2$，…，$\boldsymbol{\xi}_n$ 正交化、单位化，得 $\boldsymbol{\eta}_1$，$\boldsymbol{\eta}_2$，…，$\boldsymbol{\eta}_n$，记 $\boldsymbol{C}=(\eta_1, \eta_2, \cdots, \eta_n)$；

(5) 作正交变换 $\boldsymbol{X}=\boldsymbol{P}\cdot\boldsymbol{Y}$，则得的标准形 $f=\lambda_1 y_1^2+\lambda_2 y_2^2+\cdots+\lambda_n y_n^2$.

【例 6-4】 设 3 元二次型 $f(x_1, x_2, x_3)=17x_1^2+14x_2^2+14x_3^2-4x_1x_2-4x_1x_3-8x_2x_3$，通过正交变换 $\boldsymbol{X}=\boldsymbol{P}\cdot\boldsymbol{Y}$ 把它化为标准形.

解 (1) 写出二次型矩阵：$\boldsymbol{A}=\begin{pmatrix}17 & -2 & -2\\ -2 & 14 & -4\\ -2 & -4 & 14\end{pmatrix}$.

(2) 求出 $\boldsymbol{A}$ 的所有特征值：

由 $|\lambda\boldsymbol{E}-\boldsymbol{A}|=\begin{vmatrix}\lambda-17 & 2 & 2\\ 2 & \lambda-14 & 4\\ 2 & 4 & \lambda-14\end{vmatrix}=(\lambda-18)^2\cdot(\lambda-9)=0$ 得 $\lambda_1=9$，$\lambda_2=\lambda_3=18$.

(3) 求特征向量：将 $\lambda_1=9$ 代入$(\lambda\boldsymbol{E}-\boldsymbol{A})\cdot\boldsymbol{X}=\boldsymbol{O}$ 得 $\boldsymbol{\xi}_1=\left(\frac{1}{2}, 1, 1\right)^{\mathrm{T}}$，将 $\lambda_2=\lambda_3=18$ 代入$(\lambda\boldsymbol{E}-\boldsymbol{A})\cdot\boldsymbol{X}=\boldsymbol{O}$ 得 $\boldsymbol{\xi}_2=(-2, 1, 0)^{\mathrm{T}}$，$\boldsymbol{\xi}_3=(-2, 0, 1)^{\mathrm{T}}$.

(4) 将特征向量正交化，取

$$\boldsymbol{\alpha}_1=\boldsymbol{\xi}_1,\ \boldsymbol{\alpha}_2=\boldsymbol{\xi}_2,\ \boldsymbol{\alpha}_3=\boldsymbol{\xi}_3-\frac{(\boldsymbol{\alpha}_2,\ \boldsymbol{\xi}_3)}{(\boldsymbol{\alpha}_2,\ \boldsymbol{\alpha}_2)}\cdot\boldsymbol{\alpha}_2$$

得正交向量组：

$$\boldsymbol{\alpha}_1=\left(\frac{1}{2},\ 1,\ 1\right)^{\mathrm{T}},\ \boldsymbol{\alpha}_2=(-2,\ 1,\ 0)^{\mathrm{T}},\ \boldsymbol{\alpha}_3=\left(-\frac{2}{5},\ -\frac{4}{5},\ 1\right)^{\mathrm{T}}$$

将其单位化得

$$\boldsymbol{\eta}_1=\left(\frac{1}{3},\ \frac{2}{3},\ \frac{2}{3}\right)^{\mathrm{T}}$$

$$\boldsymbol{\alpha}_2=\left(-\frac{2}{\sqrt{5}},\ \frac{1}{\sqrt{5}},\ 0\right)^{\mathrm{T}}$$

$$\boldsymbol{\alpha}_3=\left(-\frac{2}{\sqrt{45}},\ -\frac{4}{\sqrt{45}},\ \frac{5}{\sqrt{45}}\right)^{\mathrm{T}}$$

作正交矩阵：

$$\boldsymbol{P}=\begin{pmatrix}\frac{1}{3} & -\frac{2}{\sqrt{5}} & -\frac{2}{\sqrt{45}}\\ \frac{2}{3} & \frac{1}{\sqrt{5}} & -\frac{4}{\sqrt{45}}\\ \frac{2}{3} & 0 & \frac{5}{\sqrt{45}}\end{pmatrix}$$

(5) 故所求正交变换为

$$\begin{pmatrix}x_1\\ x_2\\ x_3\end{pmatrix}=\begin{pmatrix}\frac{1}{3} & -\frac{2}{\sqrt{5}} & -\frac{2}{\sqrt{45}}\\ \frac{2}{3} & \frac{1}{\sqrt{5}} & -\frac{4}{\sqrt{45}}\\ \frac{2}{3} & 0 & \frac{5}{\sqrt{45}}\end{pmatrix}\cdot\begin{pmatrix}y_1\\ y_2\\ y_3\end{pmatrix}$$

在此变换下原二次型化为标准形：$f=9y_1^2+18y_2^2+18y_3^2$.

6.3 用配方法化二次型为标准形

用正交变换化二次型为标准形的优点是保持几何形状不变. 此外，我们还可以用拉格朗日配方法把二次型化为标准形，它类似于中学代数中的配方法，而且我们可以从中找到二次型化为标准形的可逆线性变换.

拉格朗日配方法的步骤如下：

(1) 若二次型含 x_i 的平方项，则先把含有的乘积项集中，然后配方，再对其余的变量进行同样过程，直到所有变量都配成平方项为止，经过可逆线性变换，就得到标准形.

(2) 若二次型中不含有平方项，但是 $a_{ij}\neq 0(i\neq j)$，则先作可逆变换 $\begin{cases}x_i=y_i-y_j\\x_j=y_i+y_j\\x_k=y_k\end{cases}$ ($k=1, 2, \cdots, n$ 且 $k\neq i, j$)，化二次型为含有平方项的二次型，然后按(1)中的方法配方.

【例 6-5】 用配方法化二次型 $f(x_1, x_2, x_3)=x_1^2-3x_2^2+2x_3^2-2x_1x_2+2x_1x_3-6x_2x_3$ 为标准形，并写出对应的可逆变换.

解 先将含有 x_1 的各项归并在一起，并配成完全平方项，得

$$\begin{aligned}f(x_1, x_2, x_3)&=[x_1^2-2x_1(x_2-x_3)]-3x_2^2-6x_2x_3+2x_3^2\\&=(x_1-x_2+x_3)^2-(x_2-x_3)^2-3x_2^2-6x_2x_3+2x_3^2\\&=(x_1-x_2+x_3)^2-4x_2^2-4x_2x_3+x_3^2\end{aligned}$$

再将含有 x_2 的各项归并在一起，继续配方，得

$$\begin{aligned}f(x_1, x_2, x_3)&=(x_1-x_2+x_3)^2-4(x_2^2+x_2x_3)+x_3^2\\&=(x_1-x_2+x_3)^2-4\left(x_2+\frac{1}{2}x_3\right)^2+2x_3^2\end{aligned}$$

令 $\begin{cases}y_1=x_1-x_2+x_3\\y_2=x_2+\dfrac{1}{2}x_3\\y_3=x_3\end{cases}$，即 $\begin{cases}x_1=y_1+y_2-\dfrac{3}{2}y_3\\x_2=y_2-\dfrac{1}{2}y_3\\x_3=y_3\end{cases}$，就把二次型化为标准形 $f(y_1, y_2, y_3)=y_1^2-4y_2^2+2y_3^2$. 所以可逆线性变换的矩阵为 $\boldsymbol{C}=\begin{pmatrix}1&1&-\dfrac{3}{2}\\0&1&-\dfrac{1}{2}\\0&0&1\end{pmatrix}$ ($|\boldsymbol{C}|=1\neq 0$).

【例 6-6】 用配方法化二次型 $f(x_1, x_2, x_3)=2x_1x_2+2x_1x_3-6x_2x_3$ 的标准形，并写出对应的可逆变换.

解 因为二次型中没有平方项，而含有乘积 x_1x_2，故可先做线性变换：

$$\begin{cases}x_1=y_1+y_2\\x_2=y_1-y_2\\x_3=y_3\end{cases}$$

即 $\boldsymbol{X}=\boldsymbol{C}_1\cdot\boldsymbol{Y}$，其中，线性变换的矩阵为

$$\boldsymbol{C}_1=\begin{pmatrix}1&1&0\\1&-1&0\\0&0&1\end{pmatrix}$$

原二次型化为

$$\begin{aligned}f(x_1, x_2, x_3)&=2x_1x_2+2x_1x_3-6x_2x_3\\&=2(y_1+y_2)(y_1-y_2)+2(y_1+y_2)y_3-6(y_1-y_2)y_3\\&=2y_1^2-4y_1y_3-2y_2^2+8y_2y_3\end{aligned}$$

再对上式配方，得

$$f(x_1, x_2, x_3)=2(y_1-y_3)^2-2y_2^2-2y_3^2+8y_2y_3$$
$$=2(y_1-y_3)^2-2(y_2-2y_3)^2+6y_3^2$$

令$\begin{cases}z_1=y_1-y_3\\z_2=y_2-2y_3\\z_3=y_3\end{cases}$，即$\begin{cases}y_1=z_1+z_3\\y_2=z_2+2z_3\\y_3=z_3\end{cases}$，此线性变换可以记作$\boldsymbol{Y}=\boldsymbol{C}_2\cdot\boldsymbol{Z}$，其中，线性变换的矩阵为$\boldsymbol{C}_2=\begin{pmatrix}1&0&1\\0&1&2\\0&0&1\end{pmatrix}$，由此得二次型的标准形为$f(z_1, z_2, z_3)=2z_1^2-2z_2^2+6z_3^2$，从变量$(x_1, x_2, x_3)$到变量$(z_1, z_2, z_3)$的线性变换为

$$\boldsymbol{X}=\boldsymbol{C}_1\cdot\boldsymbol{Y}=\boldsymbol{C}_1\cdot(\boldsymbol{C}_2\boldsymbol{Z})=(\boldsymbol{C}_1\cdot\boldsymbol{C}_2)\cdot\boldsymbol{Z}=\boldsymbol{C}\cdot\boldsymbol{Z}$$

其中，$\boldsymbol{C}=\boldsymbol{C}_1\cdot\boldsymbol{C}_2=\begin{pmatrix}1&1&0\\1&-1&0\\0&0&1\end{pmatrix}\cdot\begin{pmatrix}1&0&1\\0&1&2\\0&0&1\end{pmatrix}=\begin{pmatrix}1&1&3\\1&-1&-1\\0&0&1\end{pmatrix}$.

对应线性变换为$\begin{cases}x_1=z_1+z_2+3z_3\\x_2=z_1-z_2-z_3\\x_3=z_3\end{cases}$.

一般地，任何一个二次型都可以通过配方法化为标准形，并且当线性变换$\boldsymbol{X}=\boldsymbol{C}\cdot\boldsymbol{Y}$是可逆变换时，我们可以得到$\boldsymbol{Y}=\boldsymbol{C}^{-1}\cdot\boldsymbol{X}$，这也是一个可逆变换，它可以把所有的标准形还原.

6.4 用初等变换化二次型为标准形

设有可逆线性变换为$\boldsymbol{X}=\boldsymbol{C}\cdot\boldsymbol{Y}$，它把二次型$\boldsymbol{X}^{\mathrm{T}}\boldsymbol{A}\boldsymbol{X}$化为标准形$\boldsymbol{Y}^{\mathrm{T}}\boldsymbol{B}\boldsymbol{T}$，则$\boldsymbol{C}^{\mathrm{T}}\boldsymbol{A}\boldsymbol{C}=\boldsymbol{B}$. 已知任一非奇异矩阵均可表示为若干个初等矩阵的乘积，故存在初等矩阵$\boldsymbol{P}_1$，$\boldsymbol{P}_2$，…，$\boldsymbol{P}_s$，使得$\boldsymbol{C}=\boldsymbol{P}_1\cdot\boldsymbol{P}_2\cdots\boldsymbol{P}_s$，于是$\boldsymbol{C}^{\mathrm{T}}\boldsymbol{A}\boldsymbol{C}=(\boldsymbol{P}_1\cdot\boldsymbol{P}_2\cdots\boldsymbol{P}_s)^{\mathrm{T}}\cdot\boldsymbol{A}(\boldsymbol{P}_1\cdot\boldsymbol{P}_2\cdots\boldsymbol{P}_s)=\boldsymbol{P}_s^{\mathrm{T}}\cdots\boldsymbol{P}_2^{\mathrm{T}}\cdot\boldsymbol{P}_1^{\mathrm{T}}\cdot\boldsymbol{A}\cdot\boldsymbol{P}_1\cdot\boldsymbol{P}_2\cdots\boldsymbol{P}_s=\boldsymbol{\Lambda}$.

由此可见，对$2n\times n$矩阵$\begin{pmatrix}\boldsymbol{A}\\---\\\boldsymbol{E}\end{pmatrix}$实施相应于右乘$\boldsymbol{P}_1$，$\boldsymbol{P}_2$，…，$\boldsymbol{P}_s$的**初等列变换**，再对$\boldsymbol{A}$实施相应于左乘$\boldsymbol{P}_s^{\mathrm{T}}\cdots\boldsymbol{P}_2^{\mathrm{T}}\cdot\boldsymbol{P}_1^{\mathrm{T}}$的**初等行变换**，则矩阵$\boldsymbol{A}$变为对角矩阵$\boldsymbol{B}$，而单位矩阵就变为所要求的可逆矩阵$\boldsymbol{C}$.

注意：单位矩阵$\boldsymbol{E}$只和$\boldsymbol{A}$做同步的初等列变换，不做同步的初等行变换.

【例 6-7】 用初等变换法化二次型$f(x_1, x_2, x_3)=x_1^2-2x_2^2-2x_3^2-4x_1x_2+4x_1x_3+8x_2x_3$为标准形，并求出所作的满秩线性变换.

解 二次型f的矩阵为

$$A=\begin{pmatrix}1&-2&2\\-2&-2&4\\2&4&-2\end{pmatrix}$$

于是

$$\begin{pmatrix}A\\ \hdashline E\end{pmatrix}=\begin{pmatrix}1&-2&2\\-2&-2&4\\2&4&-2\\ \hdashline 1&0&0\\0&1&0\\0&0&1\end{pmatrix}\xrightarrow[1\cdot c_3+c_2]{A,\ E\text{ 同作列变换}}\begin{pmatrix}1&0&2\\-2&2&4\\2&2&-2\\ \hdashline 1&0&0\\0&1&0\\0&1&1\end{pmatrix}\xrightarrow[1\cdot r_3+r_2]{A\text{ 作行变换}}\begin{pmatrix}1&0&2\\0&4&2\\2&2&-2\\ \hdashline 1&0&0\\0&1&0\\0&1&1\end{pmatrix}$$

$$\xrightarrow[(-2)\cdot c_1+c_3]{A,\ E\text{ 同作列变换}}\begin{pmatrix}1&0&0\\0&4&2\\2&2&-6\\ \hdashline 1&0&-2\\0&1&0\\0&1&1\end{pmatrix}\xrightarrow[(-2)\cdot r_1+r_3]{A\text{ 作行变换}}\begin{pmatrix}1&0&0\\0&4&2\\0&2&-6\\ \hdashline 1&0&-2\\0&1&0\\0&1&1\end{pmatrix}$$

$$\xrightarrow[\left(-\frac{1}{2}\right)\cdot c_2+c_3]{A,E\text{ 同作列变换}}\begin{pmatrix}1&0&0\\0&4&0\\0&2&-7\\ \hdashline 1&0&-2\\0&1&-\frac{1}{2}\\0&1&\frac{1}{2}\end{pmatrix}\xrightarrow[\left(-\frac{1}{2}\right)\cdot r_2+r_3]{A\text{ 作行变换}}\begin{pmatrix}1&0&0\\0&4&0\\0&0&-7\\ \hdashline 1&0&-2\\0&1&-\frac{1}{2}\\0&1&\frac{1}{2}\end{pmatrix}$$

故得

$$C=\begin{pmatrix}1&0&-2\\0&1&-\frac{1}{2}\\0&1&\frac{1}{2}\end{pmatrix}$$

则所求的满秩线性变换为 $X=C\cdot Y$，将原二次型化为 $f=y_1^2+4y_2^2-7y_3^2$.

6.5 正定二次型

6.5.1 惯性定理

前面我们分别利用正交变换法、拉格朗日配方法、初等变换法都能求出二次型 $f=X^{\mathrm{T}}AX$ 的标准形 $f=d_1y_1^2+d_2y_2^2+\cdots+d_ny_n^2$. 但不同的是正交变换法所得到的标准形

$f=\lambda_1 y_1^2+\lambda_2 y_2^2+\cdots+\lambda_n y_n^2$ 中的 n 个系数，就是对称矩阵 $\boldsymbol{A}$ 的全体特征值，而另外两种方法得到的标准形 $f=d_1 y_1^2+d_2 y_2^2+\cdots+d_n y_n^2$ 中的系数 d_1，d_2，…，d_n 未必是对称矩阵 $\boldsymbol{A}$ 的特征值.

我们要指出一个重要事实：不管是通过哪一种方法得到的标准形，都可以进一步化简，我们先看一个实例.

【例 6-8】 对于三元标准二次型 $f=2y_1^2-3y_2^2+0y_3^2$，经过可逆线性变换

$$\begin{cases} z_1=\sqrt{2}\,y_1 \\ z_2=\sqrt{3}\,y_2 \\ z_3=y_3 \end{cases}$$

则
$$\begin{cases} y_1=\dfrac{1}{\sqrt{2}}z_1 \\ y_2=\dfrac{1}{\sqrt{3}}z_2 \\ y_3=z_3 \end{cases}$$

即
$$\begin{pmatrix} y_1 \\ y_2 \\ y_3 \end{pmatrix}=\begin{pmatrix} \dfrac{1}{\sqrt{2}} & & \\ & \dfrac{1}{\sqrt{3}} & \\ & & 1 \end{pmatrix}\cdot\begin{pmatrix} z_1 \\ z_2 \\ z_3 \end{pmatrix}$$

简写成 $\boldsymbol{Y}=\boldsymbol{P}\cdot\boldsymbol{Z}$，即

$$\begin{pmatrix} \dfrac{1}{\sqrt{2}} & 0 & 0 \\ 0 & \dfrac{1}{\sqrt{3}} & 0 \\ 0 & 0 & 1 \end{pmatrix}\cdot\begin{pmatrix} 2 & 0 & 0 \\ 0 & -3 & 0 \\ 0 & 0 & 0 \end{pmatrix}\cdot\begin{pmatrix} \dfrac{1}{\sqrt{2}} & 0 & 0 \\ 0 & \dfrac{1}{\sqrt{3}} & 0 \\ 0 & 0 & 1 \end{pmatrix}=\begin{pmatrix} 1 & 0 & 0 \\ 0 & -1 & 0 \\ 0 & 0 & 0 \end{pmatrix}$$

即 $f=z_1^2-z_2^2$. 这是一种最简单的标准形，它只含变量的平方项，而且其系数只可能是 1，-1 和 0.

定义 6-6 所有平方项的系数均为 1，-1 或 0 的标准形二次型称为**规范二次型**.

为了叙述方便，二次型 $f=\boldsymbol{X}^{\mathrm{T}}\boldsymbol{A}\boldsymbol{X}$ 化得的规范二次型，可简称为二次型的规范形.

通过例 1 不难发现，对于给定的二次型 $f=\boldsymbol{X}^{\mathrm{T}}\boldsymbol{A}\boldsymbol{X}$，不论用什么方法得到一个标准形 $f=d_1 y_1^2+\cdots+d_k y_k^2+d_{k+1}y_{k+1}^2+\cdots+d_r y_r^2+d_{r+1}y_{r+1}^2+\cdots+d_n y_n^2$，如果其中的系数 d_1，d_2，…，d_k 都是正数，d_{k+1}，d_{k+2}，…，d_r 都是负数，d_{r+1}，d_{r+2}，…，$d_n=0$，那么，经过可逆变换

$$\begin{cases} z_i=\sqrt{d_i}\,y_i & (i=1,\ 2,\ \cdots,\ k) \\ z_j=\sqrt{-d_j}\,y_j & (j=k+1,\ k+2,\ \cdots,\ r) \\ z_l=y_l & (l=r+1,\ r+2,\ \cdots,\ n) \end{cases}$$

就可把上述标准形化为规范形 $f=z_1^2+\cdots+z_k^2-z_{k+1}^2\cdots-z_r^2$.

对于给定的 n 元二次型 $f=\boldsymbol{X}^{\mathrm{T}}\cdot\boldsymbol{A}\cdot\boldsymbol{X}$，它的标准形不是由 $\boldsymbol{A}$ 唯一确定的，试问：它

的规范形是否由 $\boldsymbol{A}$ 唯一确定?

定理 6-2(惯性定理) 任意一个 n 元二次型 $f=\boldsymbol{X}^{\mathrm{T}}\boldsymbol{A}\cdot\boldsymbol{X}$,一定可以经过可逆线性变换化为规范形,$f=z_1^2+\cdots+z_k^2-z_{k+1}^2-\cdots-z_r^2$,而且其中的 k 和 r 由原二次型唯一确定,与所做变换无关,是规范形中系数为 1 的项数,r 是 $\boldsymbol{A}$ 的秩,$r-k$ 为规范形中系数为 -1 的项数.

惯性定理的矩阵形式:对于任意一个 n 阶对称矩阵 $\boldsymbol{A}$,一定存在 n 阶可逆矩阵 $\boldsymbol{R}$,使得

$$\boldsymbol{R}^{\mathrm{T}}\boldsymbol{A}\boldsymbol{R}=\begin{pmatrix}\boldsymbol{E}_k & 0 & 0\\ 0 & -\boldsymbol{E}_{r-k} & 0\\ 0 & 0 & 0\end{pmatrix}.$$

定义 6-7 二次型的规范形 $f=z_1^2+\cdots+z_k^2-z_{k+1}^2-\cdots-z_r^2$ 中,称 k 为二次型 $f=\boldsymbol{X}^{\mathrm{T}}\boldsymbol{A}\boldsymbol{X}$(或对称矩阵 $\boldsymbol{A}$)的**正惯性指数**,称 $r-k$ 为二次型 $f=\boldsymbol{X}^{\mathrm{T}}\boldsymbol{A}\boldsymbol{X}$(或对称矩阵 $\boldsymbol{A}$)的**负惯性指数**,称 $k-(r-k)=2k-r$ 为它们的**符号差**.

定理 6-3 两个对称矩阵合同当且仅当它们有相同的秩和相同的正惯性指数.

证明 “$\Rightarrow$”必要性:设 $\boldsymbol{B}=\boldsymbol{P}^{\mathrm{T}}\boldsymbol{A}\boldsymbol{P}$,因为 $\boldsymbol{A}$ 是对称矩阵,$\boldsymbol{P}$ 是可逆矩阵,所以,$\boldsymbol{B}$ 必是对称矩阵,一定存在可逆矩阵 $\boldsymbol{Q}$ 使得

$$\boldsymbol{P}^{\mathrm{T}}\boldsymbol{A}\boldsymbol{P}=\begin{pmatrix}\boldsymbol{E}_k & 0 & 0\\ 0 & -\boldsymbol{E}_{r-k} & 0\\ 0 & 0 & 0\end{pmatrix},\ \boldsymbol{Q}^{\mathrm{T}}\boldsymbol{B}\boldsymbol{Q}=\begin{pmatrix}\boldsymbol{E}_k & 0 & 0\\ 0 & -\boldsymbol{E}_{r-k} & 0\\ 0 & 0 & 0\end{pmatrix}$$

这里 $r=r(\boldsymbol{B})=r(\boldsymbol{A})$,$r$ 为 $\boldsymbol{B}$ 的正惯性指数,于是有 $\boldsymbol{Q}^{\mathrm{T}}\boldsymbol{B}\boldsymbol{Q}=\boldsymbol{Q}^{\mathrm{T}}\boldsymbol{P}^{\mathrm{T}}\boldsymbol{B}\boldsymbol{P}\boldsymbol{Q}=(\boldsymbol{P}\boldsymbol{Q})^{\mathrm{T}}\boldsymbol{A}(\boldsymbol{P}\boldsymbol{Q})=\boldsymbol{\Lambda}$,这说明 $\boldsymbol{A}$ 也合同于 $\boldsymbol{\Lambda}$. 根据惯性定理中的正惯性指数的唯一性知道,k 也是 $\boldsymbol{A}$ 的正惯性指数.

“$\Leftarrow$”充分性:设 n 阶对称矩阵 $\boldsymbol{A}$ 与 $\boldsymbol{B}$ 有相同的秩 r 和相同的正惯性指数 k,则由惯性定理得,必存在可逆矩阵 $\boldsymbol{P}$ 和 $\boldsymbol{Q}$,使得

$$\boldsymbol{P}^{\mathrm{T}}\boldsymbol{A}\boldsymbol{P}=\begin{pmatrix}\boldsymbol{E}_k & & \\ & -\boldsymbol{E}_{r-k} & \\ & & 0\end{pmatrix}\quad \boldsymbol{Q}^{\mathrm{T}}\boldsymbol{B}\boldsymbol{Q}=\begin{pmatrix}\boldsymbol{E}_k & & \\ & -\boldsymbol{E}_{r-k} & \\ & & 0\end{pmatrix}$$

于是,根据 $\boldsymbol{P}^{\mathrm{T}}\boldsymbol{A}\boldsymbol{P}=\boldsymbol{Q}^{\mathrm{T}}\boldsymbol{B}\boldsymbol{Q}$ 得到

$$\boldsymbol{B}=(\boldsymbol{Q}^{\mathrm{T}})^{-1}\boldsymbol{P}^{\mathrm{T}}\boldsymbol{A}\boldsymbol{P}\boldsymbol{Q}^{-1}=(\boldsymbol{Q}^{-1})^{\mathrm{T}}\boldsymbol{P}^{\mathrm{T}}\boldsymbol{A}\boldsymbol{P}\boldsymbol{Q}^{-1}=(\boldsymbol{P}\boldsymbol{Q}^{-1})^{\mathrm{T}}\boldsymbol{A}(\boldsymbol{P}\boldsymbol{Q}^{-1})$$

这说明 $\boldsymbol{A}$ 与 $\boldsymbol{B}$ 一定合同.

【例 6-9】 在以下 4 个矩阵中,哪些是合同矩阵?哪些是不合同矩阵?

$$\boldsymbol{A}=\begin{pmatrix}-1 & & \\ & 3 & \\ & & -2\end{pmatrix},\ \boldsymbol{B}=\begin{pmatrix}-1 & & \\ & 1 & \\ & & 1\end{pmatrix},\ \boldsymbol{C}=\begin{pmatrix}1 & & \\ & -2 & \\ & & -3\end{pmatrix},\ \boldsymbol{D}=\begin{pmatrix}3 & & \\ & 2 & \\ & & -5\end{pmatrix}$$

解 这 4 个方阵的秩同为 3. 因为 $\boldsymbol{A}$ 与 $\boldsymbol{C}$ 的正惯性指数同为 1,所以 $\boldsymbol{A}$ 与 $\boldsymbol{C}$ 合同;$\boldsymbol{B}$ 与 $\boldsymbol{D}$ 的正惯性指数同为 2,所以 $\boldsymbol{B}$ 与 $\boldsymbol{D}$ 合同;但 $\boldsymbol{A}$ 与 $\boldsymbol{B}$ 不合同,$\boldsymbol{B}$ 与 $\boldsymbol{C}$ 不合同.

【例 6-10】 设二次型 $f(x_1, x_2, x_3)=\boldsymbol{X}^{\mathrm{T}}\boldsymbol{A}\boldsymbol{X}=ax_1^2+2x_2^2-2x_3^2+2bx_1x_3\,(b>0)$,已知它的矩阵 $\boldsymbol{A}$ 的特征值为 1,特征值之积为 -12.

(1) 求出 a 和 b 的值;

(2) 求出正交变换 $\boldsymbol{X}=\boldsymbol{P}\cdot\boldsymbol{Y}$,把它化为标准形;

(3) 写出此二次型的规范形.

解 (1)
$$A=\begin{pmatrix}a & 0 & b\\0 & 2 & 0\\b & 0 & -2\end{pmatrix}$$

由于矩阵 A 的特征值之和为 1，特征值之积为 -12，因此
$$\begin{cases}a+2-2=1\\2\times(-2a-b^2)=-12\end{cases}\Rightarrow\begin{cases}a=1\\b=2,\ b=-2(\text{舍})\end{cases}$$

(2) $f(x_1, x_2, x_3)=x_1^2+2x_2^2-2x_3^2+2\times 2x_1x_3$
$$=(x_1+2x_3)^3+2x_2^2-2x_3^2+(-4)x_3^2$$
$$=(x_1+2x_3)^3+2x_2^2-6x_3^2$$

令
$$\begin{cases}y_1=x_1+6x_3\\y_2=x_2\\y_3=x_3\end{cases}\Leftrightarrow\begin{pmatrix}y_1\\y_2\\y_3\end{pmatrix}=\begin{pmatrix}1 & 0 & 2\\0 & 1 & 0\\0 & 0 & 1\end{pmatrix}\cdot\begin{pmatrix}x_1\\x_2\\x_3\end{pmatrix}$$

则 $f=z_1^2+2z_2^2-6z_3^2$.

(3) 令 $z_1=\sqrt{1}y_1$，$z_2=\sqrt{2}y_2$，$z_3=\sqrt{6}y_3$，则规范型为 $f=z_1^2-z_2^2-z_3^2$.

6.5.2 实二次型的分类

n 元实二次型 $f=\boldsymbol{x}^{\mathrm{T}}\boldsymbol{A}\boldsymbol{x}$ 和对应的 n 阶实对称矩阵 $\boldsymbol{A}$，可以分成以下五类：

(1) 如果对于任何非零实列向量 $\boldsymbol{X}$，都有 $\boldsymbol{X}^{\mathrm{T}}\boldsymbol{A}\boldsymbol{X}>0$，则称 f 为**正定二次型**，称 $\boldsymbol{A}$ 为正定矩阵.

(2) 如果对于任何实列向量 $\boldsymbol{X}$，都有 $\boldsymbol{X}^{\mathrm{T}}\boldsymbol{A}\boldsymbol{X}\geqslant 0$，则称 f 为**半正定二次型**，称 $\boldsymbol{A}$ 为半正定矩阵.

(3) 如果对于任何非零实列向量 $\boldsymbol{X}$，都有 $\boldsymbol{X}^{\mathrm{T}}\boldsymbol{A}\boldsymbol{X}<0$，则称 f 为**负定二次型**，称 $\boldsymbol{A}$ 为负定矩阵.

(4) 如果对于任何实列向量 $\boldsymbol{X}$，都有 $\boldsymbol{X}^{\mathrm{T}}\boldsymbol{A}\boldsymbol{X}\leqslant 0$，则称 f 为**负半负定二次型**，称 $\boldsymbol{A}$ 为半负定矩阵.

(5) 其他的实二次型称为**不定二次型**，其他的实对称矩阵称为不定矩阵.

下面以 $n=3$ 为例说明以上五种二次型的情况.

(1) 正定二次型：$x_1^2+x_2^2+x_3^2$，对应的矩阵为 $\boldsymbol{A}=\boldsymbol{E}_3$.

(2) 半正定二次型：$x_1^2+x_2^2$，对应的矩阵为 $\boldsymbol{A}=\begin{pmatrix}1 & 0 & 0\\0 & 1 & 0\\0 & 0 & 0\end{pmatrix}$.

(3) 负定二次型：$-x_1^2-x_2^2-x_3^2$，对应的矩阵为 $\boldsymbol{A}=-\boldsymbol{E}_3$.

(4) 半负定二次型：$-x_1^2-x_2^2$，对应的矩阵为 $\boldsymbol{A}=\begin{pmatrix}-1 & 0 & 0\\0 & -1 & 0\\0 & 0 & 0\end{pmatrix}$.

(5) 不定二次型：$x_1^2-x_2^2$，对应的矩阵为 $\boldsymbol{A}=\begin{pmatrix}1 & 0 & 0\\0 & -1 & 0\\0 & 0 & 0\end{pmatrix}$.

根据定义来判断一个二次型是否正定，计算过程很烦琐. 下面给出几个判定正定二次型的充要条件的相关定理.

定理 6-4 实二次型 $f(x_1, x_2, \cdots, x_n)=\boldsymbol{X}^{\mathrm{T}}\boldsymbol{A}\boldsymbol{X}$ 为正定的充要条件是 $\boldsymbol{A}$ 的正惯性指数等于未知量的个数 n，即它的标准形的 n 个系数全为正.

【例 6-11】 求 k 为何值时，二次型 $f(x_1, x_2, x_3)=(k+1)x_1^2+(k-1)x_2^2+(k-2)x_3^2$ 为正定二次型.

解 $f(x_1, x_2, x_3)$是标准二次型，根据定理 6-4 可知：$f(x_1, x_2, x_3)$是正定二次型当且仅当它的所有系数都是正数，即$\begin{cases} k+1>0 \\ k-1>0 \\ k-2>0 \end{cases} \Rightarrow k>2$.

定理 6-5 实二次型 $f(x_1, x_2, \cdots, x_n)=\boldsymbol{X}^{\mathrm{T}}\boldsymbol{A}\boldsymbol{X}$ 为正定的充要条件是 $\boldsymbol{A}$ 的所有特征值都是正数.

定义 6-8 设 $\boldsymbol{A}=(a_{ij})_{n\times n}$ 是 n 阶方阵，则它的如下形式的子式

$$D_k=\begin{vmatrix} a_{11} & a_{12} & \cdots & a_{1k} \\ a_{21} & a_{22} & \cdots & a_{2k} \\ \vdots & \vdots & & \vdots \\ a_{k1} & a_{k2} & \cdots & a_{kk} \end{vmatrix}>0 \quad (1\leqslant k\leqslant n)$$

称为 $\boldsymbol{A}$ 的 k 阶**顺序主子式**.

注： n 阶方阵 $\boldsymbol{A}$ 的 k 阶顺序主子式指的是，位于 $\boldsymbol{A}$ 中前 k 行和前 k 列的 k^2 个元素，按照原来的相对顺序排成的 k 阶行列式，依次取 $k=1, 2, \cdots, n$，可以得到 n 个顺序主子式，特别地，一阶顺序主子式就是一个元素 a_{11}，n 阶顺序主子式就是$|\boldsymbol{A}|$.

定理 6-6(霍尔维茨定理) 实二次型 $f(x_1, x_2, \cdots, x_n)=\boldsymbol{X}^{\mathrm{T}}\boldsymbol{A}\boldsymbol{X}$ 为正定的充要条件是 $\boldsymbol{A}$ 的各阶顺序主子式都为正，即

$$|a_{11}|>0, \begin{vmatrix} a_{11} & a_{12} \\ a_{21} & a_{22} \end{vmatrix}>0, \cdots, \begin{vmatrix} a_{11} & \cdots & a_{1n} \\ \vdots & & \vdots \\ a_{n1} & \cdots & a_{nn} \end{vmatrix}>0$$

【例 6-12】 判定 $\boldsymbol{A}=\begin{pmatrix} 5 & 2 & -2 \\ 2 & 5 & -1 \\ -2 & -1 & 5 \end{pmatrix}$是不是正定矩阵.

解 根据定理 6-6，分别求出 $\boldsymbol{A}$ 的三个顺序主子式：

$$D_1=5>0, D_2=\begin{vmatrix} 5 & 2 \\ 2 & 5 \end{vmatrix}=21>0$$

$$D_3=\begin{vmatrix} 5 & 2 & -2 \\ 2 & 5 & -1 \\ -2 & -1 & 5 \end{vmatrix} \xlongequal{1\cdot r_2+r_3} \begin{vmatrix} 5 & 2 & -2 \\ 2 & 5 & -1 \\ 0 & 4 & 4 \end{vmatrix}$$

$$\xlongequal{(-1)c_3+c_2} \begin{vmatrix} 5 & 4 & -2 \\ 2 & 6 & -1 \\ 0 & 0 & 4 \end{vmatrix}=88>0$$

所以 $\boldsymbol{A}$ 是正定矩阵.

也可以利用定理 6－5 进行判定，先求出：

$$|\lambda \boldsymbol{E}_3-\boldsymbol{A}|=\begin{vmatrix}\lambda-5 & -2 & 2\\ -2 & \lambda-5 & 1\\ 2 & 1 & \lambda-5\end{vmatrix}\xlongequal{1r_2+r_3}\begin{vmatrix}\lambda-5 & -2 & 2\\ -2 & \lambda-5 & 1\\ 0 & \lambda-4 & \lambda-4\end{vmatrix}$$

$$\xlongequal{(-1)c_3+c_2}\begin{vmatrix}\lambda-5 & -4 & 2\\ -2 & \lambda-6 & 1\\ 0 & 0 & \lambda-4\end{vmatrix}=(\lambda-4)(\lambda^2-11\lambda+22)=0$$

它的特征值是 $\lambda_1=4$，$\lambda_{2,3}=\dfrac{11\pm\sqrt{33}}{2}$，由于特征值均大于零，所以 $\boldsymbol{A}$ 是正定矩阵.

6.6 应用实例

最小二乘法(又称最小平方法)是一种数学优化技术，它通过最小化误差的平方和寻找数据的最佳函数匹配. 利用最小二乘法可以简便地求得未知的数据，并使得这些求得的数据与实际数据之间误差的平方和为最小. 无论是经济模型、物理模型还是其他需要找寻最贴近实际的参数的模型，都是为了找到函数可能的拟合值并使误差尽可能小，最小二乘法在这类模型中发挥了巨大的作用，比如用于模型的线性回归分析问题.

【例 6－13】 某研究机构为调查人的最大可视距离 y(单位：米)和年龄 x(单位：岁)之间的关系，对不同年龄的志愿者进行了研究，收集数据，得到表 6.1.

表 6.1　年龄与最大可视距离对照表

x/步	20	25	30	35	40
y/米	167	160	150	143	130

(1) 根据表 6.1 提供的数据，求出 y 关于 x 的经验回归方程：$\hat{y}=bx+\hat{a}$.

(2) 根据(1)中求出的经验回归方程，估计年龄为 50 岁的人的最大可视距离.

参考公式：经验回归方程 $\hat{y}=bx+\hat{a}$ 中斜率和截距的最小二乘估计公式分别为

$$\hat{b}=\frac{\sum_{i=1}^{n}(x_i-\bar{x})\cdot(y_i-\bar{y})}{\sum_{i=1}^{n}(x_i-\bar{x})^2}=\frac{\sum_{i=1}^{n}x_iy_i-n\bar{x}\cdot\bar{y}}{\sum_{i=1}^{n}x_i^2-n\bar{x}^2},\quad \hat{a}=\bar{y}-\hat{b}\cdot\bar{x}$$

解　(1) 由题意可得

$$\bar{x}=\frac{20+25+30+35+40}{5}=30$$

$$\bar{y}=\frac{167+160+150+143+130}{5}=150$$

$$\sum_{i=1}^{5}x_iy_i=20\times167+25\times160+30\times150+35\times143+40\times130=22\ 045$$

$$\sum_{i=1}^{5}x_i^2=20^2+25^2+30^2+35^2+40^2=4750$$

所以

$$\hat{b}=\frac{22\ 045-5\times30\times150}{4750-5\times30^2}=-\frac{455}{250}=-1.82$$

则

$$\hat{a}=\bar{y}-\hat{b}\cdot\bar{x}=150+1.82\times30=204.6$$

故所求经验回归方程为 $y=-1.82x+204.6$.

(2) 当 $x=50$ 时，$y=-1.82\times50+204.6=113.6$，即年龄为 50 岁的人的最大可视距离为 113.6 米.

拓展阅读

约瑟夫·路易斯·拉格朗日（Joseph-Louis Lagrange，1736 年 1 月 25 日—1813 年 4 月 10 日），数学家、物理学家、天文学家. 他生于意大利都灵，毕业于都灵炮兵学校，曾任柏林学院院士、法国科学院院士、彼得堡科学院名誉院士和英国皇家学会会员.

拉格朗日 19 岁起在都灵炮兵学校担任几何学教师；1756 年，受欧拉的举荐，他被任命为普鲁士科学院通讯院士；1766 年去柏林科学院工作，并从 1776 年起担任柏林科学院主席；1787 年去巴黎，先后担任过巴黎师范学校和巴黎工艺学院的教授. 他在月球运动、行星运动、轨道计算、两个不动中心问题、流体力学等方面的成果，在使天文学力学化、力学分析化方面起到了历史性的作用，促进了力学和天体力学的发展.

拉格朗日在数学、力学和天文学三个学科中都有重大的历史性贡献，但他主要是数学家，研究力学和天文学的目的是表明数学分析的威力. 他的全部著作、论文、学术报告记录、学术通讯超过 500 篇. 他在《师范学校数学基础教程》中提出了著名的拉格朗日内插公式，直到现在计算机计算大量中点内插时仍在使用这一公式. 另外，求多元函数相对极大极小及解微分方程中的拉格朗日任意乘子法，至今也在广泛使用.

课堂随练

1. 填空题.

(1) 二次型 $f(x_1,x_2,x_3)=2x_1^2-x_2^2+3x_3^2-4x_1x_2+6x_1x_3$ 的矩阵是(　　)，秩是(　　).

(2) 已知二次型 $f(x_1,x_2,x_3)=a(x_1^2+x_2^2+x_3^2)+4x_1x_2+4x_1x_3+4x_2x_3$，经过正交变换 $\boldsymbol{X}=\boldsymbol{Q}\cdot\boldsymbol{Y}$ 可化为标准形 $f=6y_1^2$，则 $a=$(　　).

(3) 二次型 $f(x_1,x_2,x_3)=x_1^2+3x_2^2+2x_1x_2+4x_1x_3+2x_2x_3$ 的正惯性指数 $p=$(　　).

(4) 若二次型 $f(x_1,x_2,x_3)=5x_1^2+5x_2^2+cx_3^3-2x_1x_2+6x_1x_3-6x_2x_3$ 的秩为 2，则

$c=$(　　)，符号差为(　　).

(5) 若二次型 $f(x_1, x_2, x_3)=2x_1^2+x_2^2+x_3^2+2x_1x_2+tx_2x_3$ 是正定的，则 t 的取值范围是(　　).

2. 写出下列二次型的矩阵.

(1) $-4x_1x_2+2x_1x_3+2x_2x_3$.

(2) $x_1^2+2x_1x_2-x_1x_3+2x_3^2$.

(3) $x_1^2+x_2^2+x_3^2+x_1x_2+x_1x_3+x_2x_3$.

3. 用正交变换化二次型为标准形，并求出所用的正交矩阵.

(1) $f(x_1, x_2, x_3)=2x_1^2+x_2^2-4x_1x_2-4x_2x_3$.

(2) $f(x_1, x_2, x_3)=17x_1^2+14x_2^2+14x_3^2-4x_1x_2-4x_1x_3-8x_2x_3$.

(3) $f(x_1, x_2, x_3)=6x_1^2+5x_2^2+7x_3^2-4x_1x_2+4x_1x_3$.

4. 用配方法化二次型为标准形，并求所用的可逆变换矩阵.

(1) $-4x_1x_2+2x_1x_3+2x_2x_3$.

(2) $x_1^2+2x_1x_2+2x_2^2+4x_2x_3+4x_3^2$.

(3) $x_1^2-3x_2^2-2x_1x_2+2x_1x_3-6x_2x_3$.

(4) $x_1^2+4x_2^2+2x_3^2+2x_1x_3$.

5. 判别下列二次型是否正定.

(1) $f=5x_1^2+6x_2^2+4x_3^2-4x_1x_2-4x_1x_3$.

(2) $f=-2x_1^2-6x_2^2-4x_3^2+2x_1x_3+2x_2x_3$.

(3) $f=x_1^2+2x_2^2+7x_3^2-2x_1x_2+4x_1x_3+4x_2x_3$.

第 6 章答案

第 7 章 Python 教学实验

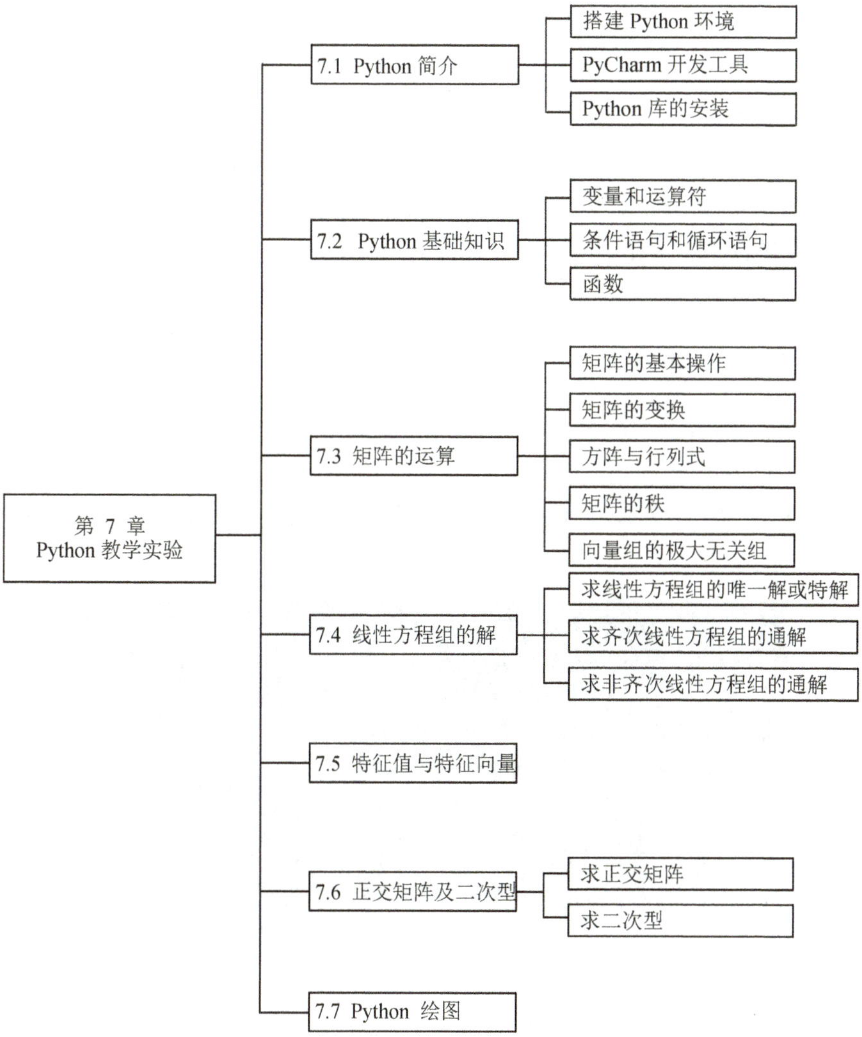

在数学领域，线性代数是一种广泛应用于解决各种实际问题的数学分支．它不仅是许多科学领域（如物理、计算机科学、经济学等）的基础工具，也是机器学习、数据分析和人工智能等领域的重要工具．因此，学习和掌握线性代数的知识和技能对于许多学者和工程师来说是非常重要的．

然而，线性代数的概念和计算方法比较抽象，许多初学者往往会感到困惑．此外，传统的线性代数教材通常侧重于理论证明和公式推导，学生难以将所学知识应用于实际问题的解决中．为了解决这个问题，本书将介绍一种全新的学习方法——使用 Python 进行线性代数实验求解．Python 是一种流行的编程语言，具有简单易学、功能强大、扩展性强等特点．通过 Python 编程，学生可以更直观地理解线性代数的概念和计算方法，并且可以自己动手编写代码来解决各种实际问题．

7.1 Python 简介

Python 是一种高效、简洁、易读、强大的编程语言，它拥有众多的库和工具，可以用来进行各种复杂的计算和数据处理．Python 现在已经成为数据科学、机器学习、人工智能、自然语言处理等领域的重要工具之一．

Python 的设计哲学是“明确优于隐晦”，它强调代码的清晰度和可读性，使得编写和理解代码变得更加容易．Python 支持多种编程范式，包括面向过程、面向对象、函数式编程等．它还拥有丰富的标准库和第三方库，如 NumPy、SymPy、Matplotlib 和 SciPy 等，可以用于各种不同的任务．

7.1.1 搭建 Python 环境

在使用 Python 语言进行线性代数问题的求解之前，必须了解并搭建好它所需要的开发环境．Python 的安装文件可以从 Python 官网（https://www.python.org）下载，见图 7.1．根据计算机配置下载对应版本的 Python，本书使用 Windows 系统，下载的是 python-3.8.0-amd64．

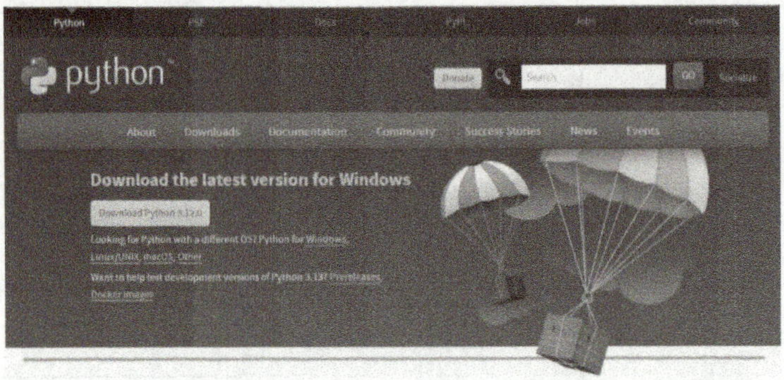

图 7.1　Python 官网下载页

Windows 系统下载 Python 后安装步骤如下：

(1) 点击下载 Python 安装包，开始安装．

(2) 勾选“Add python.exe to PATH”自动配置环境变量．

(3) 选择“Customize Installation”自定义安装．

(4) 在“Optional Features”配置 Python 的安装设置界面中勾选所有选项，单击

“Next”.

(5) 在“Advanced Options”中修改安装路径到非系统盘中，如安装到“D：\Python”下，单击“Install”开始安装.

(6) 安装完成后，采用如下操作打开命令行：同时按“Windows”＋“R”，输入“cmd”，单击“确定”.

(7) 输入“python”→按回车键，若出现图 7.2 显示的信息，表明安装成功.

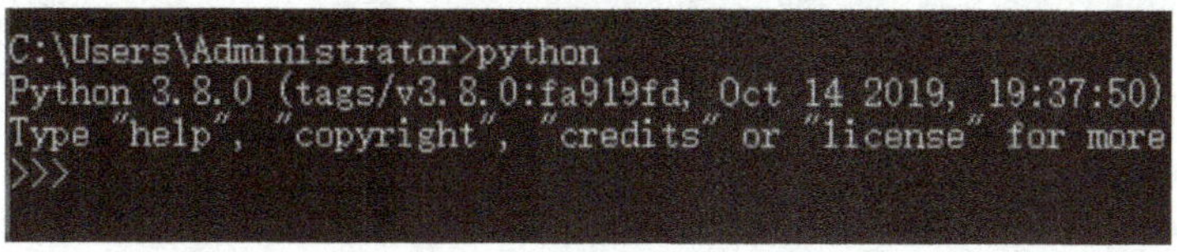

图 7.2 验证 Python 安装

7.1.2 PyCharm 开发工具

虽然使用记事本可以编写代码并运行，但在实验或项目开发中最好使用 PyCharm 开发工具来编写程序代码，这样可以避免难以发现的编码错误. PyCharm 的安装文件可以从 JetBrains 官网 PyCharm 下载页面(https://www.jetbrains.com/pycharm/download/)根据电脑配置来下载，见图 7.3. 本书使用 Windows 系统，选择下载的是 pycharm-professional-2022.2.exe.

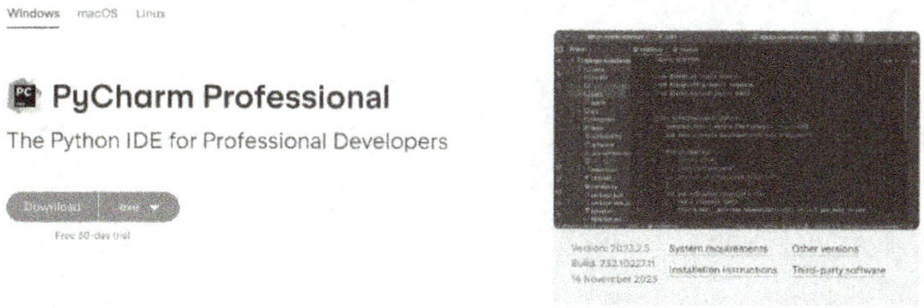

图 7.3 PyCharm 官网下载页

Windows 系统下载 PyCharm 后安装步骤如下：

(1) 点击下载的 PyCharm 安装包，开始安装.

(2) 设置界面，单击“Next”.

(3) 选择非系统盘的安装位置，如安装到“D：\PyCharm”下，单击“Next”.

(4) 选择菜单文件夹界面，保持默认，单击“Install”.

(5) 选择稍后手动重启，单击“Finish”.

(6) 桌面出现图标，双击图标正常打开，表明 PyCharm 安装成功.

由于英文界面可能对于读者来说不够方便，因此 PyCharm 也提供了中文包，安装中文包的步骤如下：

(1) 单击“File”→“Settings”→“Plugins”.

(2) 在“Plugins”界面搜索栏中搜索“Chinese Language”，选择汉化包，单击“Install”.

(3) 安装完成后“Install”会变成“Restart IDE”，点击这个按钮重启 PyCharm.

(4) 重启 PyCharm 后，菜单选项都是中文，表明 PyCharm 中文包安装成功.

PyCharm 软件界面如图 7.4 所示. 为利用 Python 进行线性代数实验，在 PyCharm 中单击“文件”→“新建项目”，并在非系统盘中选择一个位置新建项目，如图 7.5 所示.

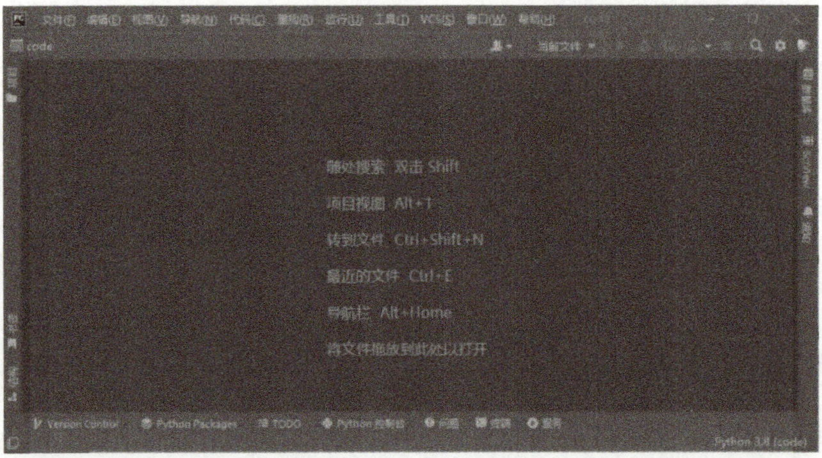

图 7.4 PyCharm 软件界面

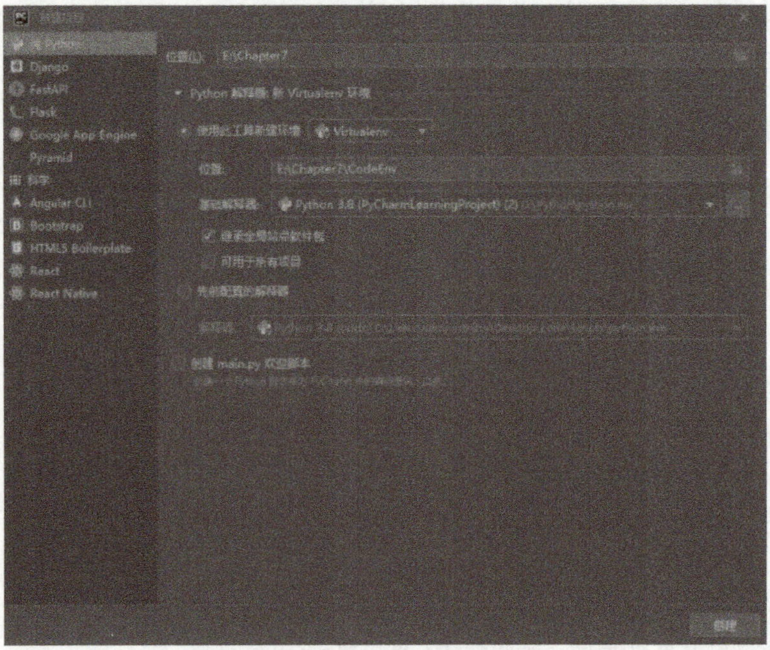

图 7.5 新建项目界面

新建项目的操作步骤如下：

(1) 在“纯 Python”界面，“位置”选择一个新建的项目路径，如“E:\Chapter7”.

(2) 为方便不同应用使用不同的环境，选择“使用此工具新建环境”.

(3) 在“使用此工具新建环境”下，“位置”选择“E:\Chapter7\CodeEnv”.

(4) “基础解释器”选择 Python 的安装路径下的 exe 文件，如“D:\Python\python. exe”.

PyCharm 新建项目后，在项目下新建 Python 文件，步骤如下：

(1) 在项目栏中右击“Chapter7”→“Python 文件”.

(2) 名称命名为“HelloPython”(新建 Python 文件名称要求与标识符要求一致).

新建 Python 文件后在项目栏中会出现相应的“HelloPython. py”文件，“. py”是 Python 文件的后缀名，在“HelloPython. py”中编写代码“print("Hello Python")”，保存后单击运行，在输出窗口显示“Hello Python”. 新建 Python 文件、编写代码及执行结果如图 7.6 所示.

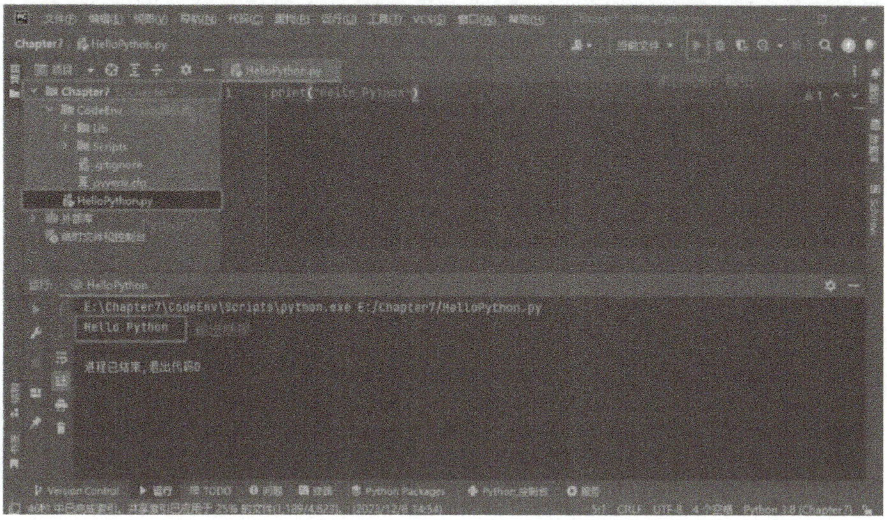

图 7.6　新建 Python 文件

7.1.3　Python 库的安装

使用 Python 进行线性代数实验求解非常方便和高效. Python 的 NumPy 库提供了一维和多维数组操作功能，可以方便地进行矩阵和向量的操作和计算. 同时，NumPy 还提供了很多线性代数的函数，如矩阵的乘法、逆、行列式等. 此外，还可以通过 SciPy 库实现线性方程组的求解、特征值和特征向量的计算. 使用 Matplotlib 可以将计算结果可视化，使得线性代数的实验结果更加直观易懂.

NumPy 库的安装步骤如下：

(1) 在“E:\Chapter7\ CodeEnv\Scripts”下启用命令窗口.

(2) 输入以下命令：pip install numpy(若安装速度慢，可以输入 pip install -i https://pypi.tuna.tsinghua.edu.cn/simple numpy).

(3) 单击回车，等待安装完成，如图 7.7 所示.

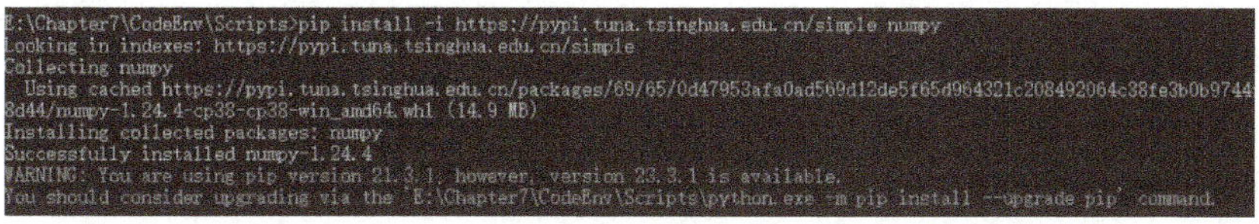

图 7.7　安装 Numpy

（4）单击“文件”→“设置”→“项目：Chapter7”，在右侧界面中查看已安装的 Python 库，若有“numpy”，则表示安装成功.

SymPy、Matplotlib 和 SciPy 等库的安装方法类似，将“numpy”更换成“sympy”“matplotlib”或“scipy”即可. 安装完所需库后，在 PyCharm 中验证安装库文件是否成功，如图 7.8 所示.

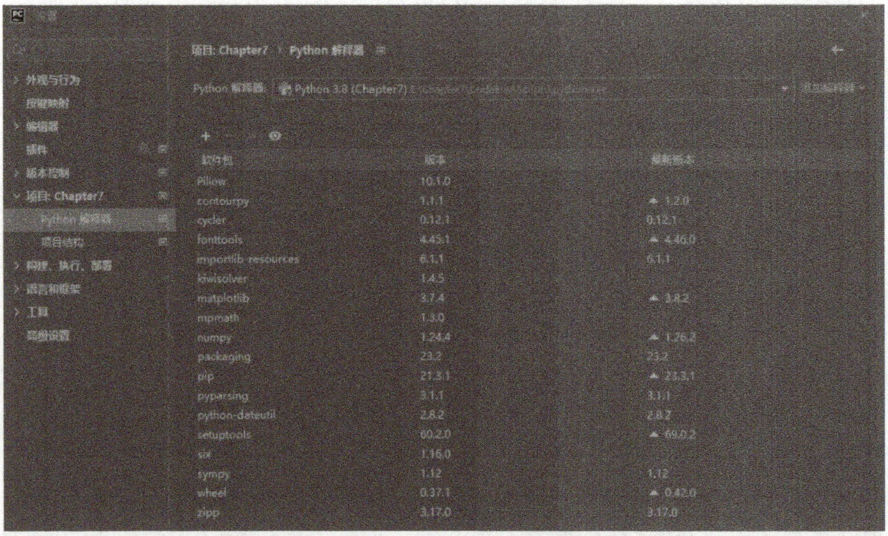

图 7.8 验证安装库

7.2 Python 基础知识

Python 与其他编程语言类似，有基本语法和数据类型. 在编写 Python 代码时，有以下几点说明：

（1）Python 中的变量命名采用小写字母和下画线的组合，变量名应该具有描述性，以便于理解代码的含义.

（2）Python 中的注释采用 # 开头，注释应该清晰明了，以便于理解代码的功能和逻辑.

（3）Python 中的函数和模块命名也应该采用小写字母和下画线的组合，命名应该具有描述性，以便于调用和理解.

（4）Python 中的控制流语句（如 if、for、while 等）应该使用缩进来表示代码块，缩进应该具有一致性，以便于阅读和理解代码的逻辑结构.

（5）Python 中的异常处理采用 try-except 语句，应该尽可能详细地处理可能出现的异常情况，以保证程序的稳定性和可靠性.

7.2.1 变量和运算符

在 Python 中，数据存储使用变量来实现，而且变量不需要显式声明类型，因为它可以自动推断出变量类型，这也是 Python 灵活的表现. 在 Python 中没有严格的语法格式，例如，在 PyCharm 中定义两个变量 a=5 和 b=5.0，其中 a 的类型是 int，b 的类型是 float. 另外，在 Python 中，变量名是区分大小写的，例如，变量名 age 和变量名 Age 是不同的变量.

运算符可以用于对变量进行各种计算. 例如，可以使用“+”运算符来进行加法运算，使用“*”运算符来进行乘法运算，使用“/”运算符来进行除法运算等. 此外，Python 还支持一些特殊类型的运算符，如“%”运算符用来进行取余运算，“**”运算符用来进行乘方运算等. Python 中常用运算符及其说明如表 7.1 所示.

表 7.1　常用运算符及其说明

运算符	说　明	运算符类型
+	两个数相加，或字符串连接	算数运算符
-	两个数相减	
*	两个数相乘，或返回一个重复若干次的字符串	
/	两个数相除，结果为浮点数(小数)	
//	两个数相除，结果为向下取整的整数	
%	取模，返回两个数相除的余数	
**	幂运算，返回乘方结果	
==	相等运算符，判断左右两边的对象是否相等	比较运算符
!=	不等运算符，与==相反，判断左右两边的对象是否不相等	
>	大于运算符，判断左边的对象是否大于右边的对象	
<	小于运算符，判断左边的对象是否小于右边的对象	
>=	大于等于运算符，判断左边的对象是否大于或等于右边的对象	
<=	小于等于运算符，判断左边的对象是否小于或等于右边的对象	

7.2.2　条件语句和循环语句

条件语句和循环语句是 Python 中最基本的控制流语句. 条件语句可以根据条件来执行不同的代码块，而循环语句则可以重复执行一段代码多次. Python 支持多种类型的循环语句，包括 for 循环和 while 循环. 下面是条件语句和循环语句的语法格式及其对应例子.

1. 条件语句

(1) if 语句.

语法格式：

```
if 条件语句：
  # 执行语句块
```

示例：

```
x = 10
if x > 5:
```

```
        print("x is greater than 5")
```

(2) if-else 语句.

语法格式：

```
if 条件语句：
    # 执行语句块 1
else：
    # 执行语句块 2
```

示例：

```
x = 10
if x > 5：
    print("x is greater than 5")
else：
    print("x is less than or equal to 5")
```

(3) if-elif-else 语句.

语法格式：

```
if 条件语句 1：
    # 执行语句块 1
elif 条件语句 2：
    # 执行语句块 2
else：
    # 执行语句块 3
```

示例：

```
x = 10
if x > 10：
    print("x is greater than 10")
elif x == 10：
    print("x is equal to 10")
else：
    print("x is less than 10")
```

2. 循环语句

(1) for 循环. for 循环适用于已知迭代次数的循环.

语法格式：

```
for variable in sequence：
    # 执行语句块
```

示例：打印列表中的元素.

```
my_list = [1, 2, 3, 4, 5]
for i in my_list：
    print(i)
```

(2) while 循环. while 循环适用于未知迭代次数的循环，只要条件满足就会一直循环.

语法格式：

```
while 条件语句：
    # 执行语句块
```

示例：打印数字 1 到 5.

```
i = 1
while i <= 5:
    print(i)
    i += 1
```

7.2.3　函数

函数是 Python 中最基本的程序模块，可以用于封装一段可重复使用的代码. 通过定义函数，我们可以将一些通用的代码块封装起来，并在需要的时候进行调用. 在 Python 中，我们可以使用 def 语句来定义函数，使用 return 语句来返回函数的结果. 下面是语法格式及其对应例子.

(1) 语法格式：

```
def 函数名(参数列表):
    """
    函数的文档字符串，描述函数的作用和参数的作用
    """
    # 函数的主体部分
    return 结果
```

(2) 示例：定义一个函数，用于计算两个数的和.

```
def add(a, b):
    return a + b
```

7.3　矩阵的运算

本节将会学习用 Python 实现矩阵的基本操作、矩阵的变换以及方阵与行列式. 本节起将会通过一些例题、实验介绍线性代数在 Python 中的具体实现。之前介绍了 NumPy 库的安装方法，在 NumPy 库中有很多关于求解矩阵的函数可以直接使用，表 7.2 展示了 NumPy 库的函数及其说明.

表 7.2　NumPy 库的函数及其说明

函数	说　　明	函数	说　　明
zeros()	创建一个零矩阵	random()	创建一个随机矩阵
ones()	创建一个全 1 矩阵	dot()	求两矩阵乘法
eye()	创建一个单位矩阵	transpose()	求矩阵的转置
diag()	创建一个对角矩阵	reshape()	调整矩阵维度大小
triu()	生成一个上三角矩阵	linalg.det()	求行列式的值
tril()	生成一个下三角矩阵	linalg.inv()	求矩阵的逆
array()	创建一维或多维数组	linalg.matrix_power()	求矩阵的幂

7.3.1 矩阵的基本操作

1. 输出矩阵

Python 中的输出函数是 print().

【例 7-1】 输出矩阵 $\boldsymbol{A}=\begin{pmatrix}1 & 2\\3 & 4\end{pmatrix}$.

解 在 PyCharm 中新建 Python 文件：Example01.py.

方法 1：

```
import numpy as np
A = np.array([[1, 2], [3, 4]])
print(A)
```

方法 2：

```
import numpy as np
A=np.array([[1, 2], [3, 4]])
np.disp(A)
```

无论使用哪种方法，保存后单击运行，在输出窗口显示：

```
[[1 2]
 [3 4]]
```

2. 矩阵的加减运算

Python 中的"+""-"分别是加法和减法运算符，其运算规则根据线性代数中矩阵加减法规则运算.

【例 7-2】 $\boldsymbol{A}=\begin{pmatrix}1 & 2\\3 & 4\end{pmatrix}$，$\boldsymbol{B}=\begin{pmatrix}5 & 6\\7 & 8\end{pmatrix}$，求矩阵 $\boldsymbol{C}=\boldsymbol{A}+\boldsymbol{B}$，$\boldsymbol{D}=\boldsymbol{A}-\boldsymbol{B}$.

解 在 PyCharm 中新建 Python 文件：Example02.py.

```
import numpy as np
# 定义两个矩阵
A = np.array([[1, 2], [3, 4]])
B = np.array([[5, 6], [7, 8]])
# 矩阵加法
C = A + B
print("矩阵加法结果：")
print(C)
# 矩阵减法
D =A - B
print("矩阵减法结果：")
print(D)
```

保存后单击运行，在输出窗口显示：

矩阵加法结果：

```
[[6 8]
 [10 12]]
```

矩阵减法结果：
```
[[-4 -4]
 [-4 -4]]
```

3. 矩阵的乘除运算

1）矩阵的乘法

Python 中的“*”是乘法运算符．其运算规则根据线性代数中矩阵乘法规则运算．在线性代数中，矩阵乘法包括数乘矩阵和两矩阵相乘．“*”可以在数乘矩阵中应用，而两矩阵相乘需要比“*”更为复杂的运算，通过使用 NumPy 库中 dot()函数计算其结果．

（1）数乘矩阵．

【例 7-3】 $\boldsymbol{A}=\begin{pmatrix}1 & 2\\3 & 4\end{pmatrix}$，$a=3$，求 $\boldsymbol{B}=a*\boldsymbol{A}$．

解：在 PyCharm 中新建 Python 文件：Example03. py.
```
import numpy as np
# 定义一个矩阵
A = np.array([[1, 2], [3, 4]])
# 定义一个标量
a = 3
# 计算数乘矩阵的结果
result = a * A
print("数乘矩阵的结果：")
print(result)
```
保存后单击运行，在输出窗口显示：
```
数乘矩阵的结果：
[[3 6]
 [9 12]]
```
（2）两矩阵相乘．

【例 7-4】 $\boldsymbol{A}=\begin{pmatrix}1 & 2\\3 & 4\end{pmatrix}$，$\boldsymbol{B}=\begin{pmatrix}5 & 6\\7 & 8\end{pmatrix}$，求矩阵 $\boldsymbol{C}=\boldsymbol{A}*\boldsymbol{B}$，$\boldsymbol{D}=\boldsymbol{B}*\boldsymbol{A}$．

解 在 PyCharm 中新建 Python 文件：Example04. py.
```
import numpy as np
# 定义两个矩阵
A = np.array([[1, 2], [3, 4]])
B = np.array([[5, 6], [7, 8]])
# 矩阵乘法
C = np.dot(A, B)
D = np.dot(B, A)
print("C=A*B 结果：")
print(C)
print("D=B*A 结果：")
print(D)
```
保存后单击运行，在输出窗口显示：

```
C=A*B结果：
[[19 22]
[43 50]]
D=B*A结果：
[[23 34]
[31 46]]
```

需要特别注意的是，本例题中使用了 NumPy 库中的 dot()函数来计算两个矩阵相乘的结果，这体现出 Python 的灵活和简便.

2）矩阵的除法

矩阵除法与两矩阵相乘类似，并不是一个标准的数学运算，因为矩阵没有像数字那样的除法操作. 通过之前章节学习得出 $\boldsymbol{A}/\boldsymbol{B}=\boldsymbol{A}\cdot(\boldsymbol{B})^{-1}$，$(\boldsymbol{B})^{-1}$ 表示 $\boldsymbol{B}$ 的逆矩阵.

【例 7-5】 $\boldsymbol{A}=\begin{pmatrix}1 & 2\\3 & 4\end{pmatrix}$，$\boldsymbol{B}=\begin{pmatrix}2 & 1\\-1 & 0\end{pmatrix}$，求矩阵 $\boldsymbol{C}=\boldsymbol{A}/\boldsymbol{B}$.

解 在 PyCharm 中新建 Python 文件：Example05. py.

```
import numpy as np
# 定义两个矩阵
A = np.array([[1, 2], [3, 4]])
B = np.array([[2, 1], [-1, 0]])
# 计算B的逆矩阵
B_inv = np.linalg.inv(B)
# 使用矩阵乘法计算A除以B的结果
C= np.dot(A, B_inv)
print("矩阵除法结果：")
print(C)
```

保存后单击运行，在输出窗口显示：

```
矩阵除法结果：
[[2 3 ]
 [4 5]]
```

本例题中使用了 NumPy 库的 linalg. inv()函数来计算矩阵 $\boldsymbol{B}$ 的逆矩阵，并使用 dot()函数来计算 $\boldsymbol{A}$ 乘以 $\boldsymbol{B}$ 的逆矩阵的结果，这个结果可以视为 $\boldsymbol{A}$ 除以 $\boldsymbol{B}$ 的矩阵除法结果.

3）矩阵的乘方

【例 7-6】 $\boldsymbol{A}=\begin{pmatrix}1 & 2\\3 & 4\end{pmatrix}$，求矩阵 $\boldsymbol{B}=\boldsymbol{A}^2$.

解 在 PyCharm 中新建 Python 文件：Example06. py.

```
import numpy as np
# 定义一个矩阵
A = np.array([[1, 2], [3, 4]])
# 计算矩阵的乘方
n = 2
B = np.linalg.matrix_power(A, n)
print("矩阵乘方的结果：")
```

```
print(B)
```

保存后单击运行，在输出窗口显示：

矩阵乘方的结果：

```
[[7 10]
 [15 22]]
```

7.3.2　矩阵的变换

1. 矩阵的逆

逆矩阵的运算在上一小节求矩阵除法中已经介绍到了，Python 中使用的是 NumPy 库的 linalg. inv()函数来求逆矩阵，但求逆矩阵必须要求原始矩阵可逆.

【例 7－7】 $\boldsymbol{A}=\begin{pmatrix}0 & 2 & -1\\ 1 & 1 & 2\\ -1 & -1 & -1\end{pmatrix}$，求 $\boldsymbol{A}$ 的逆矩阵.

解　在 PyCharm 中新建 Python 文件：Example07. py.

```
import numpy as np
# 给定矩阵
A = np.array([[0, 2, -1], [1, 1, 2], [-1, -1, -1]])
# 计算逆矩阵
A_inv = np.linalg.inv(A)
print("逆矩阵为：")
print(A_inv)
```

保存后单击运行，在输出窗口显示：

```
逆矩阵为：
[[-0.5 -1.5 -2.5]
 [ 0.5  0.5  0.5]
 [ 0.   1.   1. ]]
```

2. 矩阵的转置

矩阵的转置在 Python 中使用的是 NumPy 库的 transpose()函数.

【例 7－8】 $\boldsymbol{A}=\begin{pmatrix}1 & 2 & 3 & 4\\ 5 & 6 & 7 & 8\\ 9 & 10 & 11 & 12\end{pmatrix}$，求 $\boldsymbol{A}$ 的转置矩阵.

解　在 PyCharm 中新建 Python 文件：Example08. py.

方法 1：

```
import numpy as np
# 给定矩阵
A = np.array([[1, 2, 3, 4], [5, 6, 7, 8], [9, 10, 11, 12]])
# 计算转置矩阵
A_transpose = np.transpose(A)
print("转置矩阵为：")
print(A_transpose)
```

方法 2：

```
import numpy as np
# 给定矩阵
A = np.array([[1, 2, 3, 4], [5, 6, 7, 8], [9, 10, 11, 12]])
# 计算转置矩阵
print("转置矩阵为：")
print(A.T)
```

用函数 transpose(A)或 A.T，都代表求矩阵 **A** 的转置矩阵，保存后单击运行，在输出窗口显示：

```
转置矩阵为：
[[ 1  5  9]
 [ 2  6 10]
 [ 3  7 11]
 [ 4  8 12]]
```

7.3.3 方阵与行列式

求矩阵行列式的值要求其矩阵为方阵. 在 Python 中求方阵对应的行列式使用的是 NumPy 库的 linalg.det()函数.

【例 7-9】 $\boldsymbol{A}=\begin{pmatrix}1 & 2 & 3\\2 & 2 & 1\\3 & 4 & 3\end{pmatrix}$，求$|\boldsymbol{A}|$的值.

解 在 PyCharm 中新建 Python 文件：Example09.py.

```
import numpy as np
# 给定矩阵
A = np.array([[1, 2, 3], [2, 2, 1], [3, 4, 3]])
# 计算行列式值
det_A = np.linalg.det(A)
print("行列式值为：", det_A)
```

保存后单击运行，在输出窗口显示：

```
行列式值为：1.9999999999999991
```

说明：由于计算机在进行浮点数运算时存在精度问题，导致结果出现舍入误差. 一个矩阵的行列式值可能是整数，也可能是分数或小数. 在这个示例中，矩阵 **A** 的行列式值为 2，但是由于精度问题导致计算结果稍微偏离了整数 2. 通常情况下不需要担心这种舍入误差，因为这些误差的大小很小，并且对于大多数实际问题，这种误差不会产生太大影响. 如果需要精确的结果，可以使用 Python 中的一些库来处理精度问题，例如 SymPy 符号计算库，它可以提供更高精度的计算结果. 使用 SymPy 库修改 Example09.py 代码如下：

```
import sympy as sp
# 定义一个 3x3 的矩阵
A = sp.Matrix([[1, 2, 3], [2, 2, 1], [3, 4, 3]])
# 计算行列式值
det_A = A.det()
```

```
print("行列式值为：", det_A)
```

保存后单击运行，在输出窗口显示：

```
行列式值为：2
```

7.3.4 矩阵的秩

在前面章节中，介绍了矩阵的秩是矩阵中最高阶非零子式的阶数. 在 Python 中求方阵对应的行列式则使用的是 NumPy 库的 linalg. matrix_rank() 函数.

【例 7-10】 $\boldsymbol{A}=\begin{pmatrix}3 & 2 & 0 & 5 & 0\\3 & -2 & 3 & 6 & -1\\2 & 0 & 1 & 5 & -3\\1 & 6 & -4 & -1 & 4\end{pmatrix}$，求 $\boldsymbol{A}$ 的秩.

解 在 PyCharm 中新建 Python 文件：Example10. py.

```
import numpy as np
# 定义矩阵 A
A = np.array([[3, 2, 0, 5, 0], [3, -2, 3, 6, -1], [2, 0, 1, 5, -3], [1, 6, -4, -1, 4]])
# 计算矩阵的秩
rank = np.linalg.matrix_rank(A)
print("矩阵 A 的秩为：", rank)
```

保存后单击运行，在输出窗口显示：

```
矩阵 A 的秩为：3
```

7.3.5 向量组的极大无关组

求向量组的极大无关组步骤如下：

(1) 将向量组转化为矩阵形式.

(2) 将矩阵进行转置.

(3) 将转置矩阵化成标准形.

(4) 得到最极大无关组.

【例 7-11】 向量组 $\boldsymbol{a}_1=(1, 4, 1, 0)^{\mathrm{T}}$，$\boldsymbol{a}_2=(2, 1, -1, -3)^{\mathrm{T}}$，$\boldsymbol{a}_3=(1, 0, -3, -1)^{\mathrm{T}}$，$\boldsymbol{a}_4=(0, 2, -6, 3)^{\mathrm{T}}$，求向量组的极大无关组.

解 在 PyCharm 中新建 Python 文件：Example11. py.

```
import numpy as np
from sympy import Matrix
# 定义向量组
a1 = np.array([1, 4, 1, 0])
a2 = np.array([2, 1, -1, -3])
a3 = np.array([1, 0, -3, -1])
a4 = np.array([0, 2, -6, 3])
# 将向量组放入矩阵中并转置输出
A = np.vstack([a1, a2, a3, a4])
matrix = A.T
```

```
print("向量组 a1, a2, a3, a4 的矩阵为: ")
print(matrix)
# 将 NumPy 数组转换为 SymPy 的 Matrix 对象
B = Matrix(matrix)
# 使用初等行变换将矩阵变为标准形
standard_form = B.rref()
print("向量组 a1, a2, a3, a4 的标准形为: ")
print(standard_form)
```

保存后单击运行，在输出窗口显示：

```
向量组 a1, a2, a3, a4 的矩阵为:
[[ 1  2  1  0]
 [ 4  1  0  2]
 [ 1 -1 -3 -6]
 [ 0 -3 -1  3]]
向量组 a1, a2, a3, a4 的标准形为:
(Matrix([
[1, 0, 0,  1],
[0, 1, 0, -2],
[0, 0, 1,  3],
[0, 0, 0,  0]]), (0, 1, 2))
```

本例题中使用 SymPy 库 Matrix 对象的 rref()方法进行初等行变换求解矩阵的标准形时，返回的结果是一个元组. 元组的第一个元素是标准形矩阵，第二个元素是主元列的索引.

输出结果中的(0, 1, 2)表示了标准型矩阵中的主元列的索引，也就是标准形矩阵中非零列的索引. 在这个例子中，主元列的索引依次是 0、1、2，意味着标准形矩阵的前三列为主元列，最后一列全为 0. 从标准形矩阵和主元列的索引中可以看出 $\boldsymbol{\alpha}_1$，$\boldsymbol{\alpha}_2$，$\boldsymbol{\alpha}_3$ 为一个最大无关组.

7.4 线性方程组的解

在前面章节学习了线性方程组解的结构，线性方程组的解包括求解齐次线性方程组和求解非齐次线性方程组.

7.4.1 求线性方程组的唯一解或特解

求线性方程组 $\boldsymbol{A}\boldsymbol{x}=\boldsymbol{b}$ 的唯一解，意味着方程组的系数矩阵是满秩，且方程个数等于未知数的个数. 求唯一解步骤如下：

(1) 将线性方程组的系数组合成矩阵 $\boldsymbol{A}$.

(2) 将线性方程组的常数组合成列向量 $\boldsymbol{b}$.

(3) 将系数矩阵 $\boldsymbol{A}$ 和常数向量 $\boldsymbol{b}$ 组合成增广矩阵$[\boldsymbol{A}|\boldsymbol{b}]$.

(4) 若 $\boldsymbol{A}$ 的秩为满秩，则有唯一解，求得唯一解.

(5) 否则，没有唯一解.

【例 7-12】 求方程组的解：

$$\begin{cases} x_1 + x_2 = 2 \\ x_1 - x_2 = 0 \end{cases}$$

解　在 PyCharm 中新建 Python 文件：Example12. py.

```
import numpy as np
# 定义矩阵 A 和 b
A = np.array([[1, 1], [1, -1]])
b = np.array([2, 0])
# 求 A 的秩
rank = np.linalg.matrix_rank(A)
if rank == A.shape[0]:
    # 若 A 满秩，则求解线性方程组
    X = np.linalg.solve(A, b)
    print("该线性方程组有唯一解")
    print("线性方程组的解为：", X)
else:
    print("该线性方程组没有唯一解")
```

保存后单击运行，在输出窗口显示：

```
该线性方程组有唯一解
线性方程组的解为：[1. 1.]
```

本例题使用 NumPy 库中 linalg. solve()方法求线性方程组的唯一解，需要注意的是这个方法只适用于可解的情况，也就是说系数矩阵 $\boldsymbol{A}$ 必须是满秩的，否则该方法可能会给出错误的结果. 如果不确定线性方程组是否可解，需要先检查系数矩阵的秩.

求线性方程组 $\boldsymbol{Ax}=\boldsymbol{b}$ 的特解，在 Python 中使用 NumPy 库中的 linalg. lstsq ()方法，这个方法也叫做最小二乘解.

【例 7-13】 求方程组的一个特解：

$$\begin{cases} x_1 + x_2 - 3x_3 - x_4 = 1 \\ 3x_1 - x_2 - 3x_3 + 4x_4 = 4 \\ x_1 + 5x_2 - 9x_3 - 8x_4 = 0 \end{cases}$$

解　在 PyCharm 中新建 Python 文件：Example13. py.

```
import numpy as np
# 定义系数矩阵 A 和常数向量 b
A = np.array([[1, 1, -3, -1],
              [3, -1, -3, 4],
              [1, 5, -9, -8]])
b = np.array([[1], [4], [0]])
# 求线性方程组 AX=b 的最小二乘解
X, residuals, rank, s = np.linalg.lstsq(A, b, rcond=None)
# 打印结果
```

```
print("线性方程组的最小二乘解为：")
print(X)
# 验证特解是否满足原方程组
residual = np.dot(A, X) - b
if np.allclose(residual, 0):
    print("特解满足原方程组")
else:
    print("特解不满足原方程组")
```

保存后单击运行，在输出窗口显示：

```
线性方程组的最小二乘解为：
[[ 0.35040431]
[-0.0916442 ]
[-0.38814016]
[ 0.42318059]]
特解满足原方程组
```

7.4.2 求齐次线性方程组的通解

求齐次线性方程组的通解步骤如下：

(1) 将齐次线性方程组的系数组合成矩阵形式.

(2) 通过系数矩阵求解齐次线性方程组的基础解系.

(3) 求得齐次线性方程组的通解.

【例 7-14】 求齐次线性方程组的通解：$\begin{cases} x_1+2x_2+2x_3+x_4=0 \\ 2x_1+x_2-2x_3-2x_4=0 \\ x_1-x_2-4x_3-3x_4=0 \end{cases}$

解 在 PyCharm 中新建 Python 文件：Example14.py.

```
import numpy as np
from sympy import Matrix, symbols
# 定义系数矩阵 A
A = np.array([[1, 2, 2, 1], [2, 1, -2, -2], [1, -1, -4, -3]])
print("齐次线性方程组的系数矩阵为：")
print(A)
# 转换为 SymPy 的 Matrix 对象
A_sympy = Matrix(A)
# 使用 SymPy 计算 null space
null_space_basis = A_sympy.nullspace()
# 将基础解系转换为 NumPy 数组
print("基础解系为：")
C = np.array([list(b) for b in null_space_basis])
B = C.T
print(B)
# 定义符号变量
```

```
c1, c2 = symbols('c1 c2')
# 计算齐次线性方程组的通解
X = c1 * B[:, 0] + c2 * B[:, 1]
# 输出齐次线性方程组的通解
print("齐次线性方程组的通解:")
print(X.reshape(-1, 1))
```

保存后单击运行，在输出窗口显示：

```
齐次线性方程组的系数矩阵为:
[[ 1  2  2  1]
[ 2  1 -2 -2]
[ 1 -1 -4 -3]]
基础解系为:
[[2 5/3]
[-2 -4/3]
[1 0]
[0 1]]
齐次线性方程组的通解:
[[2*c1 + 5*c2/3]
[-2*c1 - 4*c2/3]
[c1]
[c2]]
```

本例题中首先将系数矩阵转化为 Matrix 对象，其次使用 SymPy 库中 null space() 函数来得到齐次线性方程组的基础解系. 对于求通解来说需要 NumPy 的数组形式，而得到的基础解系是 Matrix 对象，所以须将 Matrix 对象转换为 NumPy 数组. 然后通过 symbols() 函数定义两个符号变量，最后通过将符号变量与对应的基础解系列结合输出最终的齐次线性方程组的通解.

7.4.3　求非齐次线性方程组的通解

求非齐次线性方程组的通解步骤如下：

(1) 将非齐次线性方程组的系数组合成矩阵 $\boldsymbol{A}$.

(2) 将非齐次线性方程组的常数组合成列向量 $\boldsymbol{b}$.

(3) 将系数矩阵 $\boldsymbol{A}$ 和常数向量 $\boldsymbol{b}$ 组合成增广矩阵 $\boldsymbol{B}=[\boldsymbol{A}|\boldsymbol{b}]$.

(4) 计算系数矩阵 $\boldsymbol{A}$ 和增广矩阵 $\boldsymbol{B}$ 的秩.

① 如果 $R(\boldsymbol{A})<R(\boldsymbol{B})$，则无解.

② 如果 $R(\boldsymbol{A})=R(\boldsymbol{B})=n$，则有唯一解.

③ 如果 $R(\boldsymbol{A})=R(\boldsymbol{B})<n$，则有无穷解.

【例 7-15】 求非齐次线性方程组的通解：$\begin{cases}2x_1+x_2-x_3+x_4=1\\4x_1+2x_2-2x_3+x_4=2.\\2x_1+x_2-x_3-x_4=1\end{cases}$

解　在 PyCharm 中新建 Python 文件：Example15. py.

```
import numpy as np
from sympy import Matrix
# 定义矩阵 A 和向量 b
A = np.array([[2, 1, -1, 1], [4, 2, -2, 1], [2, 1, -1, -1]])
b = np.array([1, 2, 1])
# 将向量 b 转换为列向量
b = b.reshape(-1, 1)
# 构建增广矩阵 B
B = np.hstack((A, b))
# 计算系数矩阵 A 和增广矩阵 B 的秩
R_A = np.linalg.matrix_rank(A)
print("系数矩阵 A 的秩为：")
print(R_A)
R_B = np.linalg.matrix_rank(B)
print("增广矩阵 B 的秩为：")
print(R_B)
# 判断方程组是否有解并求通解
# 判断是否有唯一解
if R_A == R_B and R_A == A.shape[1]:
  X = np.linalg.solve(A, b)
  print("线性方程组的唯一解为：")
  print(X)
# 判断是否有无穷多解
elif R_A == R_B and R_A < A.shape[1]:
    # 求特解
    X = np.linalg.lstsq(A, b, rcond=None)[0]
    print("线性方程组的特解为：")
    print(X)
    # 求 AX=0 的基础解系
    A_sympy = Matrix(A)
    null_space_basis = A_sympy.nullspace()
    print("线性方程组的基础解系为：")
    C = np.array([list(b) for b in null_space_basis])
    D = C.T
    print(D)
# 判断是否有解
else:
    X = '该方程组无解'
    print(X)
```

保存后单击运行，在输出窗口显示：

```
系数矩阵 A 的秩为：
2
增广矩阵 B 的秩为：
```

```
2
线性方程组的特解为：
[[ 3.33333333e-01]
[ 1.66666667e-01]
[-1.66666667e-01]
[-2.22044605e-16]]
线性方程组的基础解系为：
[[-1/2 1/2]
[1 0]
[0 1]
[0 0]]
```

7.5 特征值与特征向量

在 Python 中求 n 阶方阵的特征值和特征向量使用 SciPy 库中的 linalg. eig()函数实现，该函数会返回该方阵的特征值和对应的特征向量. 函数原型如下：

W, V= eig(A)

其中，$\boldsymbol{A}$ 是输入的方阵，W 包含特征值，V 包含特征向量.

【例 7-16】 设矩阵 $\boldsymbol{A}=\begin{pmatrix} 1 & -1 & 1 \\ 2 & 4 & -2 \\ -3 & -3 & 5 \end{pmatrix}$，求 $\boldsymbol{A}$ 的特征值和特征向量.

解 在 PyCharm 中新建 Python 文件：Example16. py.

```
import numpy as np
from scipy.linalg import eig
A = np.array([[1, -1, 1], [2, 4, -2], [-3, -3, 5]])
W, V = eig(A)
print("特征值 W：")
print(W)
print("特征向量 V：")
print(V)
```

保存后单击运行，在输出窗口显示：

```
特征值 W：
[2.+0.j 6.+0.j 2.+0.j]
特征向量 V：
[[-0.81110711 -0.26726124 -0.50558511]
[ 0.32444284  0.53452248  0.80802924]
[-0.48666426 -0.80178373  0.30244412]]
```

在本例输出特征值 W 中，特征值 2.+0.j 是一个复数，其中 2 是实部，0.j 是虚部. 在这种情况下，实部为负数且虚部为零，表示特征值是一个实数 2. 因此，特征值有两个，分别是 2 和 6. 特征值 2 对应的特征向量为$(-0.81110711, 0.32444284, -0.48666426)^T$ 和 $(-0.50558511, 0.80802924, 0.30244412)^T$，特征值 6 对应的特征向量为$(-0.26726124, 0.53452248, -0.90178373)^T$.

7.6 正交矩阵及二次型

7.6.1 求正交矩阵

在 Python 中判断 n 阶方阵 $\boldsymbol{A}$ 是否为正交矩阵，使用的是 SymPy 库的 QRdecomposition ()函数，函数原型如下：

Q, R = A. QRdecomposition()

其中，$\boldsymbol{A}$ 是输入的方阵，要求方阵 $\boldsymbol{A}$ 为 Matrix 对象形式输入，$\boldsymbol{Q}$ 为正交矩阵，$\boldsymbol{R}$ 为上三角矩阵.

【例 7-17】 设矩阵 $\boldsymbol{A}=\begin{pmatrix}4&0&0\\0&3&1\\0&1&3\end{pmatrix}$，求 $\boldsymbol{A}$ 的正交矩阵.

解 在 PyCharm 中新建 Python 文件：Example17. py.

```
import numpy as np
from sympy import Matrix
A = np.array([[4, 0, 0], [0, 3, 1], [0, 1, 3]])
A_matrix = Matrix(A)
# 求正交矩阵 Q
Q, R = A_matrix.QRdecomposition()
print("正交矩阵 Q：")
print(Q)
# 验证 Q' * Q 是否为单位矩阵
print("Q' * Q 结果为：")
P = np.dot(Q.T, Q)
print(P)
```

保存后单击运行，在输出窗口显示：

```
正交矩阵 Q：
Matrix([[1, 0, 0], [0, 3 * sqrt(10)/10, -sqrt(10)/10], [0, sqrt(10)/10, 3 * sqrt(10)/10]])
Q' * Q 结果为：
[[1 0 0]
[0 1 0]
[0 0 1]]
```

在本例中输出的正交矩阵 $\boldsymbol{Q}$ 以 Matrix 对象形式输出，可以得到精确的分式形式的结果. sqrt()为求根函数. 为验证正交矩阵 $\boldsymbol{Q}$ 的正确性，求 $\boldsymbol{Q}'\boldsymbol{Q}$ 的矩阵是否为单位方阵，验证正确，则说明 $\boldsymbol{Q}$ 为正交矩阵.

在 Python 中求一个正交矩阵 $\boldsymbol{Q}$，使 $\boldsymbol{Q}^{-1}\boldsymbol{A}\boldsymbol{Q}=\boldsymbol{\Lambda}\boldsymbol{A}$ 为对角阵，使用的是 SymPy 库的 schur ()函数，函数原型如下：

T, U = A. schur()

其中，$\boldsymbol{A}$ 是输入的方阵，要求方阵 $\boldsymbol{A}$ 为 Matrix 对象形式输入，$\boldsymbol{T}$ 为 schur()函数生成的矩阵，当 $\boldsymbol{A}$ 为实对称矩阵时，$\boldsymbol{T}$ 为特征值组成的对角阵，$\boldsymbol{U}$ 为正交矩阵.

【例 7-18】 设矩阵 $\boldsymbol{A}=\begin{pmatrix}4&0&0\\0&3&1\\0&1&3\end{pmatrix}$，求一个正交矩阵 $\boldsymbol{Q}$，使 $\boldsymbol{Q}^{-1}\boldsymbol{A}\boldsymbol{Q}=\boldsymbol{\Lambda}$ 为对角阵.

解 在 PyCharm 中新建 Python 文件：Example18. py.

```
import numpy as np
from scipy. linalg import schur
from sympy import Matrix
A = np. array([[4, 0, 0], [0, 3, 1], [0, 1, 3]])
A_matrix = Matrix(A)
# 进行 Schur 分解
T, U = schur(A_matrix)
# 输出正交矩阵和对角矩阵
print("正交矩阵 U:")
print(U)
print("对角矩阵 T:")
print(T)
```

保存后单击运行，在输出窗口显示：

```
正交矩阵 U:
[[ 0.          0.           1.        ]
 [ 0.70710678  0.70710678   0.        ]
 [ 0.70710678  -0.70710678  0.        ]]
对角矩阵 T:
[[4. 0. 0.]
[0. 2. 0.]
[0. 0. 4.]]
```

说明：本例中的正交矩阵 $\boldsymbol{U}$ 并不唯一.

7.6.2 求二次型

【例 7-19】 求一个正交变换 $\boldsymbol{X}=\boldsymbol{P}\boldsymbol{Y}$，把 $f=2x_1x_2+2x_1x_3-2x_1x_4-2x_2x_3+2x_2x_4+2x_3x_4$ 的二次型化成标准型.

解 根据二次型写出对应的实对称矩阵 $\boldsymbol{A}=\begin{pmatrix}0&1&1&-1\\1&0&-1&1\\1&-1&0&1\\-1&1&1&0\end{pmatrix}$.

在 PyCharm 中新建 Python 文件：Example19.py.

```
import numpy as np
from scipy.linalg import schur
from sympy import symbols
A = np.array([[0, 1, 1, -1], [1, 0, -1, 1], [1, -1, 0, 1], [-1, 1, 1, 0]])
# 进行 Schur 分解
T, U = schur(A)
print("schur 生成的矩阵 T：")
print(T)
print("正交矩阵 U：")
print(U.round(2))
# 提取 T 的特征值作为标准对角矩阵 D 的主对角线元素
eigenvalues = np.linalg.eigvals(T)
# 构造标准对角矩阵 D
D = np.diag(eigenvalues)
print("标准对角矩阵 D：")
print(D)
# 定义数组形式的符号变量
y = np.array([[symbols('y1')], [symbols('y2')], [symbols('y3')], [symbols('y4')]])
X = U.round(2) @ y   # @运算符表示矩阵乘法
print("正交变换 X=PY：")
print(X)
f = y.T @ D @ y
# 提取矩阵中的第一个元素，即二次型的值
print("二次型 f：")
print(f[0][0])
```

保存后单击运行，在输出窗口显示：

```
schur 生成的矩阵 T：
[[ 1.00000000e+00   0.00000000e+00   2.67521113e-17  -1.00896743e-16]
 [ 0.00000000e+00  -3.00000000e+00  -8.59036938e-17  -1.36757384e-16]
 [ 0.00000000e+00   0.00000000e+00   1.00000000e+00  -5.55111512e-17]
 [ 0.00000000e+00   0.00000000e+00   0.00000000e+00   1.00000000e+00]]
正交矩阵 U：
[[ 0.87   0.5   0.     0.  ]
 [ 0.29  -0.5   0.1    0.81]
 [ 0.29  -0.5   0.65  -0.49]
 [-0.29   0.5   0.75   0.32]]
标准对角矩阵 D：
[[ 1.   0.  0.  0.]
 [ 0.  -3.  0.  0.]
 [ 0.   0.  1.  0.]
 [ 0.   0.  0.  1.]]
正交变换 X=PY：
```

```
[[0.87 * y1 + 0.5 * y2]
 [0.29 * y1 - 0.5 * y2 + 0.1 * y3 + 0.81 * y4]
 [0.29 * y1 - 0.5 * y2 + 0.65 * y3 - 0.49 * y4]
 [-0.29 * y1 + 0.5 * y2 + 0.75 * y3 + 0.32 * y4]]
二次型 f:
1.0 * y1 ** 2 - 3.0 * y2 ** 2 + 1.0 * y3 ** 2 + 1.0 * y4 ** 2
```

说明：schur()函数生成的矩阵 $\boldsymbol{T}$ 的输出结果不是一个标准的对角矩阵，实际上它是一个上三角矩阵，因此也被称为 Schur 形式．schur()函数生成的矩阵 $\boldsymbol{T}$ 上三角矩阵的主对角线上的元素是矩阵 $\boldsymbol{A}$ 的特征值．提取主对角线上的特征值构造标准的对角矩阵 $\boldsymbol{D}$，对二次型化为标准形．二次型 f 最终的标准形为 $f=y_1^2-3y_2^2+y_3^2+y_4^2$．

7.7 Python 绘图

【例 7-20】 绘制折线图．

在 PyCharm 中新建 Python 文件：Example20.py．

```
# 绘制折线图
import matplotlib.pyplot as plt
x_values = [1, 2, 3, 4, 5]      # x 值
y_values = [2, 1, 5, 3, 1]      # y 值
plt.plot(x_values, y_values, linewidth=1)   # 画图 x, y, 线宽
plt.title("Line Graph", fontsize=16)        # 标题，字体大小
plt.xlabel("X", fontsize=12)                # X 轴标签，字体大小
plt.ylabel("Y", fontsize=12)                # Y 轴标签，字体大小
plt.tick_params(axis='both', labelsize=9)   # 设置刻度标记大小，哪个轴，标签字体大小
plt.tight_layout()
plt.savefig('自定义保存的路径/Example20.jpg', dpi=50)
plt.show()
```

保存后单击运行，在 SciView 窗口显示折线图，如图 7.9 所示．

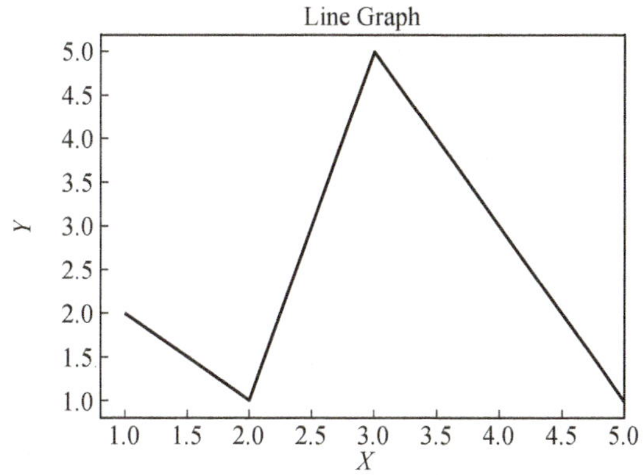

图 7.9　折线图

【例 7-21】 绘制函数曲线图.

在 PyCharm 中新建 Python 文件：Example21.py.

```
import numpy as np
import matplotlib.pyplot as plt
# 生成数据
x = np.linspace(0, 2 * np.pi, 100)  # 在 0 到 2π 之间生成 100 个数
y = np.sin(x)
# 绘制曲线图
plt.plot(x, y)
# 添加标题和标签
plt.title("Function Graph", fontsize=16)      # 标题，字体大小
plt.xlabel("X", fontsize=12)                  # X 轴标签，字体大小
plt.ylabel("Y", fontsize=12)                  # Y 轴标签，字体大小
plt.tight_layout()
plt.savefig('自定义保存的路径/Example21.jpg', dpi=50)
plt.show()
```

保存后单击运行，在 SciView 窗口显示函数曲线，如图 7.10 所示.

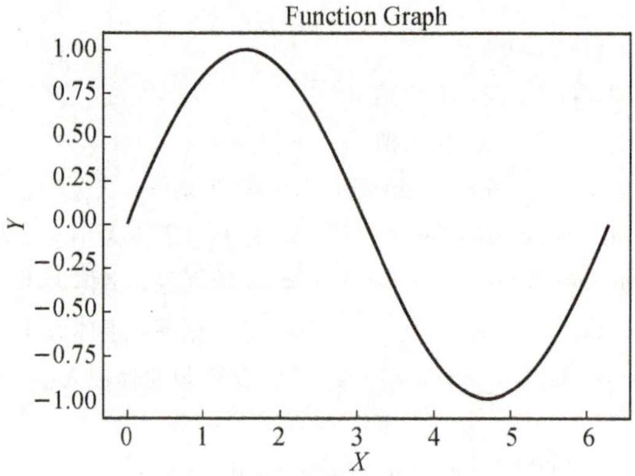

图 7.10 函数曲线图

【例 7-22】 绘制柱状图.

在 PyCharm 中新建 Python 文件：Example22.py.

```
# 绘制柱状图
import matplotlib.pyplot as plt
name_list = ['box1', 'box2', 'box3', 'box4']       # X 轴标签
A = [2.5, 3.2, 5.5, 1]
B = [1, 2, 3, 1]
x = list(range(len(A)))                            # X 轴坐标值/范围
total_width, n = 0.8, 2
width = total_width/n                              # 宽度
plt.title("Bar Graph", fontsize=16)                # 标题，字体大小
plt.xlabel("X", fontsize=12)                       # X 轴标签，字体大小
plt.ylabel("Y", fontsize=12)                       # Y 轴标签，字体大小
```

```
plt.bar(x, A, width=width, label='A', fc='y')         # X, Y 数据组, 宽度, 标签名, 颜色
for i in range(len(x)):
    x[i] = x[i]+width
plt.bar(x, B, width=width, label='B', fc='g')
plt.legend()  # 显示标签
plt.savefig('自定义保存的路径/Example22.jpg', dpi=50)
plt.show()
```

保存后单击运行，在 SciView 窗口显示柱状图，如图 7.11 所示.

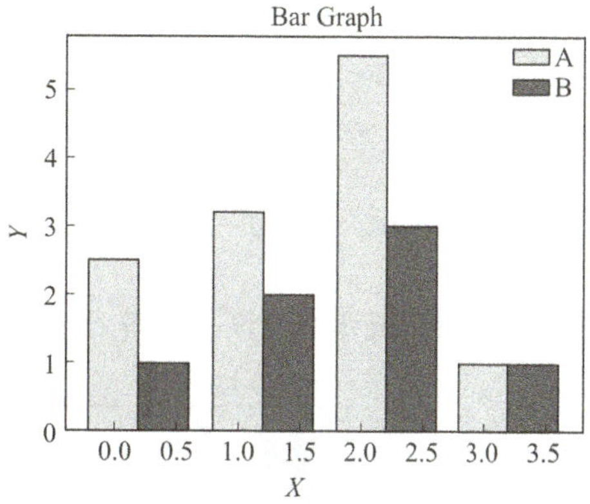

图 7.11　柱状图

【例 7-23】 绘制饼图.

在 PyCharm 中新建 Python 文件：Example23.py.

```
# 绘制饼图
import matplotlib.pyplot as plt
labels = ['A', 'B', 'C', 'D', 'E', 'F']  # 标签名
X = [45, 42, 49, 21, 100, 78]            # 数据
fig = plt.figure()
plt.pie(X, labels=labels, autopct='%1.2f%%')       # 数据, 标签, 百分数显示保留两位小数
plt.title("Pie Graph", fontsize=16)                 # 标题, 字体大小
plt.tight_layout()
plt.savefig('自定义保存的路径/Example23.jpg', dpi=50)
plt.show()
```

保存后单击运行，在 SciView 窗口显示饼图，如图 7.12 所示.

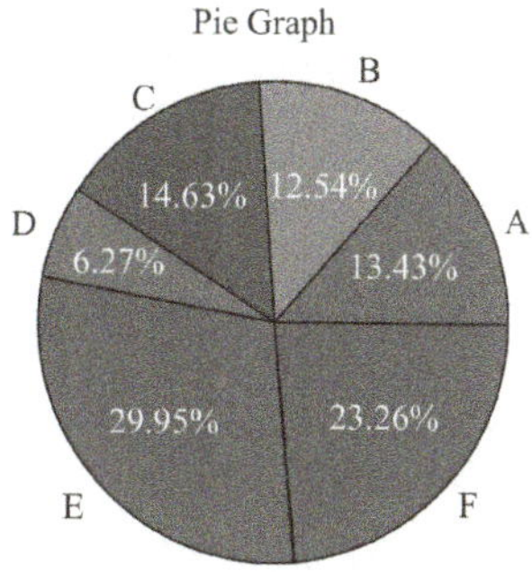

图 7.12　饼图

【例 7-24】 绘制正态分布直方图.

在 PyCharm 中新建 Python 文件：Example24.py.

```
# 绘制直方图
import matplotlib.pyplot as plt
import numpy as np
import matplotlib
data = np.random.randn(500)           # 随机生成一个包含 500 个标准正态分布随机数的数组
plt.hist(data, bins=40, facecolor="blue", edgecolor="black", alpha=0.7)
plt.title("Histogram", fontsize=16)  # 标题，字体大小
plt.xlabel("X", fontsize=12)          # X 轴标签，字体大小
plt.ylabel("Y", fontsize=12)          # Y 轴标签，字体大小
plt.tight_layout()
plt.savefig('自定义保存的路径/Example24.jpg', dpi=50)
plt.show()
```

保存后单击运行，在 SciView 窗口显示直方图，如图 7.13 所示.

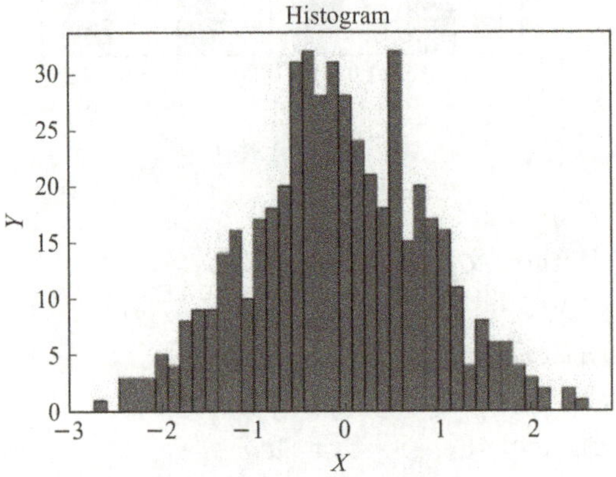

图 7.13　正态分布直方图

【例 7-25】 绘制散点图.

在 PyCharm 中新建 Python 文件：Example25.py.

```
# 散点图
import matplotlib.pyplot as plt
x = [74, 100, 32, 34, 129, 156, 23, 143, 58, 87, 45, 63, 127, 83, 122]
y = [20, 57, 65, 19, 33, 152, 11, 146, 12, 19, 59, 178, 74, 63, 32]
plt.scatter(x, y, c='b')                          # x, y 值，点颜色
plt.title("Scatter Plot Graph", fontsize=16)      # 标题，字体大小
plt.xlabel("X", fontsize=12)                      # X 轴标签，字体大小
plt.ylabel("Y", fontsize=12)                      # Y 轴标签，字体大小
plt.tight_layout()
plt.savefig('自定义保存的路径/Example25.jpg', dpi=50)
plt.show()
```

保存后单击运行，在 SciView 窗口显示散点图，如图 7.14 所示.

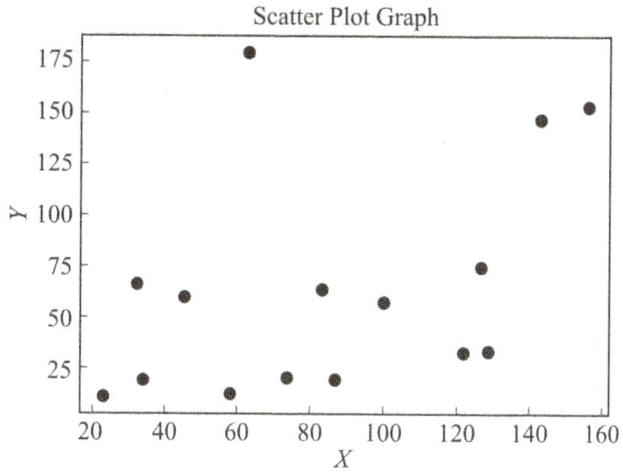

图 7.14 散点图

【例 7-26】 绘制爱心图形.

在 PyCharm 中新建 Python 文件：Example26.py.

```
import numpy as np
import matplotlib.pyplot as plt
# 生成数据
x = np.linspace(-np.pi/2, np.pi/2, 500)    # 在[π/2, π/2]的范围内生成 500 个数
y = (0.64 * np.sqrt(abs(x))-0.8+1.2 * * abs(x) * np.cos(200 * x)) * np.sqrt(np.cos(x))
fig, ax = plt.subplots(figsize=(10, 10), dpi=50)
plt.title("Love Map", fontsize=16)      # 标题，字体大小
ax.plot(x, y, color='r')
plt.tight_layout()
plt.savefig('自定义保存的路径/Example26.jpg', dpi=50)
plt.show()
```

保存后单击运行，在 SciView 窗口显示爱心图形，如图 7.15 所示.

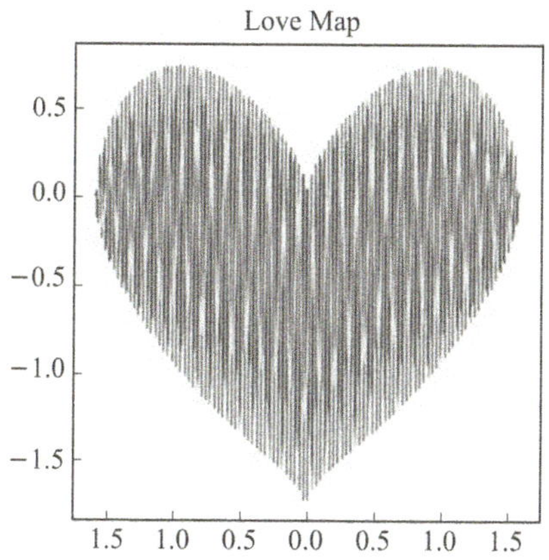

图 7.15 爱心图形

【例 7-27】 绘制三维马鞍面.

在 PyCharm 中新建 Python 文件：Example27.py.

```
import numpy as np
```

```
from matplotlib import pyplot as plt
X = np.arange(-4, 4, 0.25)
Y = np.arange(-4, 4, 0.25)
X, Y = np.meshgrid(X, Y)
Z = X**2 - Y**2
fig = plt.figure()
ax = fig.add_subplot(111, projection='3d')
ax.plot_surface(X, Y, Z, rstride=1, cstride=1, cmap='viridis')
plt.title("Saddle Surface", fontsize=16)      #标题，字体大小
plt.tight_layout()
plt.savefig('自定义保存的路径/Example27.jpg', dpi=50)
plt.show()
```

保存后单击运行，在 SciView 窗口显示三维马鞍面图形，如图 7.16 所示.

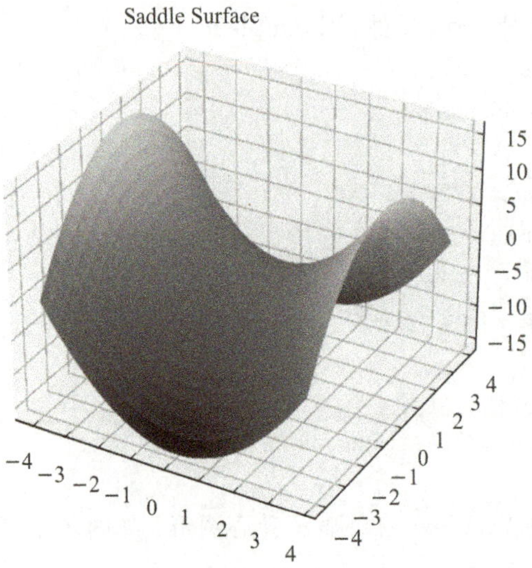

图 7.16 三维马鞍面

课堂随练

1. 矩阵的运算.

(1) 已知 $\boldsymbol{A}=\begin{pmatrix}\frac{1}{6} & \frac{1}{2} & \frac{1}{3}\\ \frac{1}{2} & \frac{1}{4} & \frac{1}{4}\\ \frac{1}{3} & \frac{1}{4} & \frac{5}{12}\end{pmatrix}$，求 $\boldsymbol{A}^2$，$\boldsymbol{A}^{10}$，$\boldsymbol{A}^{20}$.

(2) 已知 $\boldsymbol{A}=\begin{pmatrix}2 & 2 & 3\\ 1 & -1 & 0\\ -1 & 2 & 1\end{pmatrix}$，$\boldsymbol{B}=\begin{pmatrix}1 & 1 & -1\\ 2 & 1 & 0\\ 1 & -1 & 0\end{pmatrix}$，求 $\boldsymbol{A}-2\boldsymbol{B}^2$，$\boldsymbol{AB}-\boldsymbol{BA}$，$\boldsymbol{A}^{-1}$.

(3) 已知 $\boldsymbol{BA}-\boldsymbol{B}=\boldsymbol{A}$，其中 $\boldsymbol{B}=\begin{bmatrix}-7 & -4 & -7 & 1\\ 6 & 8 & 3 & 2\\ 5 & 8 & 7 & 2\\ 1 & -7 & 8 & -5\end{bmatrix}$，求矩阵 $\boldsymbol{A}$.

(4) 已知 $\boldsymbol{A}=\begin{bmatrix}1 & 2 & 3 & 1\\ 2 & 3 & 4 & 1\\ 3 & 4 & 5 & 1\\ 4 & 5 & 6 & 1\end{bmatrix}$，求 $|\boldsymbol{A}|$，$\boldsymbol{A}^{\mathrm{T}}$.

2. 矩阵的秩.

(1) 已知矩阵 $\boldsymbol{A}=\begin{pmatrix}3 & 2 & -1 & -3 & -2\\ 2 & -1 & 3 & 1 & -3\\ 7 & 0 & 5 & -1 & -8\end{pmatrix}$，求矩阵 $\boldsymbol{A}$ 的秩.

(2) 求矩阵 $\boldsymbol{A}=\begin{bmatrix}1 & 1 & 3 & 1\\ 1 & 3 & 2 & 5\\ 2 & 2 & 6 & 7\\ 2 & 4 & 5 & 6\end{bmatrix}$ 的秩.

3. 向量组的极大无关组.

(1) 已知 $\boldsymbol{\alpha}_1=(1,\ -1,\ 2,\ 4)^{\mathrm{T}}$，$\boldsymbol{\alpha}_2=(0,\ 3,\ 1,\ 2)^{\mathrm{T}}$，$\boldsymbol{\alpha}_3=(3,\ 0,\ 7,\ 14)^{\mathrm{T}}$，$\boldsymbol{\alpha}_4=(1,\ -1,\ 2,\ 0)^{\mathrm{T}}$，$\boldsymbol{\alpha}_5=(2,\ 1,\ 5,\ 6)^{\mathrm{T}}$，求向量组的秩及一个极大无关组.

(2) 向量组 $\boldsymbol{\alpha}_1=(1,\ 1,\ 2,\ 3)^{\mathrm{T}}$，$\boldsymbol{\alpha}_2=(1,\ -1,\ 1,\ 1)^{\mathrm{T}}$，$\boldsymbol{\alpha}_3=(1,\ 3,\ 4,\ 5)^{\mathrm{T}}$，$\boldsymbol{\alpha}_4=(3,\ 1,\ 5,\ 7)^{\mathrm{T}}$ 是否线性相关？

4. 线性方程的解.

(1) 求下列线性方程组的通解.

$$\begin{cases}x_1+3x_2-2x_3+2x_4=0\\ -2x_1-5x_2+x_3-5x_4=0\end{cases}$$

(2) 求下列齐次线性方程组的通解.

$$\begin{cases}x_1-8x_2+10x_3+2x_4=0\\ 2x_1+4x_2+5x_3-x_4=0\\ 3x_1+8x_2+6x_3-2x_4=0\end{cases}$$

(3) 求下列非齐次线性方程组的通解.

$$\begin{cases}x_1+x_2+x_3+x_4+x_5=7\\ 3x_1+2x_2+x_3+x_4-3x_5=-2\\ x_2+2x_3+2x_4+6x_5=23\\ 5x_1+4x_2+3x_3+3x_4-x_5=12\end{cases}$$

5. 特征值与特征向量.

(1) 求矩阵 $\boldsymbol{A}=\begin{pmatrix}1 & 2\\ 2 & 4\end{pmatrix}$ 的特征值和特征向量.

(2) 求矩阵 $\boldsymbol{A}=\begin{pmatrix}-2 & 1 & 1\\ 0 & 2 & 0\\ -4 & 1 & 3\end{pmatrix}$ 的特征值和特征向量.

(3) 求矩阵 $\boldsymbol{A}=\begin{pmatrix}2 & 3 & 4\\ 3 & 4 & 5\\ 4 & 5 & 6\end{pmatrix}$ 的特征值和特征向量.

6. 正交矩阵及二次型.

(1) 设矩阵 $\boldsymbol{A}=\begin{pmatrix}1 & 2 & 4\\ 2 & -2 & 2\\ 4 & 2 & 1\end{pmatrix}$，求 $\boldsymbol{A}$ 的正交矩阵 $\boldsymbol{Q}$，使 $\boldsymbol{Q}^{-1}\boldsymbol{A}\boldsymbol{Q}=\boldsymbol{\Lambda}$ 为对角阵.

(2) 设矩阵 $\boldsymbol{A}=\begin{pmatrix}1 & 1 & 3\\ 1 & 3 & 1\\ 3 & 1 & 1\end{pmatrix}$，求 $\boldsymbol{A}$ 的正交矩阵 $\boldsymbol{Q}$，使 $\boldsymbol{Q}^{-1}\boldsymbol{A}\boldsymbol{Q}=\boldsymbol{\Lambda}$ 为对角阵.

(3) 设矩阵 $\boldsymbol{A}=\begin{pmatrix}3 & 2 & 4\\ 2 & 0 & 2\\ 4 & 2 & 3\end{pmatrix}$，求 $\boldsymbol{A}$ 的正交矩阵 $\boldsymbol{Q}$，使 $\boldsymbol{Q}^{-1}\boldsymbol{A}\boldsymbol{Q}=\boldsymbol{\Lambda}$ 为对角阵.

(4) 求一个正交变换 $\boldsymbol{X}=\boldsymbol{P}\boldsymbol{Y}$，把二次型 $f=x_1x_2$ 化成标准形.

(5) 求一个正交变换 $\boldsymbol{X}=\boldsymbol{P}\boldsymbol{Y}$，把二次型 $f=17x_1^2+14x_2^2+14x_3^2-4x_1x_2-4x_1x_3-8x_2x_3$ 化成标准形.

参考文献

[1] 卢刚. 线性代数中的典型例题分析与习题[M]. 3版. 北京：高等教育出版社. 2015.
[2] 同济大学数学系. 高等数学[M]. 7版. 北京：高等教育出版社. 2014.
[3] 薛峰，潘劲松. 应用数学基础[M]. 北京：高等教育出版社，2020.
[4] 刘辉，丁胜，朱怀朝. 应用数学基础[M]. 北京：高等教育出版社，2018.
[5] 马兰. 高等应用数学[M]. 北京：北京理工大学出版社，2019.